新手爸爸系列 ②

The New Father

A Dad's Guide to the First Year

恭喜，你当爸爸了！

[美] 阿明·布洛特（Armin A. Brott） 著

王卫群 译

新手爸爸

第一年育儿

全程指南

图书在版编目（CIP）数据

恭喜，你当爸爸了！/（美）阿明·布洛特著；王卫群译．—北京：北京联合出版公司，2019.2

ISBN 978-7-5596-2855-8

Ⅰ．①恭… Ⅱ．①阿… ②王… Ⅲ．①婴幼儿—哺育—指南 Ⅳ．① TS976.31-62

中国版本图书馆 CIP 数据核字（2018）第 295437 号

北京市版权局著作权合同登记图字：01-2018-8721

THE NEW FATHER：A DAD'S GUIDE TO THE FIRST YEAR（3RD EDITION）
By ARMIN A. BROTT

恭喜，你当爸爸了！

著　　者：[美] 阿明·布洛特
译　　者：王卫群
总 策 划：苏　元
责任编辑：张　萌
特约编辑：陈朝阳
装帧设计：主语设计

北京联合出版公司出版
（北京市西城区德外大街 83 号楼 9 层 100088）
北京联合天畅文化传播公司发行
河北鹏润印刷有限公司印刷 新华书店经销
字数 260 千字　787mm × 1092mm　1/16　21.75 印张
2019 年 2 月第 1 版　2019 年 2 月第 1 次印刷
ISBN 978-7-5596-2855-8
定价：48.80 元

目 录
CONTENTS

引言

初为人父第一年：关键时期

实际上，没有人解释得清楚，为什么人们会认为在抚养孩子方面女性比男性更具天资。人们的普遍看法是：女性在养育孩子方面的天性更为强烈，而相比之下男性则很难让人觉得称职。

然而事情的真相和大众的想法却大相径庭。一系列有影响力的研究证明，男性跟女性一样，生来就具有疼爱孩子并对其负责的本性。无数男性（还有部分女性）并没有深刻意识到女性在养育孩子方面表现更好的原因是因为她们实践经验更丰富。事实上，决定父子关系或父女关系深度的一个重要因素就是实践的机会。

作家迈克尔·莱文在《中途的教训》(*Lessons at the Halfway Point*）一书中归纳说："有了孩子不一定会使你成为好爸爸或好妈妈，就如同拥有一架钢琴不一定会使你成为钢琴家一样。"

男人和女人在抚养孩子方面的差异主要表现在以下几个方面：

- 爸爸比妈妈更经常和孩子在一起玩，爸爸和孩子们玩得更多的是追逐打闹，毫无准备，率性而为。即是说，爸爸比妈妈更容易成为孩子的人肉爬梯。
- 爸爸比妈妈更注重培养孩子的独立性，给予孩子更多探索的自由。如果小宝贝想要伸手去拿一个离他距离较远的玩具，妈妈通常会把它拿得离孩子近一点，而爸爸则会选择先观望，看看小宝贝是否有能力自己把玩具拿过来。妈妈们更有可能去扶一个已经摔倒

的学步儿童，而爸爸们则更喜欢鼓励孩子们自己爬起来。

- 爸爸比妈妈更倾向于使用复杂的说话方式，妈妈则喜欢简化内容，语速放慢。爸爸更喜欢问开放性的问题（人物、事件、地点、时间、原因），这是一种帮助孩子拓展词汇量的方式。
- 爸爸会思考更多关于他 / 她在长大之后怎样才会成功的问题；而妈妈则会思考更多孩子们的情感发展问题。例如，当面对考试结果的时候，父亲多会考虑这个分数会不会影响孩子的未来规划以及孩子是否具备自给自足的能力，而母亲则更加关注这个分数是否会影响孩子的情绪。
- 爸爸代表着外面的世界，妈妈则是家的象征。随处可见一家人外出的情景：爸爸抱着宝宝的时候通常让他们的脸朝外，而妈妈则喜欢让小宝贝的脸朝向自己。

请记住，我以上所说的只是一种普遍的**倾向**。事实上，许多妈妈和爸爸一样会与孩子们一起追逐打闹、侃侃而谈，也有不少的爸爸和妈妈一样会跑着去扶快要摔倒的学步儿童、把小宝贝的脸朝向自己。重点是，他们的教育方式仅仅是表现不同，并没有优劣之分。孩子们从父母亲身上流露出来的两种不同的教育风格中都会受益匪浅。

谈到父亲与母亲所需要的教育信息与资源的差异，并不令人惊讶。但是 21 世纪已经过去了十几个年头，大部分的书籍、影像、研讨会以及杂志文章在涉及养育孩子方面针对的主要还是女性，还在致力于帮助妈妈们获取更好的教育孩子的技巧。爸爸们的需求被严重忽视——直到现在。

本书如何不同

因为宝宝的发育十分迅速，大部分针对婴儿（宝宝从出生到 12 个月大）的育儿资源都是根据月份来分解说明的，主要讨论的是宝宝在此期间的成长经过。这一点相当重要，所以我们也谈到了相同领域的内容。但《恭喜，你当爸爸了！》这本书的着重点在于：指导**新手爸爸**如何在初为人父的第一个年头改变、成长以及进步。这个方法以前几乎没有人尝试过。

对男性来说，晋升为父亲是他从未经历过的最具戏剧性的变化之一。它会迫使人重新思考你是谁，你要做什么，以及成为一个真正的男人到底意味着什么。当你开始重新估量对你来说什么才重要并按轻重重新排序时，你和你的伴侣、父母、朋友以及同事的关系将会永远改变。从男人到父亲的过渡在一定程度上来说是相当突然的：刚开始只有你和你的妻子，而忽然某一天你就当上爸爸了。最重要的是，父亲是一份终身职业，持续且多变。我们大部分人都是沿着这条可预测的路线在改变，但是这趟旅程对每个人来说却各不相同。

在成为父亲的第一个年头里，你的进步至关重要。这是你和孩子建立所有重要关系的关键时期，也是为你和孩子建立终身关系打下基础的时期。与此同时，你在这一时期的成长和进步也十分有趣，因为作为父亲，你在这 12 个月的经历某种程度上简直就是你在以后的人生中将要经历的一个浓缩版。

全书每一章均由以下几个小节组成：

宝宝的状况

这一小节呈现的是婴儿发展的四个主要方面：身体、智力、语言以及情感 / 社交。作为一名父亲，你将要经历的东西都与你的孩子息息相关，所以，知晓孩子成长经历中的基本内容将会带动你自身更好地成长。请记住，每个婴儿发展的速度都是不一样的，所谓的“正常行为”的范围也是相当广泛的。如果你家孩子没有做出在他那个月份应该有的表现，请耐心等待。如果他的发育落后了几个月，请及时与你家的儿科医生联系。

你的经历

在众多育儿书籍里，因为许多奶爸的担忧、焦虑、恐慌、梦想以及喜悦都被严重忽略了，以至于很多奶爸都认为这些情绪是不正常的。在这一节，我们将深度挖掘奶爸的心路历程，以及他们是通过什么方式来让自己的心理和情绪在初为人父的日子里成长和进步的。事实上，你的情况再正常不过了。

但是别着急，还有更多……

你的伴侣的状况

要成为一位好父亲，最重要的一个方面就是当一个好配偶。这就是我为什么把一些特殊的部分放在刚开始的一些章节，这些章节涉及你的伴侣的身体、情绪、心理方面的恢复以及一些你帮助她恢复的具体方法。

你和你的宝宝

这一节将会给你提供一切方法去理解和创造你和你的宝宝最深最亲密的关系，哪怕你一天只有半个小时的时间陪你的女儿。这个部分涵盖的主题很丰富，比如玩耍、音乐、阅读、纪律和性格。

家庭事务

许多章都突出了“家庭事务”这一节，其中主要讨论的是一系列不仅会影响你，而且会对你的整个家庭产生重大影响的问题，包括宝宝啼哭的处理方法、妻子产后抑郁（男性也会患此种疾病）的发生和恢复、孩子的安全保护措施、家庭经济问题以及合适的儿童护理。许多章节也有些特别的内容，如“你和你的伴侣”，主要是集中讨论一些会影响你和孩子妈妈关系的东西。

为什么要参与其中？

首先，参与会让你的伴侣、你的孩子以及你自己都受益匪浅：

- 对孩子来说。无数研究表明，父亲在孩子的婴儿时期与他们接触越多，他们在智力测试方面的表现就越好。相反，那些在刚出生第一年与爸爸接触不多的婴儿在日后的生活中都不太擅长建立稳定的关系。很明显，没有爸爸在身边，孩子的行为种类很难得到开发。除此之外，爸爸们越积极主动地参与到小宝贝的成长过程中，孩子的肢体协调性就越好，孩子和陌生人的相处也会更顺畅，也能更好地处理应激情况。

- 对你的伴侣和你们的婚姻来说。劳动分工是导致婚姻压力的主要原因之一。你越积极主动，提供的情感支持越多，你妻子的幸福感就会越高，她就会更用心地完成她的职责。那些让他们的妻子感觉到很幸福的丈夫其实自己的幸福感会更高。在婚姻中感觉很快乐的丈夫在为人父方面也会更加积极。当爸爸这件事永远没有结束，也不需要理由结束。

- 对你来说。做一个积极投入的父亲会影响你的方方面面。你要学习如何感受、表达，以及管理你以前根本就不知道的情绪（积极情绪、消极情绪以及介于两者之间的情绪）。你会变得更有同情心，更加懂得从别人的立场看问题。经常积极主动与孩子们玩耍的爸爸身心将会更加健康，而且职业生涯也会多一些提升的可能性。它也会改变你的自我认知。“经常和孩子们一起玩耍可以净化男性的价值观并帮助他们明辨主次，”我的同事罗斯·帕克，为父之道研究的先驱之一，这样写道，“如果爸爸能很好明确自己的要求和责任，这会有助于增强他们的自尊，否则，他们会为发现自己的局限性和弱点感到沮丧。爸爸们可以从他们的孩子身上学到很多东西，也会因为他们而变得成熟。”

措辞说明

他，她，它

不久之前（现在也是）的育儿书籍里面假定的育儿角色都是母亲，通常描述婴儿的时候也都是用“他”来指代。但是在西方国家，对于一直用男性名词来做通用代词其实是存在争议的，特别是对于一个像我这样拥有三个女儿的父亲来说。我想要看到哪怕至少是一次用女性代词来指代小宝贝，这样我才能考虑读到的内容是否适用于我的孩子。但是作为一名作家，我发现类似于“他的或她的”，“他或者她”，还有“他／她”这样的词组通常出现在冗长烦琐的句子中，我个人真的非常不喜欢把“男女”写成一个单数名词（s/he）。当我们谈论到人类的时候，“它”这个词真的不是一个合适的选择。有什么解决办法呢？我有时会在书中的某一章节简单地轮流使用“他”和“她”。除非是在具体的场合（比如割礼），“他”和“她”都是可互换的。

哺育期的伴侣

就像我们总是用“他”来称呼所有的宝贝，却忽略了“她们”的存在，我们还喜欢称呼所有的母亲为“妻子”，这其实是在否定许多像女朋友、情人、同居伴侣、未婚妻等等非妻子身份的母亲们的存在。所以，为了避免做出任何涉及婚姻重要性（或者是不重要，取决于你的个人感受）的描述，我用“你的伴侣”来代替你的孩子的妈妈，就像我在《恭喜，你要当爸爸了！》一书中所使用的措辞一样。

如果有些内容听起来有点耳熟的话……

如果你读过《恭喜，你要当爸爸了！》这本书（如果没读过，现在也不算太迟），你可能会发现那本书的结尾部分和这本书的开头部分有一些重复。我向你保证资料的重复并不是因为我懒，而是因为这两本书都需要这些重要的主题。毕竟，孕育意味着诞生，童年也由此开始。

本书的局限

毫无疑问，这本书里面的信息是你不曾见过的，但它们不是为了取代你家的儿科医生、理财师或者律师。自然，我也不建议你去做任何我不会做的事情（或者是还没有做的事情）。而且，在你盲目地采纳我的建议之前，请收起不必要的担忧，找专业人员核实。

第一周　恭喜，你当爸爸了！

宝宝的状况

身体上

- 尽管你家小宝贝的身体机能是由一系列的反射（更多信息见58~59页）控制的，但她确实在一定程度上能控制她微小的身体。
- 她的眼睛能聚焦——大约几秒钟，至少——在离她8~10英寸（约20~25厘米）的物体，而且她还能够左右来回晃动她的头。
- 在刚出生的24小时内，她可能不怎么吃东西，但是24小时之后，她每天可能会吃7~8顿。在两顿之间，她会吸吮任何靠近她嘴边的物品。
- 她每分钟的呼吸频率约为40次，心跳约为120次/分钟，她的新陈代谢比成年人要快4倍。
- 她的肠道蠕动得更快：每天排尿次数达到18次，排便次数可能有4~7次。
- 为了能使她从这些活动中恢复过来，她将用80%~90%的时间来睡觉，一天平均要睡8次。但是有些小宝宝一天也只睡8个小时。

智力上

- 从出生开始，你的小宝宝就能做出一些理智的决定。
- 如果听到什么声音，她能判断出它到底来源于左边还是右边，前面还是后面。

- 她能够区分甜的食物和酸的食物（更喜欢甜的，就像我们大部分人一样）。
- 她的嗅觉非常灵敏。在这个周末前，她就能够区分出自己妈妈的乳汁和另外一个给她哺乳的人的乳汁。
- 尽管她的双眼看起来好像可以独立工作，但她更喜欢看简单的图案而不是复杂的图案，更喜欢看物体边上的东西（比如你的下巴和发际线）而不是内部的细节（嘴巴和鼻子）。
- 然而，在她的世界里，她不能区别出她自己和别的事物。举个例子，如果她抓住的是你的手，她小小的脑袋还不能判断出她抓的是自己的手还是你的手。即使抓住的那只手是她的，她也不知道。

语言上

- 在这一点，你的小宝宝发出来的大多数声音都是哭声，或者是像动物一样发出的咕哝声，流鼻涕的声音，或者吱吱声。

情感上 / 社交上

- 尽管她每 4 小时内只有 30 分钟左右是警醒的，感觉舒适，你的小宝宝其实在出生之前就已经和你紧密相连。在刚出生的几个小时（至多几天），她会跟随你的眼神并试图模仿你的面部表情，而且她更喜欢看那些有特色的肖像作品。
- 当她听到一个声音或者其他杂音——尤其是你和你伴侣发出的声音（有可能是水龙头滴水的声音或者是重金属乐团发出的声音）——她可能会变得安静并集中注意力。
- 她能够表达兴奋或者悲伤。你抱起她时，她会突然变得安静。她也会向其他人表示同情（在之后的篇章，我们会更多讨论这个问题）。

你的伴侣发生了什么？

身体上

- 阴道排泄物（也称恶露）将会由刚开始的鲜红色分泌物逐渐转变为粉红色，再到棕色，再到黄色，这个过程会在你的伴侣生完孩子后持续六周左右。
- 不适感主要来自外阴切开术或剖腹产引起的疼痛（会在生产后的六周后消失）。
- 便秘。
- 乳房不适将会在生产后的第三天开始（她的乳房会因为分泌乳汁而肿痛），而且只要她一开始喂母乳，她的乳头就会酸痛两周。
- 体重会逐渐减轻。
- 精疲力竭——尤其在她的生产过程又长又困难之后。
- 子宫继续收缩——特别是在母乳喂养时，但几天后就会消失。
- 掉头发。大部分的女性在怀孕的时候都不会掉头发，但是一旦孕期结束，头发就会大量脱落。

情绪上

- 心情轻松，分娩终于完成了！
- 兴奋，失落，或者两种情绪都有（更多信息见 55~57 页）。
- 为自己如何履行一位母亲的职责而担心，能不能进行母乳喂养也是一个问题。但是她的自信心将在接下来的几个星期建立起来，这些担忧也会消失。
- 极想了解她的小宝宝。
- 对于自己不能随意走动没有耐心。
- 性欲下降，假设她在生孩子之前不是这样的话。

你的经历

恭喜，你现在升级为爸爸了！

你和你的伴侣共同分享的9个月孕期已经结束了，尽管那段时间对你造成的冲击还没有完全结束，你现在又拥有了一个家，而这意味着各种各样的责任、压力、期待又将上升到一个新台阶。对有些新手爸爸来说，那些看起来很平常的感觉会在出院之前提前到来。而对于其他的新手爸爸来说，现实还没有那么残酷。但是当它发生的时候，你常常会回想的就是你家小宝宝出生那一刻的欣喜若狂。

现在，尽管你可能会觉得有点无助、不知所措，但是如果你跟我之前所谈到的大部分男性一样，你也会在小宝宝出生之后即刻体会到以下感受：

- 爱
- 兴奋，就像喝醉了似的
- 想要去抱、去摸、去摇和去吻小宝贝
- 甚至有一种更强烈的欲望：呆呆地凝视小宝贝
- 成就感、自豪感以及不信任感
- 男子气概，自我成就感
- 一种和小宝贝、你的伴侣强烈相连的感觉
- 想要竭尽全力确保一切顺利
- 好奇小宝贝到底是像你多一点还是像妈妈多一点

在20世纪70年代，马丁·格林伯格博士做过一个研究，研究那些亲眼见证孩子出生的爸爸们。他研究的男性绝大部分都有以上感受，格林伯格创造了“*engrossment*”（全神贯注）这个词，来描述“爸爸对他的小宝贝的专注、入神以及好奇”。

是什么激发了男性的“全神贯注”呢？也正是它激发了女性的母性：早期与婴儿的接触。所以做个深呼吸，去做对你来说最自然的事，那可能就是正确的事。

真相是——有许多研究使我支持这个观点——从婴儿出生开始，爸爸就开始关切，发生兴趣，参与到孩子的成长之中，就像妈妈一样；他们会抱、摸、吻、晃他们的新生儿，还会和她轻声说话，至少做得跟妈妈一样频繁。

想象与现实的对比

面对现实：每一对等待生产的夫妇都在心里默默期待（或者并不是默默期待）无痛的、20 分钟左右的生产过程，很少有人为可怕的分娩过程做好计划。甚至在婴儿分娩教育的课程里面，尽管老师会谈到所有可能发生的不愉快的事情，但她还是会倾向于把这类事件归类于“偶然”，给人的感觉就好像一切都在掌控之中。

如果你伴侣的分娩是按计划进行的，那你应该会满意事情的结果，你会因为你家宝贝的到来而感到欣喜，会对着小宝宝哦啊个不停。但是如果在分娩过程中出现任何问题——引产、剖腹产，威胁到你伴侣的生命或是你家宝贝的生命——你对分娩的整个印象就会颠覆。出现这些情况，你通常会怪罪宝宝，认为是她导致了你伴侣的身体疼痛和你的心理负担。在你没有意识到的情况下，这类事情真的很容易发生。

所以在分娩后的最初几周，请密切关注你对小宝贝的感觉。如果你发现自己对她感到愤怒或者憎恨，或者出现“所有的疼痛都是因为这个婴儿”的想法甚至会脱口而出，或者（像我做过的）觉得是“小宝贝自己不愿意出来”，要记住无论你觉得你的宝贝多么优秀多么有天赋，在分娩过程中她都只是一个被动的角色。放弃任何责怪你家小宝贝的想法吧，因为这会严重影响未来你们之间的关系。

“这真的是我的宝贝吗？”

在我的每个女儿出生之后，我做的第一件事就是检查她的胳膊、腿、手指和脚趾。一旦四肢和所有身体末梢都被我检查完毕，我就会很快去查看她的鼻子和下巴是不是跟我长得一样。

然后，我对我所做的这些又感到有点愧疚。我不是应该去亲吻和拥抱她吗？我怎么能对她做全身检查？结果表明，这也许是大部分新手爸爸在小宝宝出生之后都会做的事情：迅速地去查找物理特

在我的每个女儿出生之后，我做的第一件事就是检查她的胳膊、腿、手指和脚趾。一旦四肢和所有身体末梢都被我检查完毕，我就会很快去查看她的鼻子和下巴是不是跟我长得一样。

征，想要证明孩子是自己的。这是有原因的：对我们大部分人来说一不管我们怀着孩子时去看了多少次医生，听过多少次孩子的心跳，看过多少次孩子身体的扭动，感受到多少次她的拳打脚踢一小宝贝在出生之前的一切都不是完全“真实的”，直到她最终出生，我们和她面对面的时候。“看着婴儿从他爱人的阴道出来或是剖腹产出来，对每一个爸爸来说都是一段令人极其震撼的经历，”研究人员帕梅拉·乔丹写道，“孩子的出生证明了她在妈妈腹内的成长。”

事实证明，只有一个女儿的下巴长得跟我相似，看起来她们中似乎没有一个会跟我一样遭鼻子的罪（鼻窦炎）。我的大女儿和二女儿出生的时候，我记得我当时非常失望——因为她们都没有布洛特家族的特色脚趾头（这个也不是非常重要，但是它确实对我的游泳非常有帮助）。当我看到我的小女儿有跟我一样的脚趾头（她也是三个女儿中唯一一个对游泳表现出兴趣的）时，你不知道我有多开心。

现在，等一下——这完全不是我期待的

很少有小宝贝出生后长得跟爸爸想象中的一样。虽然你会对她/他们没有长出跟你一样的鼻子、下巴或者脚趾头感到失望，但是很快你就会发现你的小宝贝有某些地方跟你神似（经常会有这种感觉）。

但是如果你想要一个男宝宝却生了一个女宝宝，或者你想要一个女宝宝却生了一个男宝宝呢？这真的是一个打击。瑞典的一个专家研究组发现：他们的宝宝出生之后是期待中的性别时，爸爸的角色诠释得会更完美。但是如果幻想破灭的话，心中的遗憾便会生根发芽继而影响到你对你家小宝贝的接纳与疼爱。实际上，出生后性别跟父母最初期待不一样的孩子和在儿童时期跟那些被爸妈喜爱的孩子相比，他们跟父母的关系非常糟糕，尤其和那些想要男孩子却生了女孩子的父母关系更糟糕。

你和你的伴侣

剖腹产后她的身体和情绪的恢复

经历一次不在计划中的剖腹产会让你的伴侣产生一系列纷乱的思绪。她会和你一样感觉非常轻松，因为疼痛已经结束，小宝宝也安全出生了。与此同时，她自然会再度怀疑自己和自己所做的决定，开始认为她本可以避免这次手术的，甚至因为不是顺产觉得自己很失败。这种感觉特别普遍，尤其在顺产失败必须施行剖腹产时（意思就是子宫颈没有如医生所认为的那么快地打开）。

如果感觉到你的伴侣的情绪处于消极状态，你就很有必要及时制止她的情绪爆发。你要让她知道没有人比她做得更好，没有人比她更强大，更没有人比得上她的勇敢；她没有向疼痛低头，她竭尽全力去发动新一轮的分娩；继续几个小时的自然分娩对大家都不好，她所做的决定无论是对小宝贝还是对她自己都是最好的。

善待需要特殊护理的孩子

我们都期待生下一个完美的孩子，但并非每个人都能如愿。最近几年，随着科技的发展，准父母已经能够避免生下残疾孩子，或者至少做好了心理准备。

但是无论是否做好了准备，残疾孩子的父母依然需要做出许多调整。对有些父亲来说，生下一个残疾的孩子跟流产没有太大区别。不同的是，他们对流掉的孩子会痛心不已。而面对残疾的孩子，有些父亲则震惊、生气、怀疑，甚至不肯相信。他们自责不已——认为生下残疾儿是上天对他的惩罚，或者指责他们的伴侣。还有一些父亲心情矛盾，甚至内心深处认为这个孩子还不如死去的好。

受过高等教育的知识分子家庭通常对于他们的孩子都有很高的期

有些想法在你看来可能很明显，你甚至认为没有必要去说明。但是必须说出来，尤其是通过你的嘴说出来。你一直与她并肩作战，你比任何人都清楚她到底经历了什么。所以，你的认可对她来说比说出同样话语的医生或护士要重要得多。

生孩子并不是一场比赛，虽然有些人确实是这样认为的。（听过很多新手妈妈谈到她们的分娩，她们总觉得这是一场比赛。“我花了17个小时才生下我们家宝贝。”“好吧，我用了22个小时且还没用任何药物。”“哦，那我是……”）

关于她在医院的身体恢复，你需要牢记以下几点。在本章的后面部分，我们会讨论更多关于在家休养要注意的事项。

- 你的伴侣的伤口很敏感，至少要疼痛好几天。幸运的是，她可以接受静脉注射止痛药。
- 医护人员会按时来病房探望，以确保你的伴侣的子宫复位，

待，所以生下一个有缺陷的孩子对他们来说是相当大的打击。他们认为这样的孩子是不可能达到他们的预期的。有趣的是，母亲和父亲的反应有所不同。母亲通常更关心孩子的情绪问题而对孩子倍加关心，而父亲则比较关心抚养孩子的费用以及孩子上学以后是否成绩优异，是否有潜质成为一名领导者。生下一个有残疾的孩子会逐渐减弱父亲的男子气概以及他的自信心。

根据研究人员麦克·朗姆的研究，那些婚姻关系和谐的夫妻和拥有更多社会支持的夫妻更容易接受残疾孩子。他还发现，夫妻间男方父母对于有缺陷的孩子的接受程度会极大影响他们的儿子对于有残疾的孩子的接受程度。奇怪的是，有智力缺陷的男孩子似乎比有智力缺陷的女孩子对婚姻的消极影响更大。这也可能从侧面反映出父母亲对儿子的期望更高。（令人难过的是，对女儿的期望却更低。）

检查她排尿是否通畅，检查她的绷带。

- 在你的伴侣的肠道正常运行之前，她都需要接受静脉药物注射（通常是在生产后的 1~3 天）。静脉药物注射结束之后，她会开始进食液体，然后再添加一些易消化的食物，最后恢复正常饮食。
- 你的伴侣需要起床多走动。尽管剖腹产是一种常见的腹部外科手术，在产后不到 24 小时内，护士可能会鼓励并帮助你的伴侣下床走走，虽然这几步看起来相当痛苦。
- 在你的伴侣出院之前，拆掉手术缝合线。是的，订书钉。直到我听到医生哐当一声把它们倒入罐子里面，我才知道我的妻子剖腹产后，医生是使用这些东西来缝合伤口的。在某些情况下，外科医生会使用可溶解的针、胶水或者是胶带来缝合切口。

你和你的宝宝

第一印象

在我成为一名爸爸以前，我笃信我的孩子肯定会相当光彩，即使在她们刚出生后。这是广告高管们的又一次成功。事实是，在大部分情况下，刚出生的小宝宝看起来都有点奇怪。如果你家的小宝宝是从阴道顺产的，她刚生下来就像被打了一样——圆锥形的脑袋，黏糊糊的，带点瘀青。她被一层白色的像奶酪的东西包裹着，她的眼睛有可能是肿胀的，有点斜视，她的头发、背和肩都让你担心不已，不知满月后是否会有所改观。

不要担心。在刚开始的几周，她的鼻子会慢慢长出来，她的头型也会变成椭圆（剖腹产的婴儿通常看上去要好看一些）。那一层白色的东西叫作胎儿皮质，是一种天然滋润物，可以保护婴儿的皮肤在妈妈子宫内不受伤害。浮肿的眼睛是因为在她出生之后被医护人员在她的眼睛上涂了层预防感染的抗生素眼膏，她背上的小茸毛也叫作胎毛，很快就会自然脱落。

但是对很多新手爸爸而言，最大的震撼是来自于他的小宝宝的皮肤，那些斑点（尤其是在脖子和眼睑上）——看上去奇怪的胎记、微小的痘痘——确实让人觉得困惑。但是，在你拿起手机拨打皮肤科医生的电话之前，先等等，读一读以下的文字，你就会知道有些情形非常常见，再正常不过：

- 粉刺。那些可爱的小痘痘通常会出现在婴儿的脸上。原因有二,一是你的伴侣的荷尔蒙继续在小宝宝的身体系统内发生作用；二是宝宝的毛孔堵塞。不管是何种原因都不要挤压、戳破、抓弄或者用力擦洗这些痘痘。只需要每天用清水洗几次，抹干，它们就会在数月内消失。
- 水疱。从 B 超照片就可以看得出来，婴儿在出生之前会频繁地去吸自己的拇指，或者吮吸他们能触到的身体的任何部位。有时候吸得太用力就吸出了水疱。
- 黄疸。如果宝宝的皮肤或者是眼白的部分有一点黄，她可能得了黄疸。这种情况是因为小宝宝的肝脏还不能充分处理胆红素。胆红素是红细胞制造的一种淡黄色色素。至少 25% 的新生儿会出现这个问题（早产婴儿的概率更高），通常在出生以后的头五天出现，之后就会消失。
- 斑点、污迹，还有胎记。有可能是白色、紫色、棕色，甚至是黄色中夹有白色肿块，它们可能出现在脸上、腿上、胳膊上和背上。大多数情况下只要你不触碰，它们都会慢慢消失。但是如果你真的很着急的话，可以去咨询儿科医生。
- 头痂（或者称作“乳痂”），也被称作皮脂性皮炎，呈淡黄色，有时候像油油的皮屑，易脱落。常出现在头上，但是也有可能长在婴儿的眉毛上。这个问题其实并不严重，但是，它会严重困扰你而不是你的小宝宝。头痂也不会传染，用宝宝专用的洗发露洗头也许就可以解决问题。

开始测试

孩子脱离胎盘的最初几分钟，你和你伴侣的身心一下子放松下来。她可能尝试着给孩子喂奶（虽然主要原因是为了和孩子建立联系：大多数新生儿在出生后20小时左右不会感到饥饿），你也可能想轻抚孩子娇嫩的皮肤，会因为孩子的小手指而惊叹。但是根据医院和孩子出生的情况，孩子出生后的几分钟都在医生和护士的手里，他们会对孩子点来戳去地进行检查，而不是依偎在你的怀里。

孩子一出生，医护人员就会对孩子的整体健康状况进行全面检查。（你可能会想，孩子最应该担心的第一次考试肯定是美国学业水平测试，或许是专属幼儿园入园前的测试。但是，不是的——这次测试要远远早于后面这些测试。）阿普加测试（以麻醉师维珍尼亚·阿普加的名字命名，她是20世纪50年代第一个尝试使用该测试的人）用来测试你孩子的外貌（肤色）、脉搏、脸部表情（反应）、活动以及呼吸。孩子出生后，护士或助产士会把宝宝1分钟至5分钟之内的阿普加评分测试分数记录在表格里。分数表看起来像是下一页表格里的东西。记住，这些分数是用来帮助医护人员确定孩子需要多少帮助（如果需要的话）的依据。尽管这些分数和智商或未来赚钱能力无关，大学招生委员会也从来不要这些东西，但是却为新手爸妈提供了了解孩子最快捷（但完全是无用的）的方式。

理论上来说，最高分是10分，但是1分钟内测试介于7~10分之间也是健康的表现。几乎没有孩子会得10分（除非她是医疗团队成员的孩子），因为大多数孩子出生时脚趾和手指都会有轻微瘀青。这就意味着孩子只需要日常照料即可。得4~6分的孩子可能需要医疗介入，比如供给氧气或用抽吸器去除孩子喉部或肺部的黏液。低于4分可能表明孩子需要急救。但是，低分也可能是因为母亲吃了止痛药或孩子早产造成的。孩子出生5分钟后再做一次测试，以评估医疗介入的效果。如果分数还是很低，那么再过5分钟又要重复测试一遍。

同时，随着测试的进行，医护人员会给你的孩子称体重、量身高、制作孩子的出生证明、给孩子戴上安全手链、洗澡、放尿片、按脚印、在眼睛上涂抗生素软膏、马上注射维生素K（防止流血并帮助血液凝结），然后包在毛毯里。可能还会为她拍下第一张照片。如果你的孩子是通过剖腹产出生的，或者有一些其他的并发症，会先对她小小的肺部进行清理，然后再进行全身的清洗。

黄金时光从现在开始

现在大多数医院鼓励“母婴同室”，即宝宝一出生就让宝宝和新手爸妈在一起。有些医院根本没有专门的婴儿室，只有那些有严重

阿普加测试	2分	1分	0分
A（Appearance）－外表	全身从头到脚呈粉红色	身体呈粉红色，但是手臂或腿部或二者都有瘀青	身体完全瘀青、苍白或为灰色
P（Pulse and heart rate）－脉搏和心率	每分钟心跳100以上	每分钟心跳100以下	无法测试
G〔Grimace（reflexes）〕－脸部表情（对刺激的反应）	受到刺激时放声大哭	受到刺激时轻微哭泣或抽泣	无反应
A（Activity）－四肢肌张力	手臂和腿部动作活跃	手臂和腿部有些许活动	毫无活动
R（Respiration）－呼吸	呼吸正常，哭泣，肺部工作正常	呼吸缓慢、虚弱或不规律	没有呼吸

健康问题的宝宝才会有婴儿室。还有些医院设有婴儿室，但是父母亲可以随时和宝宝接触。

如果你们选择的医院有婴儿室，你们可以好好利用。你可以设法让你的伴侣和宝宝待在一起，但是要依据宝宝出生的状况而定，另外也要考虑到你伴侣的情况，她可能生完宝宝后真的需要休息。

胎 盘

因为某些原因，在我们第一个孩子出生前，我从没过多考虑过胎盘的事。胎盘曾是我女儿在娘胎中的生命保障系统。不管你考虑过还是没有考虑过，它就在那儿——而且不得不排出来。

孩子出生后，你的伴侣轻微的宫缩可能会持续 5 分钟到 1 小时不等，直到胎盘排出。分娩过程中奇怪的事就是，你和你的伴侣可能都不知道她正在排出胎盘——此时你们正为孩子忙得团团转或者忙着照顾彼此。

但是一旦胎盘排出，你就需要决定该怎样处置它。在这个国家，很多人甚至都没有见过这个东西，而见过的人都把它留在医院，可能会被当作医疗废物焚化，但更有可能会被生物医学研究人员卖给化妆品公司（有很多用胎盘做成的美容产品）。但是在很多其他文化中，人们认为胎盘和它在子宫里滋养的孩子有着某种永久且近乎神奇的联系，处理时，人们总是带着无比的敬畏。事实上，在大部分文化中，处理胎盘需举办宗教仪式，他们认为，如果胎盘没有好好葬好，孩子——或是父母，甚至整个村庄——会面临一些严重的后果。

比如在秘鲁农村，孩子一出生，父亲就要去找个偏远的地点，把胎盘深埋，让动物或人不能意外地发现它。否则，胎盘可能会“嫉妒”孩子得到的关注，引发一场大瘟疫来复仇。

在南美洲印第安人的一些文化中，有些物体会伴随胎盘一同埋葬，可以要求护理人员在哺乳时把宝宝送到你伴侣的身边。你也可以尽可能多地陪伴你的宝宝。当然，如果你的伴侣更愿意让宝宝留在附近——许多妈妈就是这样想的——那就不要与她争辩，听她的就是。

谈到你伴侣的休息情况，你必须和护理人员进行沟通。虽然他们说你的伴侣需要尽可能多的睡眠，但如果你不向护士提出让你的

人们相信婴儿的一生都会受这些物体的影响。根据人类学家戴维森的研究，可拉部落的父母“会把成人生活中用到的工具微型复制，然后和胎盘一同埋葬，这么做是希望婴儿能好好工作。男孩的胎盘经常会伴随铁铲或镐一同埋下，而女孩的胎盘则是伴随着织布机或锄头埋下”。在菲律宾，有些母亲会把胎盘和书一同埋下，希望孩子聪慧过人。

越南传统医学用胎盘治疗不孕不育、预防衰老。在印度，触摸胎盘能让没生孩子的女性怀上自己的健康宝宝。在中国，有些人认为母乳喂养的母亲喝用胎盘煮的汤能提高母乳质量，或是吃一块风干了的胎盘能加速分娩。

这种胎盘的用法并不只限于非西方文化。直至今天，在法国和许多其他国家，许多产品中都含有胎盘成分，包括化妆品、医药等各类产品。一些人甚至相信食用胎盘有助于增加妈妈的母乳量，减轻她们的痛苦，降低产后抑郁的风险。这些都缺乏有力的科学依据。但有一点是可以肯定的，如果你的伴侣选择这样做，她就可以坚持己见。不知味道怎样?

无论你和你的伴侣决定怎么处置胎盘，最好别声张——至少别和医院工作人员说。有些州试图规定如何处理胎盘，可能还会禁止你把胎盘带回家（如果你真的很想带回家，你可能要找一位富有同情心的护士帮你把胎盘包起来）。我们故意把我们大女儿的胎盘留在了医院。但是我们把我们二女儿和三女儿的胎盘在冰柜里保存了一年，然后才埋掉了，并在上面种了棵树。

伴侣得到充分休息的要求，他们会每隔一两个小时就对她的生命体征进行一次检查。

新生儿筛查

如果你以为一个阿普加测试就完了，那还是请你三思。即使是表面看上去最健康的婴儿也时常暗藏不可预见的疾病。要是不能及时觉察，这些疾病将阻碍他们的身体发育与智力发展，造成脑部永久性伤害与器官损伤，甚至导致死亡。早期发现，大部分问题都能得到控制甚至得到治愈。因此，孩子必须要进行一系列的体检才能被带回家。

三类检测是必需的：血液、听力和心脏检测。

血液检测

一些新生儿患有可治愈的疾病，这些疾病可能都是通过筛查检测出来的。几家机构曾推荐成立过普查小组（RUSP），对 50 多种健康隐患做常规筛查。但是如今，根据你的居住地所在州的标准的不同，此类强制检测的类目实际已由之前的 4 种增至 40 多种。（Babysfirsttest.org 列出了一张完整的清单，里面有你所在州的婴儿检测要求，网址是 www.babysfirsttest.org/newborn-screening/states。）好消息是所有这些检测都可以通过同一种样本进行——婴儿一出生后即从孩子脚后跟取下的几滴血。

听力检测

有近千分之一的正常新生儿、百分之二留在特护室的婴儿存在听力缺失。如果在新生儿体检当中能发现婴儿的听力障碍，及早佩戴助听器能让他们避免言语障碍和表达障碍。要尽早发现，到孩子两三岁时才发现的话，解决起来就有点棘手。这种检测安全、迅速且无痛。事实上，整个测试过程孩子们往往都处于睡眠状态。

心脏检测

近千分之九的新生儿在出生时伴有一些先天性心脏病。医生使用非侵入性测试——脉搏血氧饱和度测试来检测新生儿心律以及血液中的含氧量。此法旨在发现一系列危重先天性心脏疾病。此类疾病包括心律不齐、有潜在危险的心脏结构畸形等。若能尽早发现，许多危重先天性心脏病（CCHD）是可以治愈的，而且孩子也能过上接近正常人的生活。

渐渐认识你

“很多人认为婴儿情绪复杂多变。但实际上他们只有三种情绪：准备哭、正在哭和刚哭完。作为父母，你的工作就是让孩子尽可能长久地保持最后一种情绪。”喜剧演员大卫·巴里说道。当了几天父亲后，你也许会很赞同巴里的总结。但事实上，婴儿的情绪变化很是微妙。

婴儿出生后仅仅几分钟便有 6 种定义明确的行为状态，且表现很明显。在我初为人父的几周里，学习这 6 种状态对我了解我的孩子大有裨益。该理论的阐释者是马歇尔·克劳斯博士，他也是《神奇的婴儿》（*The Amazing Newborn*）的合著者。接下来便是我对马歇尔·克劳斯博士著作中的 6 种状态所做出的总结。

静态警觉

大多数健康宝宝出生后的第一个小时，会处于一种“静态警觉”的状态，一般持续 40 分钟；出生第一周，她每天大约百分之二的时间都处于这种状态。这种状态下的婴儿会鲜有动静，他们所有的注意力都集中在看、听和接收这个新世界的种种信息。他们的视线会随着物体移动，甚至能够模仿你的面部表情。当这个小小的身体第一次触碰到你的时候，你会意识到这是一个活生生的人。

动态警觉

在动态警觉阶段，婴儿会发出小声响，频繁活跃地移动他们身体的各个部位。他们的动作通常是每一两分钟便有一次几秒钟的猛烈的胡乱扑腾。一些研究人员认为这些行为是孩子给他们父母的一种小小的暗示，来表达他们自己的诉求。其他一些人则认为他们只是很好奇地在观看，进而促进亲子交流。这个阶段是你和孩子进行肢体交流的好时机——本书后面“你和你的宝宝”章节中，我们会深入探讨这个话题。

啼 哭

啼哭对一部分婴儿来说是最自然的天性，当然也是最正常不过的状态（更多信息见第 63~69 页）。此时婴儿的眼睛或张或合，脸蛋红润，四肢使劲地扑腾。（不要惊异于为什么看不到他们的眼泪，因为新生儿开始一两周泪管还不具备流泪功能。最后眼泪流出来了，你却会心碎。）

通常把他抱起来或带着他转转便可以让他停止哭闹。有意思的是，研究人员过去常认为垂直地把婴儿抱起来或者摇一摇会抚慰他们。但事实证明，真正让他们不再哭闹的不是把他们立起来，而是将他们抱起和摇的动作。

谨记，哭闹不是一件坏事。哭闹不仅能让孩子与你交流，同时也是一种很好的练习。因此，要是你尝试让他们安静却没有马上奏效的话（孩子没有饿或者是尿布湿了），不用担心，过不了多久，他便会自己安静下来。

昏昏入睡

昏昏入睡是一种过渡状态，发生在孩子将睡或将醒期间。此时他们还会有些动作，只不过眼神通常呆滞涣散。不理她，让她迷迷糊糊地睡去或者醒来。

安睡

在安睡期间，孩子神态轻松，眼睑闭合，她的身体几乎完全静止，只有极细微的鼻息间的动作。

当孩子处于这个状态的时候，你也许因为她的安静而警觉——是不是没有呼吸了？要是这样的话，你可以尽可能近地靠近她，聆听她的呼吸声，要么轻轻把手放在她的腹部，感受她腹部的起伏变化。（孩子应该仰着睡，至于为什么更多信息见第 108 页。）千万别尝试在这个时候去叫醒孩子，除非有儿科医生的嘱托。相反，你可以利用这段时间来张贴孩子最新的照片或者自己打个盹儿。

动态睡眠

孩子通常闭着眼睛，但偶尔也会睁开。可能会笑或者皱眉，或者有些吸吮、咀嚼的动作，甚至和成人的动态睡眠一样会有啜泣或抽搐。

婴儿的睡眠一半是安睡，一半是动态睡眠，二者每 30 分钟交替一次。所以当你看到孩子有动静可能要哭闹时，请稍等片刻再去喂食、换尿片或抱起他。让他自己待会儿，没准孩子又会睡过去呢。

新生儿可不仅仅只会哭、睡、尿床和张望。当从母亲体内出来几小时后，他们便已经会尝试着和他们身边的人交流了。

马歇尔·克劳斯博士给我讲了一个和八个小时大的女婴做的游戏。在游戏当中，博士让一名同事（这名同事和女婴完全不熟）抱着女婴并缓缓伸出舌头。一会儿这个女婴便模仿这个女同事做了同样的动作。接下来博士让其他 12 名医护人员分别抱起该女婴，并且要求他们不要做伸舌头的动作。当这名女婴最终被最开始抱起她的女同事再次抱起时，在没有任何提示的情况下女婴立即做出了伸舌头的动作。即使是刚出生几小时大的婴儿，她也能够记住她的“朋友”。

和宝宝互动

尽管坐下来只盯着宝宝，看他的种种小“作为”就可能让你感到不可思议了，但是，要想与他真正建立联系，光这样看着是远远不够的。下面便是你渐渐认识他的一些好方法：

- 抱抱他。刚出生的孩子喜欢被人抱着四处溜达。如果可以的话，脱掉你的衬衣与他肌肤相亲，让他能够感受到你的体温，这样你也会很享受。你最好仰躺着，让睡着的宝宝的脸贴着你的胸口。但是切记，这是唯一可以让孩子趴着睡的情况。
- 和他说话。是的，他根本听不懂你在说什么。其实他几乎都不知道你的存在。但是和他说说话，告诉他你在做什么以及新闻报道里正在发生的一切等等——这将帮助他去感受语言的节奏。
- 换尿片。听起来不是那么有趣，但是换尿片的亲近作用远被人所低估。这恰恰是和孩子独处的大好机会：轻抚他软软的小肚腩，挠挠他幼小的膝盖，亲吻他稚嫩的手指。至少孩子出生后第 1 个月甚至更长时间，都应该每隔两小时给孩子换一次尿片，因为新生儿皮肤异常敏感，不宜长时间接触排泄物。此时，你们接触的机会就很多了（换尿片部分更多信息见第 23~25 页）。
- 适当清洁。你也许每天都会洗澡。但是孩子在学会爬之前，他都不会把自己弄得太脏。所以一周给他洗一两次澡就够了。过多不必要的清洁，反而会造成孩子皮肤的干燥。当然两种情况除外：每天用淡水给孩子洗脸是可以的，并且每次给他换完尿片之后，都要仔细清洁相应区域。当你给孩子洗头的时候，特别留意一下他头顶的软点（叫作囟门）。有时你会发现这些区域会随着孩子的脉搏而跳动。这些软点的作用就是让孩子在通过产道的时候头骨不会受到损伤。这些区域在皮肤的覆盖下显得非常坚固，所以你不必担心在清洗的过程中会给他们造成伤害。

关于尿片

这似乎是你不得不做出的抉择——你需要酒精含量高的啤酒，还是酒精含量低的？你需要控制牙结石的牙膏，还是含过氧化氢和小苏打美白的牙膏？值得庆幸的是，我们所做的许多选择都是非常简单的。但是当你遇到一些本身带有政治争议的抉择时，就显得比较艰难了。比如说是判死刑还是无期徒刑？是使用纸袋呢还是塑料袋呢？好吧，现在为人父母，你所面对的选择又多了一条——是使用一次性尿片呢，还是尿布呢？让我们粗略看一下两者的利弊。

- 一次性尿片。美国人每年扔掉的一次性尿片达 180 亿片之多。这个数量超过了全国填埋垃圾的 1%。这种由塑料制成的尿片，丢弃后将以当前的形态保留五百年。在一些地方你也以买到可生物降解的一次性尿片。但是由于这些尿片被埋在垃圾之下，缺乏降解所需的氧气和光照，因此，它们可能也会需要很长的时间来分解。

另一方面，一次性尿片使用起来很方便。比如你在旅行的时候，只需要把用脏了的尿片丢掉，而不需要继续带着。即使不旅行，一次性尿片使用起来也要简单得多。这可能就是为什么百分之九十的父母（百分之百的医院）都会选择一次性尿片的原因。

对于新生儿来说，一次性尿片价格不是很贵。然而当你的孩子越长越大，他所使用的尿片的规格也会越来越大。这时你所使用的尿片虽然在数量上会越来越少，但是在开销上却并没有降低。由于你自始至终保持着每天使用一打尿片的使用量，所以这样下去还是很烧钱的。但要是你考虑用优惠券购买或者去批发商场购买的话，你会省下很多银子。除此之外，你如果去一些类似玩具反斗城这样的地方或是沃尔格林等连锁药店购买一些一般品牌或者是工厂品牌的尿片的话，往往更加实惠，并且使用起来也还不错。

就它的缺陷来说，一次性尿片因为有效的吸水性让孩子们在使用的时候能够保持更长久的舒适度，以至于孩子后来不得不接受如厕训练。（平均来说，使用一次性尿片的孩子会持续使用36~40个月，使用尿布的孩子是24~30个月。）与此同时，使用一次性尿片的孩子，更有可能患上尿片疹。因为即使湿气被尿片吸收了，但是造成皮疹的细菌和氨气还在里面。

- 尿布。尿布因为不含刺激性的化学物质和塑料，所以对于宝宝娇嫩敏感的肌肤来说会有更好的亲肤性。反对尿布的传统观点之一就是觉得尿布没有一次性尿片那么方便。不过从某种程度上来说，这确实是事实。你每天使用尿布的量会大于你使用一次性尿片的量。而且，当你出门的时候你还得把脏尿布带回家。如果尿布用完了，你还会陷入寻找额外尿布的艰难境地。然而，尿布在过去几年间发生了重大变化。就拿今天的尿布打个比方，市场上有各个式样的：比如沙漏形状的，有弹性可以让孩子大腿部位得到更好包裹的，有尼龙搭扣拼贴而不是以前那样用夹子别起来的，还有有独特衬垫让清洗更方便的，等等。

与此同时，尽管尿布本身比较天然，但是它们仍然不够环保。棉布作为尿布的原材料会产生一定的农田税。为了让尿布得到很好的杀菌消毒，尿布服务站会把它们在近乎沸腾的水里面洗上七次。这样一来，整个过程会消耗掉大量的能源、水，还有杀菌剂。接下来将它们装箱运送到各个地方，同样也会产生大量的有毒污染物。提倡使用一次性尿片的人认为，使用尿布所消耗的燃料和造成的空气污染会比使用一次性尿片的还要多。这让我在尿片的使用上有了更多的考量。

如果你准备使用尿布你就要使用尿布服务站。长期以来，相较于自己购买和自己清洗尿片来说，这将是一笔不小的开支。但是在这个国家，如我之前有聊过的，大部分新手爸妈更愿意把闲暇时间用来打个盹儿，或者是一起逛逛街，而非自己洗衣来降低相关开销。

要是你和尿布服务站签订合同，刚开始的时候你会每周使用 80 片尿布，但是如果你自己买尿布的话，你只会用到大约 40 片。

即使你决定不使用尿布，但无论如何也要备上一打。因为尿布能够很好地吸收婴儿臀部的水分，保持婴儿皮肤的干燥，而且在婴儿吐奶的时候，把它覆盖在你的肩上，也能够很好地保护你的衣服不被弄脏。

- 其他选择。尽管这对你来说是个艰难的选择，但这终归是你

换尿片 101

在你的孩子学会如厕之前，你将为他换大约 1 万次的尿片（男孩比女孩要多一点，双胞胎的话会更多）。因此，你要学会更快更有效地换尿片，而不是把时间花费在这上面。下面是一个简短的换尿片教程：

1. 在开始之前，请准备好所有需要的物件。新尿片、水、毛巾，还有干净的衣服（大多数是为宝宝准备的，但是如果场面实在不可收拾的话，也许你得为自己也备上一两件）。在刚开始的几周里，请不要用购买的婴儿湿巾。即使是不含酒精的品种，里面也充斥着许多化学物质，这对婴儿娇嫩的肌肤来说非常不好。可以使用湿毛巾（在合适的室温环境下）或棉球来代替。这段时期，如果你不得不离开住宅，你可带上一些一次性湿毛巾，把这些湿毛巾装在可重复密封的塑料袋里面。
2. 找一个舒适平坦的地方来换。可调桌或者其他坚固的桌子都是很好的选择。一些可调桌装有背带，在换尿片的时候，可把婴儿固定在桌子上，以确保他们的安全。但是不能完全依赖它，无论何时你至少都应该有一只手放在婴儿身上。新生儿出乎意料地强壮聪明。他会在你转身的那一秒，滚到桌边。当然地板可能是最安全的地点，因为你完全不用担心孩子会掉下去，但是你要弓着背就会很吃力。

3. 给婴儿脱衣服的时候一定要让他的腿能够自由活动。如果穿了袜子的话，千万要把袜子脱掉。因为婴儿很喜欢在你给他换尿片的时候蹬腿，而且总是会神不知鬼不觉地在脚上沾上他们自己的粪便。
4. 让婴儿的脸朝上平躺在换尿片的地方。有些婴儿非常喜欢换尿片，因此整个过程都非常的安静。然而有些孩子却总会哭喊打闹。如果你的孩子在换尿片的时候不那么配合你，你可以尝试在他的上方悬挂一个风铃来分散他的注意力，这样你就可以继续进行你的工作了。刚开始，你和你的伴侣可能需要一起来完成这项工作。一个人拿干净尿

在你的孩子学会如厕之前，你将为他换大约 1 万次左右的尿片（男孩比女孩要多一点，双胞胎的话会更多）。

片、哄孩子、按住乱踢的脚，另外一个人给孩子做清洁。

5. 打开干净的尿片放在婴儿身下。解开他身上的尿片，然后用手握住婴儿的踝关节处，轻柔提起婴儿，再把脏尿片抽出来。这个时候你要迅速用毛巾或者尿布盖在孩子的外阴部。这当然不是由于羞怯，而是怕孩子突如其来的尿尿会溅撒到你身上。

6. 清洗干净孩子的臀部和外阴部。如果旧尿片上面还有干净区域的话可以用它来做第一遍的擦拭。女孩的话，要从上到下好好擦拭，以防细菌进入阴道造成感染。男孩的话，要注意清洗干净他的阴囊下面。直到你完成第 8 步的动作之前，你都要轻柔，并且牢牢地握住婴儿的踝关节。另外空出来的一只手抽出脏尿片。

7. 备上一支湿疹膏，但是必要的时候才能用。婴儿出生后最初的几个星期内，不要使用洗涤剂（刺激性很强），含有滑石粉的婴儿爽身粉千万不要使用。因为滑石粉里面含有致癌物，一旦不慎吸入，会造成肺部的损伤。如果你的家人认为使用一点婴儿爽身粉无关紧要的话，请选用一些无毒原料制成的产品，如含有玉米淀粉或者天然的黏土成分制成的产品。

8. 系紧尿片——舒适但又不至于勒到婴儿的肌肤。还要注意把尿片前部折一点以免剐擦到脐带残端。如果宝宝又尿尿拉臭臭了（这是他们乐意做的事），重复步骤 4、5、6。

9. 如果必要的话，洗干净你的手和婴儿的脚。我发现备一瓶洗手液或清洁剂是很明智的，特别是在没有自来水的情况下。

10. 给宝宝穿上衣服。

换尿布是一项习得的技能。过不了多久，你就可以闭着眼睛也能够完成这项工作了（尽管你可能压根就不这样做）。要是你做不好，婴儿的便便就会沾在手上。沾在手上还好洗，沾在衣服上洗掉就有点费劲，所以一旦沾上，你就要快速冲洗干净。

要面对的。在此我建议你综合考虑，两种都选用。白天或者你在家的时候，就用尿布。晚上或者你要出门的时候就使用一次性尿片。要是你不介意会多花一点钱的话，你还有一些更加环保的选择。比如使用一些用棉、玉米淀粉或者木浆制成而非用凝胶来吸收液体的尿片，以及一些可用做堆肥的、容易降解的类型（要么用一些内芯是一次性的那种）。这些你都很容易在网上和实体店买到。

新生儿重症监护室（NICU）里的父亲

如果你的宝宝是在32周左右出生的早产儿，且出生时体重很轻，抑或是多胞胎，她（或他们）将会在新生儿重症监护室里度过一段时间。对于身体健康只是体型偏小的婴儿来说，你没有什么需要担心的——他们被称作“体重增加和学会进食的婴儿”，他们的体重长到四五磅（两三千克左右）时，你就可以带他们回家了。但是，并不是所有在NICU的婴儿都是健康的。

看着自己的孩子挣扎在生死边沿实在令人心痛。（甚至看着一个早产儿都是可怕的。他眼睛紧闭，皮肤半透明略带红色，而且看起来更像一个胚胎而非婴儿。不过随着时间的推移，他看起来会越来越像一个正常婴儿。）很多曾和我交谈过的父亲告诉我说，那种无助的感觉几乎击垮了一切，他们不仅无能为力帮助孩子，而且他们经常感觉被医护人员所排斥和忽视，医护人员几乎只关注孩子的母亲。因此，大部分的父亲不得不自己去想应对的方法。以下是我调查过的许多爸爸们想出的方法：

- 不要把责任归咎于个人。事情的真相是所有的医护人员会怀着和你一样的心情来拯救孩子的性命，即使你感觉受到了排挤。如果你觉得医护人员对你的伴侣关注更多的话，那是因为婴儿的饮食非常重要，母乳恰恰是最好的药物。
- 不要惧怕提问题。你有权了解孩子每一步的状况。不少男人

尿片里面到底都有些什么？

- 胎便。胎便是种墨绿色的、黏的、如焦油般的肠道运动的产物，或许你会因此担心孩子的肠道出了问题。大概出生后四天，当孩子开始母乳喂养或人工喂养后，这种胎便就会随之消失，取而代之的是一种看起来不那么恶心的物质。母乳喂养的婴儿的便便通常是种子状、芥末酱色，闻起来不是那么臭。人工喂养的婴儿的便便呈灰白色，味道闻起来就像牛奶酸掉了的感觉。婴儿便便偶尔在颜色和形态上有变化，其实都是正常的。

- 性早熟？在刚出生的几天里，婴儿生殖器和乳头发生肿胀是正常的现象，甚至可能会有白色分泌物溢出。女婴有时会有白色的排泄物，或者阴道有细微的血痕。但是这些不必担心，因为这是你伴侣体内高浓度的性激素造成的。所有这些现象，都将会在分娩后的一两周内全部消失。

- 脐带残端。孩子的脐带残留物将会在出生后的一到三个星期内脱落。此时你应该把尿片的前端折进去使得脐带残端暴露在空气中，这会加速它的脱落。在此之前，给宝宝洗澡的时候一定要小心擦拭。对于这方面的护理，保持干燥和清洁就够了。你也可以用棉签或者是湿毛巾来擦拭脐带残端上面的排泄物和它周边的一些区域。在它脱落的时候，小量的流血也是正常的现象。

发现理解每一个过程、缘由、成功的概率、什么是正常、什么是非正常，对他们来说是非常有帮助的。这不仅能够帮助他们面对当前的处境，同样也可以使他们更好地和孩子建立联系。

- 寻求袋鼠哺育法。在20世纪80年代的哥伦比亚，早产儿的死亡率高达70%。对此，一些医生决定采取不一样的措施。他们让这些孩子只戴顶帽子，穿上尿片，然后把他们放在他们父母赤裸的胸膛前，和父母之间直接以肌肤接触，每天这样持续几个小时。结果令人惊奇，特别的一点是，早产儿的死亡率就降低到30%。据美国和其他一些国家的研究表明，接受这种袋鼠育儿法的婴儿睡眠质量更好，能更早取下呼吸机，哭闹得少，也会更警觉，同时还可以更好地调控自己的体温，增加体重，能够达到提早回家的效果。这种方法对于父母来说同样也大有裨益。新手爸妈以这种方式来治疗他们的孩子，会让他们对自己抚养孩子的能力有更大的自信。当然更好的是，可以实际有效地为孩子做点什么。与此同时，进行袋鼠育儿疗法的母亲在母乳喂养中也会产生更多的乳汁。不过不幸的是，并不是所有的医院都会允许这种疗法（有时候也会被叫作亲肤疗法）。如果你所在的医院就是这样的话，请咨询医护人员是否可以采取这种疗法。如果他们需要一些理论支持的话，请为他们展示这里的内容。

- 尝试自私一点。这虽然听起来不可思议，但是并没有如你想象的那样糟糕。由于你已经两天两夜没有合眼了，你这种行尸走肉般的状态无论是对于你的伴侣，还是你的孩子来说都不会有一点用处。你现在正身处逆境。妈妈和孩子需要你陪在他们身边，并且为他们变得更加坚强。加之你担心、忧虑、有压力，因此，如果你需要去找个地方打个盹儿，那尽管去做吧！要是你需要来一次跑步，或者是打场篮球以此来驱散阴霾，也请尽管去实施吧！从长远来看，你的整个家庭一定会好起来。

- 心理上也要坚强。你和你的伴侣也许在对待孩子疾病上的方式迥然不同。例如，许多男性坚信医疗技术能够帮他们渡过难关，有部分男性通过表达愤怒来感觉安全。然而女性只会直接表达她们糟糕的情绪。有一些女性会感觉伤心，因为她们认为自己的丈夫“不敏感”（意思就是说，男性通常在处理这方面的事情时不能以女性的方式来表达他们的情感）。要是你遇到了这种情况，一定要向你的伴侣袒露你的内心感受，让她知道你的关心和在乎。

- 与其他家长建立联系。如今许多医院会把开放式的 NICU 改成私人或半私人的包间。开放式是指几个孩子一起住在一个大的病房。搬到包间原本是为了给家长们更多的私人空间，也给孩子们相对安静的环境，但是这样却造成了一些始料未及的后果。首先，在这种私人病房里面，家长和其他孩子家长交流的渠道被切断。很有可能你所遇到的问题正是别的家长遇到的。这种信息交流渠道能够大大减轻和释放家长的担忧和压力。第二，近期的研究发现，在语言交流上，在安静的私人病房接受治疗的孩子，在他两岁时，相比那些在开放病房的孩子表现得要迟缓些。

一旦你可以和孩子接触，请一秒钟都不要浪费。婴儿需要每天 10 分钟按摩一次脖子、肩膀、背部，还有腿部，每天 5 分钟轻柔的肢体弯曲。按摩后的孩子会比没有按摩的孩子的发育要快 50%。迈阿密医科大学触觉研究所主任蒂法妮·菲尔德博士的研究表明，在热量摄入相同的情况下，接受过按摩的孩子会比没有接受过按摩的孩子在医院待的时间缩短差不多一周。这样，父母在医院里的账单开支也就会更少。到孩子周岁的时候，做过按摩的那些早产儿比那些没有做过按摩的早产儿在体型上要大，长得更好。以前的结论不是一目了然吗？如果你还有兴趣的话，请看第 87~89 页的内容。

家庭事务

回 家

朋友，你的生活已经发生了变化。同前几周一样，你依旧还是你伴侣的爱人和朋友，但是现在，你还是一位父亲。你可能担心自己不能很好地扮演好这几种角色，但是在接下来的几天，你的首要任务不是担心，而是充当你伴侣的坚定支持者。出院后她不仅要恢复身体（下文会有更多解释），还要花时间了解孩子，学会母乳喂养。第一天当爸爸，你会特别忙碌——我曾经也是如此：煮饭、购

还好，不是你老爹进重症病房

不到37周就出生的孩子都被认为是早产儿。早产儿患并发症的风险较大——孩子出生得越早，这种风险就越高。就在30年前左右，“可行性极限值”为27周，也就是说怀孕27周的孩子被救活的概率小于50%。如今，多亏了科技的惊人发展，使得23周的早产儿都可能被救活。但是在医学界对于救活那么早出生的孩子存在许多有关道德上的争议。26周前的早产儿至少有一半会有一些身体残疾，但通常残疾程度相对较低，如视觉障碍、哮喘、行为障碍，或是学习上的障碍。而有些孩子的残疾就要严重得多。他们面对的可能是失明、脑瘫、耳聋和重大认知上的障碍。

胎龄越长的孩子，生存下来的可能性就越大，产生或大或小长期性后果的可能性也就越小。怀孕26周生下来的孩子存活率是75%~80%，怀孕28周生下来的话，存活率能够达到85%~90%。

回到技术。孩子出生得太早，他们的发育就尚未完全。他们的器官，尤其是肺部还没有发育好。他们的免疫系统也还不够强大到能抵御外部的感染。他们也无法从食物当中汲取养分，无法调控自己的体温。在孩子仅仅只有几周或几个月大的时候，他们尚不健全的循环系统还无法及时给大脑输送足够的氧气。然而一种新型的心肺呼吸机能够帮助孩子呼吸。还有一种新的体温调控系统也能够帮助孩子降低脑部的温度，这样就能够降低孩子因脑部缺氧所造成的伤害。

物、洗衣、整理孩子的房间、发布孩子出生的消息、查看来电信息和访客信息，还要让伴侣有足够的休息时间。

恢复期

就孩子而言，除了要给她喂奶、换尿片，欣赏她可爱的小脸外，没有什么可做的。但是你的伴侣不一样。你可能听说过有女人在田野分娩几分钟后就返回工作的故事，但这种情况并不常见。生孩子对女性而言，无论是身体还是情感上，都要遭受巨大的冲击。而且，不像大家所说的，阴道分娩恢复期比剖腹产恢复期更短更容易。很多经历过这两种方式的女性对我说过，剖腹产其实要更容易恢复些。

在身体方面，无论是通过哪种方式分娩，你的伴侣都需要时间完全恢复，这个时间可能比你们俩预期的都长。产后几个月内会持续出现疲劳、胸痛、时而宫缩，产后几周内会出现阴道不适、出血、长痔疮、食欲不振、腹泻、多汗、手麻木或有刺痛感、眩晕、潮热等症状。此外，有10%~40%的女性在进行性行为时会觉得疼痛（这种感觉在产后几个月内都会有，所以就别再胡思乱想了），同时还会有呼吸道感染，3~6个月内还会脱发。

在情绪方面，你的伴侣也不会很好。她对自己行动缓慢感到不耐烦。当她终于为“卸下包袱”松了一口气，为自己成为母亲而高兴的时候，她可能还会遭遇“产后忧郁”，甚至还会得产后抑郁症（见第55~57页）。现在孩子真的生出来了，她可能反倒会因为要当妈妈，还要恰当地给孩子喂奶而倍感压力。真是一堆麻烦事。幸好等她和孩子之间渐渐了解之后，她就有信心了，心中的害怕、焦虑也会随之消失。对于如何帮助伴侣度过恢复期，让你俩开始正确的育儿第一步，下面的建议可供参考：

- 你的伴侣迫切希望能够快点做很多事，你要帮她克服这种想法。
- 接手家务活，或叫人来帮忙。如果房间乱七八糟，不要责备对方。
- 保持灵活性。想要保持未当爸爸之前的正常作息时间是完全不可能的，孩子出生后的几个星期内更加不可能。
- 对自己、伴侣还有孩子都要有耐心。你们每个人都是头一遭经历。

• 对你的伴侣的情绪保持敏感。她的情绪恢复期如果不是很长的话，至少也和身体恢复期花的时间差不多。

• 单独和孩子待会儿。在你伴侣睡觉的时候，或者必要的话，送你伴侣出去散会儿步。

• 客人随时会来，你要控制来客拜访时间以及来客人数。接待客人比你想象的要耗时。宝宝也不喜欢被人戳、捅，以及被人抱来抱去。同时，小孩出生后的第 1 个月左右，如果有人想摸摸孩子，你得让他 / 她先洗手（用温水和普通肥皂就行——但是不要用抗菌性药皂）。孩子的免疫系统还不能抵御我们日常碰到的细菌。

• 保持你的幽默感。

你和你的宝宝

当我们把大女儿从医院带回家几分钟后，我和我的妻子两个人面面相觑，几乎同时问对方，“接下来我们该干什么？”

既然已经回到家里，那么在第 20 页我提到的那些事——抱抱孩子，和孩子说话，给孩子换尿片，给孩子洗澡——就比在医院做更重要。另外，你还得知道在这个阶段需要注意的事：

• 给新生儿穿衣服。这可不是件容易事：她的头似乎大得总是套不进衣服的开口。她的胳膊总是缩在衣服里，无法从衣袖中伸出来。如果按照以下方法去做，应该容易些：

  - 把衣袖卷起来，然后把手伸进去慢慢把孩子的手拉出来——这比从另一边推孩子的手要容易得多。
  - 买些开裆的裤子或套装。有些制造商制作的衣服很美但是根本无法穿，也无法脱。开裆裤方便换尿片——你不必把裤子脱掉去换尿片。
  - 干脆不给孩子穿衣服，直接穿睡袍，但是睡袍底部必须要有弹性，不能有带子，否则会有造成婴儿窒息的危险。如果你要把孩子放在车座或婴儿车上，你要给孩子穿上有裤腿的衣服。

- 如果孩子还不能走路，那就不要穿鞋子。否则不仅浪费钱，还把孩子的脚整天束缚在一双硬硬的鞋里，有伤孩子的嫩骨头。
- 给孩子修剪手指甲和脚指甲。孩子不断挥舞的双手加上她那异常尖锐的指甲实在是让人头疼，他们尤其喜欢在靠近眼睛和脸的地方乱抓乱舞。有些衣服的袖子特别长，但可以卷起来，给孩子穿上这样的衣服能避免孩子划到他们自己的脸。但是，你应该学会如何修指甲。
- 首先，找来所有的装备：钝角的剪刀和指甲锉（普通指甲钳都很大）。
- 确定孩子已经睡着——孩子醒着的时候给她剪米粒大小的指甲几乎不可能。
- 然后，把一根手指轻轻地从孩子的拳头里掰出来，托在手指垫上，让指甲再伸出来一点。
- 直接顺着指甲线剪。
- 把指甲尖端都修平，尤其是指甲缝。
- 十个手指头都这样剪。

等你慢慢习惯了这个过程，你就会形成自己的一套动作。例如，我发现指甲剪比普通修剪孩子指甲的剪刀要好用。我喜欢先修剪，再挫一挫。我采访过的几位新手爸爸承认他们偶尔会去咬孩子的指甲。如果你觉得这样有用而且还安全，那也没关系。

因为孩子的指甲长得很快，你可能每隔两三天就要修剪一次。脚指甲就不同——每个月修剪一两次就好。

宠物

不要期待你的宠物会像你一样因为孩子的到来而兴奋。很多猫和狗都不喜欢它们在家里地位的改变（变低）。为了避免宠物受到打击（同时也为避免宠物做出什么伤害孩子的事），你要尽可能早地让宠物习惯孩子的存在。

在孩子回家之前，你就要做好准备，在医院里把一块毛毯放在婴儿床上，然后迅速把这毯子拿回家送到宠物身边。这样就可以给宠物几天（或者至少几小时）的时间习惯小入侵者（你家宝贝）的气味。

和宝宝一起玩

在最初的几周，踢足球、下象棋什么的你就都别想了。但是每天至少还是要花 20 分钟（每次 5 分钟）和孩子面对面做点什么。聊天、大声朗读、摇晃、做鬼脸、试试孩子的反应（见第 58~59 页），或者仅仅抓住她的目光看着她的眼睛，都是挺不错的方法。下面是几条基本原则：

- 注意宝宝的暗示。如果她哭了，不看你了，或者似乎有点厌烦，这时候你应该停下所做的事。玩得太久会过分刺激孩子，让她紧张不安或焦躁易怒，所以每次玩都要控制在 5 分钟左右。
- 有计划。体能游戏的最佳时间是在孩子活跃的警觉状态下，玩玩具或读书则在静态警觉状态下（见 17 页）。同时，选择你能全身心投入的时间——没有电话、社交或其他干扰物。
- 鼓励孩子。使用微笑、笑声和言语鼓励孩子。虽然孩子还不懂这些话的意思，但是她肯定明白其中的感觉。尽管才几天大，她也想让你高兴，而你的鼓励会有助于加强她自信心的建立。
- 请温柔些。突然的动作、明亮的灯光，以及大声的喧哗（尤其是打喷嚏、砰的一声关门、汽车警笛声，以及烦人的手机铃声）

都会吓到她。

● 小心孩子的头。因为孩子的头相对来说比较大（出生时，他们的头有身体的 1/4 大；成人后，他们的头只有身体的 1/7 大），他们颈部的肌肉也还没有发育完全，在最初的几个月，他们的头可能会有点松垮。所以，你一定要一直撑着孩子的后脑勺，避免突然的动作。不要摇晃孩子的头。这会使她小小脑袋中的颅骨发出咯咯的响声，导致擦伤或永久性伤害。还有，千万不要把孩子朝空中抛。没错，你爸爸可能就这样做过，但是他不该这样做。看起来很好玩，但是却十分危险。

喂养孩子：母乳喂养和人工喂养

似乎非常令人难以置信。就在几十年前，母乳喂养还很过时，很多新手妈妈也有各种理由不用母乳喂养（当然这些理由都是她的医生给出的）。今天，你很难看到医学界有人认为母乳喂养对孩子来说不是最好的选择。原因如下：

对孩子而言

● 母乳能给新生儿提供所需要的均衡营养。此外，母乳含有几种在婴儿配方奶粉里找不到的脂肪酸。

● 母乳能适应孩子不断变化的营养需求——好像变魔术一样。我的孩子在出生六七个月内除了母乳什么都没吃（除非医生建议你喂其他的，否则不要给孩子喂其他食物），现在她们都非常健康。

● 母乳喂养会大大减少孩子食物过敏的可能性。如果你的家庭（或你伴侣的家庭）有食物过敏史，儿科医师会建议你们至少坚持 6 个月不给宝宝添加辅食。

● 比起吃婴儿配方奶粉长大的孩子，母乳喂养长大的孩子成年后不易变胖。原因可能是孩子而不是父母来决定什么时候停下吃东西。

● 母乳喂养的孩子得哮喘、胃病、糖尿病、肺炎、蛀牙、耳部

不同不是不好，仅仅只是不同

从孩子生下来那一刻开始，男性和女性对待孩子的方式就不同。男性倾向于强调身体和精力，女性则强调社交和情感。几周之内，你的孩子就会明白这些区别，她会开始对你和你的伴侣做出不同的反应。她饿的时候，你的伴侣抚慰她更容易（如果她喂奶），但是如果她想要一些身体上的刺激，看到你，她会更高兴。不要听任何人说你做的游戏都是“男孩玩的”，没有你伴侣做的（或让你做的）那些“女孩玩的”游戏重要。你的孩子需要这两种基本互动，比较这两种互动的优劣或分出孰轻孰重只是在浪费时间。你只需温柔就好。

感染、儿童期白血病，以及婴儿猝死综合征（SIDS）的概率比较低。

- 人们认为母乳喂养能把母亲体内对某种疾病的免疫能力传输给婴儿。

对你和你的伴侣而言

- 方便——不用准备，不用加热，不需要洗奶瓶或餐具。而且，带着母乳喂养的孩子旅行也方便——不需要找干净的水冲泡奶粉，也没什么需要晾凉。
- 免费。配方奶粉超级贵。
- 母乳喂养给你的伴侣提供了一个让她和孩子培养感情的绝佳机会。此外，母乳喂养还能帮她减肥，让她的子宫回位，可能还会减少她得卵巢癌和乳腺癌的风险。
- 在大部分情况下，母乳都能满足孩子的需要，从来不会浪费。
- 孩子的尿片不会发出恶臭。这是真的。和那些喝配方奶粉的孩子相比，母乳喂养的孩子排出的大便不及他们排出的大便一半臭。
- 你可以多休息。如果你的伴侣在喂奶，你就不需要半夜起床准备冲奶粉（虽然你还是要起床把孩子抱到你伴侣那儿）。

你没有奶并不意味着你不能帮忙喂奶

这事听起来可能有点怪，但是决定是否母乳喂养、母乳喂养多久、母乳喂养到什么程度等，你会起到关键作用。有些研究表明，如果男性了解如何母乳喂养（你会在这里学到），支持她们，并相信她们的能力，那么女性喂养母乳的时间就会更长，也会更加享受这个过程。以下是你能参与其中的几种方式：

- 帮助你的伴侣找到最舒服的喂奶姿势并把婴儿放在适当的位置。在母乳喂养的头几天，她可能每次喂奶需要尝试三四种姿势。
- 确保她身旁有一大杯水——她真的需要喝水。哺乳会让她极度缺水。
- 一有机会就鼓励她。告诉她，她做得有多好；当她遇到挫折时，要表示同情且继续支持她。
- 在她给孩子喂奶的时候，坐在她旁边，给她读大家对你们孩子的最新评价，告诉她大家觉得你们的孩子很漂亮。
- 晚上要喂奶的时候，把孩子抱到你伴侣的怀里（在前一两周都需要如此；更多有关夜间喂奶的内容会在后续谈到）。
- 尽可能解决孩子打嗝的问题，多帮孩子换尿片。
- 孩子吃奶的时候，轻抚孩子的皮肤。但是不要碰孩子的头——碰触孩子后脑勺有时候会引起孩子脑袋向后仰，如果当时他正吮吸着奶头，而且满口乳汁，你的妻子可就不好受了。
- 让她自己决定在外面喂奶的事宜。有些女性十分不在意当众掀起衣服喂奶，但有些女性就十分害羞。无论你怎么想，都不要给她任何压力。

如果你的伴侣不愿意母乳喂养怎么办？

配方奶

你可以选择奶粉、高浓度液态奶或浓缩液态奶（这些都需要加水）。但是看到配方奶价格的时候，你的伴侣可能会决定再用母乳喂养一段时间。以上三个选择在营养价值方面基本一样。仅有的问题在于价格（奶粉通常最便宜，因为你可以在早晨用大水罐冲泡好，白天可以存放在冰箱）以及是否方便（高浓度液体奶最容易准备——也最贵）。

如果你准备给孩子喂配方奶，你想知道给孩子喂多少比较适宜。答案很简单，“她想喝多少就给多少。”如果她饿了，食物是唯一能让她平静下来的东西。等她吃饱了，她就会停止吮吸或紧紧闭上嘴巴。但是，给你个建议，按孩子体重来计算：一天每磅体重喂 2~2.5 盎司（约合 1 千克体重 125~156 克奶粉）配方奶粉。奶粉冲好，分 6~8 次喂给孩子。记住，每个孩子都是不一样的，所以在确定合适的分量之前，你要做些小试验。

不论你的妈妈如何告诉你，都没必要给奶瓶或奶嘴消毒。只要用温肥皂水将它们洗干净再仔细冲干净就行了。如果奶嘴破损、变硬、有裂缝，或是变形了，就立刻换掉。

果 汁

如果你和你的伴侣决定不用母乳喂养，或是儿科医师告诉你要补充奶粉，记住不要给宝宝补充果汁。喝大量果汁的婴儿——尤其是苹果汁——经常会腹泻，最糟糕的情形是孩子可能不能正常生长发育。其中的问题在于，孩子们很喜欢喝果汁，如果他们想吃什么就给什么，他们本就空间不大的胃里就满是这些东西，而没有空间装下其他必需的营养物质。更有甚者，如果孩子喝惯了果汁，她可能会直接拒绝喝配方奶或母乳。美国饮食协会建议，在孩子 6 个月大之前，父母都不要给孩子喝果汁，两岁之前限制孩子喝果汁的量。

水、糖水、电解质饮料、牛奶和羊奶

除非医生特地告诉你，你的孩子需要喝这些，不然请远离它们。

只为男宝宝

我猜现在你和你的伴侣已经决定是否要给你们的儿子做包皮手术了。不管你们做什么决定——不管是在医院做或是作为宗教仪式做——你儿子的阴茎都需要特殊的保护。

做过包皮手术的阴茎

做过包皮手术后，孩子的私处会发红或疼痛几天。在完全恢复之前，你需要将刚暴露在外的龟头保护好，不要让它碰到尿片（术后几天出现些许小血点是完全正常的）。一般来说，要让阴茎保持干燥，给龟头涂些凡士林油或抗生素软膏。有些儿科医师会建议把孩子的阴茎一直包裹在纱布里，直到恢复，这样尿液就不会沾到伤口。其他医生认为也可以不用纱布。如果孩子戴上了一个包皮环套（有一个塑料环卡在包皮和龟头之间）就可以例外。如果是这样，在塑料环取下来之前（通常是 5~10 天），你都不需要使用任何软膏或敷料。如果你有任何问题，或任何疑虑，给孩子做手术的那个医生或医院护理人员会给你一些有关护理的具体细节指导。

未做包皮手术的阴茎

即使你选择不做包皮手术，你还是要花时间护理孩子的阴茎。清洗未做过包皮手术的阴茎时，标准做法是，翻起孩子的包皮，用温和的肥皂和水轻轻洗净阴茎头。但是，根据美国儿科学会的研究，不到 6 个月大的男孩中有 85% 的包皮不能翻起。如果你的孩子也是这样，不用勉强将其翻起。马上和儿科医师商量，认真遵循他 / 她给你们的卫生指导。幸好男孩长大以后，他们的包皮会自动翻起，一岁的时候，包皮翻起达到 50%，三岁时则达到了 80%~90%。

什么时候需要得到帮助

如果你有几个大点的孩子，你就会知道第一次当父母的人面对大部分事情都会惊慌失措，结果却完全正常。但是，如果你是第一

次当爸爸，不管别人怎么说，你都会担心所有可能会发生的事。儿科医师可能会给你一个清单，罗列孩子出生后几个星期内会发生的情况，以及哪些正常，哪些不正常。但是，如果出现以下情况，请立即求助：

- 孩子看起来和往常不一样，浑身无力或反应迟钝，或兼而有之。

你的伴侣有奶并不意味着她会喂奶

母乳喂养非常自然，你的伴侣和孩子无论在何地，只要几天到几周的时间就会自然熟悉。孩子不会立即明白如何正确吮吸乳房，你的伴侣——如果是第一次做妈妈——也不知道具体该怎么做。最开始的时候，乳头裂开或出血都是正常的，但对你伴侣来说可能会非常痛苦。孩子每天都要在两边乳房吮吸六七次，每次10~15分钟，两周后你伴侣的乳头就会变得很坚韧。

让人惊讶的是，孩子出生两到五天后，妈妈的乳房才会真正产奶。但是也没必要担心孩子没有足够的食物。出生后24~48小时内，孩子不会吃很多，就算他们在吮吸，那也只是纯粹为了练习。无论孩子需要什么营养物质，你伴侣分泌的初乳都能满足需求。（初乳是先于真正乳汁的母乳，它能帮助孩子未发育成熟的消化系统，使其适应之后消化真正的母乳）。

总的来说，母乳喂养在前几周会让你的伴侣有点压力，有时候还会让她很受挫——以至于她可能会放弃母乳喂养。就算真的发生了这样的事，你也不要妥协，不要建议她进行人工喂养。相反，你要试试第62~63页所建议的，鼓励她继续进行母乳喂养。她当时可能觉得难以置信，但一两周后就会发现，她和孩子配合得非常默契，她也几乎忘记了之前所有的困难。同时，你可以问问儿科医师当地哺乳顾问的名字（这是一份怎样的工作啊！）。在接下来的章节我们会谈到更多有关母乳喂养的事。

- 孩子哭了太长时间或声音听起来有点怪——有咳声、喘粗气、哭声尖锐——或者完全无法安慰。
- 做过包皮手术的地方或脐带部分受感染。肿胀、阴茎或靠近肚脐处出现红血丝、不断出血，或排出脓状分泌物，这些情况都说明有问题。

打嗝 101

当孩子喝奶的时候，尤其是人工喂养的时候，他们总是会吸进一些空气。因为他们总是侧着喝奶，所以吸进的空气往往会堵在胃里。有时候孩子会自己打嗝，但大多数情况下需要你们帮忙。

每次喂奶期间或喂奶后，你都要帮孩子打嗝，必要时可能比较频繁。让孩子打嗝有三种基本方法。选择一种最有效的方法或三种方法轮流使用。

- 抱着孩子，让孩子身体直立，面对着靠在你的胸口，头部靠在肩膀上。轻拍或轻抚孩子后背。
- 把孩子放在你腿上，脸朝下，小心托着她的头部。轻拍或轻抚孩子后背。
- 让孩子坐在你腿上，身体稍微往前倾。轻拍或轻抚孩子后背。

无论你选择哪种方式，记住：孩子的头要高于臀部，要一直托着孩子的头，轻拍或轻抚和重拍（也能让孩子发出大且满足的饱嗝声）一样有效，但是更安全。因为孩子打嗝有时候会吐出一些液体，所以开始拍孩子之前一定要防护好自己和自己的衣服。

最后，一定要记住，嗝出东西和呕吐可是有区别的。嗝出的东西主要是孩子打嗝时从口里流出来的一些液体。呕吐则是吐出很多液体。你不用担心孩子嗝出东西，但是如果孩子呕吐或呕吐物中有血，那就要马上给儿科医师打电话了。

父母，岳父母，兄弟姐妹，以及其他“帮手”

你从别人那里听到的最常见的问题就是，他们能帮你做些什么。有些人是认真的，有些人就只是出于礼貌。要想分辨谁是真的想帮你，你可以列出一张琐事清单，单子上写好需要做的事，然后让他们选择。

接受别人帮忙的时候，一定要特别小心——尤其是父母（你的父母或她的父母），他们可能会提着箱子来你家，而且还不确定什么时候走。刚当爷爷奶奶或外公外婆的人对于带孩子的态度可能比较传统，可能不支持你照顾孩子的方式。对于如何给孩子喂食、穿衣，如何抱孩子，和孩子玩等等事项，他们的态度可能都和你的不同。那么，你需要明确表明，你很感激他们能帮忙，并给出建议，但是你和你的伴侣才是孩子的父母，要以你们说的为准。说明这一点非常重要。

对于任何主动提议来你家“帮你”几天、几周或几个月的人，尤其是那些自己有孩子的人，你同样要提前说明。因为还有其他的责任，你可能最不想做的事就是招待一堆亲戚。如果孩子出生后真的有人来和你们一起住，帮忙照顾孩子，那真的很不错——我们最小的女儿出生后，我的嫂子就来和我们住了一周，走的时候还在冰箱里塞满了食物，都够我们吃几个月了。但是，让每个人都明白你和你的伴侣要花大部分的空闲时间睡觉而不是社交，这很重要。

- 睡眠时间过长。这种情况在孩子出生前几天难以分辨，但是一般来说，孩子会每 2~3 个小时醒来一次，醒来后非常饿。
- 皮肤泛黄。这可能是黄疸病，虽然非常普遍，但是需要医疗护理，以免发生危险。
- 拉臭臭和尿尿不够。如果孩子出生后第三天或第四天的时候，每 24 小时排便不到两三次，小便不到五次，孩子可能是脱水了。伴随的现象有：脸色黯淡无光，或尿骚味很浓，孩子头上有一处凹陷松软，口舌干燥，眼窝下沉，精神萎靡。

1

第一个月 一天一天认识你

宝宝的状况

身体上

• 大多数宝宝的身体运动依然是一种条件反射，但脚和手的摆动可以呈对称的方式。有时，宝宝会同时挥舞双臂并且会不小心把手放进嘴里。在克服最初的惊讶后，他会意识到即使吸吮不到奶水，也有无穷的乐趣。快满月时，他可能就会经常故意把手放在嘴边，如果他开始挠头发的话，他可能会在后脑勺上挠出一块漂亮的秃斑。

• 目前，宝宝俯卧时仅仅只能略微抬头，以便他的鼻子不会压到床垫上。仰卧时，他能够把头抬到 45 度角，并保持这种姿势好几秒钟。

• 如果你帮他调整好坐姿，他会试着把自己的头与背部呈一条直线，但是如果没有支撑，他几秒钟的时间都坚持不了。

• 宝宝每隔 2~4 小时就要吃一次东西，但是排泄量会减少：每天排便 2~4 次，需要 6~8 片尿片。

• 尽管现在宝宝的三维视觉还没完全形成，但他看东西越来越清晰，这个时期他能够看得见东西，眼神能够聚焦于 30 多厘米远的物体。

智力上

• 你的宝宝每隔 10~12 小时左右就会警醒 30~60 分钟，她已经开始对发现自己世界里的事情表现出兴趣。她盯着一个新物体的时间比盯着熟悉物体的时间要长，并且她最喜欢看的东西是对比度高的黑白图案和面孔。到这个月月底，她的眼睛可能会跟着她面前慢慢移动的物体转动。

- 根据精神病学家皮特·沃尔夫的研究，对宝宝来说存在的物体只能是“能够吮吸的、能够抓在手里的，或者能看得到的”，他还不会同时既看又抓。

语言上

- 随着宝宝的声带成熟，他会发出一些动物的声音，包括一些细小的、嘶哑的和令人难以置信的可爱的咕咕声。
- 他已经开始区分语言和其他能听到的各种声音。他可能会回应这些声音——特别是你伴侣和你跟他说话的声音，而且他真的很喜欢别人和他说话。
- 他使用声带的最常见的方式就是哭——有时每天会花 3 小时左右来哭。

情感上 / 社交上

- 不要期望你的宝宝会给你暗示他大部分时间在想什么，他的表情是非常单调的。然而，他喜欢被抱着、摇着，也可以目不转睛地盯着你看（事实上，他是在看你脸部的边缘）15~20 秒左右，然后会因为一只飞行的昆虫或开、关灯转移视线。
- 不用准备很多的开胃品，因为宝宝一天可能会睡 16~20 小时。事实上，他可能是把睡眠作为一种自我保护方法，当他受到过度刺激时会停下身体系统的运行。
- 他会开始对那些照顾他的人形成感情上的依恋和信任。
- 他可能会以哭的方式来要求得到更多的关注或抗议人们对他给予过多的关注。

你的伴侣的状况

身体上

- 恶露（分娩后正常的阴道血性分泌物）减少。颜色将由红色变为粉色再由棕色变得干净。
- 剖腹产切口或会阴切开术切口附近的疼痛减少。
- 乳房可能会因为乳液的鼓胀而让她们感到（事实上就是）乳房有点肿大。
- 大量的出汗和尿频，因为她的身体会自动清除体内多余的液体。幸运的是，她的膀胱机能正在慢慢改善，失禁情况可能会在几周内消失。每天几百次的肌肉收紧抑制排尿将加快该进程的发展。
- 继续脱发。
- 妊娠纹将会逐渐消失，如果有的话。乳头周围的黑色素以及出现在她肚脐以下的奇怪的黑线渐渐变淡甚至消失。

情绪上

- 持续烦躁和郁闷。一方面是激素的影响，另一方面是睡眠缺乏或疼痛所致。
- 她可能会经历各种情感冲突。有些和你经历的一样（如高兴，对宝宝出生的方式失望，以及担心当不好母亲等）。有些是她自己内心的感受（例如，对孕期结束感觉的空虚或悲伤，为自己没有想象中的那么爱宝宝感到内疚）。
- 感觉困惑，心不在焉，健忘，总的来说她似乎失去了理智。
- 抑郁或者有些忧郁（更多信息见第55~57页）。

你的经历

与宝宝建立亲密的关系

在最早的父婴交流研究中，我的同事罗斯·帕克有一个惊人的发现，震惊了许多传统主义者：父亲和孩子的母亲一样关心婴儿，对和宝宝建立联系非常感兴趣，他们和妈妈一样喜欢频繁地抱、摇、抚摸、亲吻宝宝，和宝宝轻柔地说话。爸爸们越早越常和孩子待在一起，他们建立亲密关系的过程就开始得越快。与宝宝建立亲密关系，一般来说，那些参与宝宝出生过程的爸爸会比那些没有参与的要快些；同样，那些剪断婴儿脐带的爸爸也会比那些没参与的要快些；但是，如果宝宝出生时，你不在那儿，不要担心——在现场不能保证和宝宝建立依恋，不在现场也不会自动妨碍感情的建立。

如果我不能马上与宝宝建立亲密关系怎么办？

如果你和你的宝宝没有及时建立亲密关系，你绝对没有什么错。实际上，事实证明 25%~40% 的新手父母——爸爸和妈妈——说，对

依恋和亲密关系并不是一回事

毫无疑问，与你的宝宝建立亲密关系是一个重要目标，本质上它是一个单向的过程：你与婴儿建立的亲密关系不会得到太多回报；而依恋更多的是一个双向过程：你和孩子互相建立了一种关系。

这种关系甚至是不怎么平等的，不是成人之间的那种方式。但是，它是以一些有趣的使人惬意的方式来实现的和谐关系。基本上这个关系的产生过程是这样的：当你理解宝宝发出的某些讯号并以适当的方式满足他的需求时，他会把你当作一个可靠的、有求必应的人——在他困难的时候他能依靠的人。他会找到一些方法（宝宝总是如此）给你想要并需要的讯息。

同时，与爸爸妈妈双向“聊天”的宝宝更喜欢他们的爸爸妈妈，而不是那些只满足他们一两个要求的其他成年人。随着时间的推移，这种偏好（基于安全感和父母的可靠性）发展成为自信，并成为所有宝宝成长过程中未来关系的基础。

于刚出生的宝宝他们的第一反应是“无动于衷”。用稍微专业的术语，研究人员凯瑟琳·梅说，“建立亲密关系这种东西完全是无稽之谈。我们是在用不实之词欺骗父母们，使他们认为如果在 15 分钟内没有和婴儿肌肤接触那就不会和孩子产生紧密联系。科学并没有证明这一点。”

与那种你常听到的一见钟情式的联结相比，这种慢慢建立起来的联结更常见。无论怎么说，不管是第一眼还是第二眼，你对孩子的爱或付出的感情都是一样的。所以请利用好你的时间，不要给自己压力，也不要再去多想你是不是一个不合格的父亲。

如果宝宝生病较重，情况会有所不同。如果宝宝早产或在重症监护室的话，有些爸爸会故意从心理上（虽然是下意识的）与宝宝保持距离。他们觉得自己必须为了自己的伴侣变得坚强，不对宝宝马上投入感情也是以某种方式保护她们，万一有什么不好的事发生，使她们不至于受到更大伤害。其实完全没有必要。事实上，与宝宝建立亲密的身体与心理上的关系可以提高他的生存机会。所以，投入进去吧。你抱宝宝的时间越早，那种溢于言表的爱的感觉就越早发挥作用。

我的宝宝不喜欢我

在出生的 6~8 周之内，爸爸做什么，宝宝很可能不会给你太多的反馈。你讲最好笑的笑话给他听、做最搞笑的鬼脸逗他，他也不会微笑或大笑，或不会以明显的方式对你做出任何反应。事实上，他会做的就是哭，这可能很容易使你觉得宝宝不爱你，并且令人惊讶的是，甚至很容易使你觉得你需要故意隐瞒你对他的爱来获得宝宝对你的爱。

作为一个成年人，你应该在失控之前，把这个恶性循环扼杀在萌芽状态。所以，如果你发现宝宝不喜欢你或不能领会你的意思，你可以做以下几件事：

• 改变你的视角。虽然你的宝宝可以表现出他喜欢的声音、口味或图案，但他还不会表达爱。然而，事实上，当你抱起他时，他经常会停止哭泣并且很容易偎在你的怀抱入睡。这种迹象表明，他能感受到与你的亲近并且信任你——这是你让他感受到你的爱的关键一步。轻轻抚摸他那难以置信的柔嫩肌肤，欣赏他那好看的小手，让那洁净的、新生婴儿的气味填满你的肺。如果这些都不能勾住你的心的话，那就没有什么能吸引你了。

• 关注。宝宝的需求和需要在这个阶段是相当有限的——给我喂奶、给我换尿片、抱抱我、让我睡觉——他有不同的方式让你知道他的需求。如果你密切注意，你很快就能理解他“告诉”你的意

轻轻抚摸他那难以置信的柔嫩肌肤，欣赏他那好看的小手，让那洁净的、新生婴儿的气味填满你的肺。

思。以这种方式了解你的宝宝，将会使你减少最初的焦虑，使你更有信心，也会使宝宝与你相处得更轻松，反过来也会使你们的相互依恋更有保障。

- 读书。另一个了解宝宝的重要方法就是仔细阅读这本书每章每节的“宝宝的状况”。了解宝宝在不同阶段能做什么和不能做什么，可以帮助你了解他的行为并建立合理的预期。

- 更亲近。有很多证据表明亲子间的亲密关系是身体亲近的结果。所以，如果你想加快这个进程，那就珍惜照顾宝宝的每一次机会吧，无论什么时候都带着他，并且尽可能满足他众多的基本需求。

令人难以置信的缩水宝宝

在出生一周左右，大多数婴儿的体重往往会有所下降——下降的量通常会达到出生体重的10%。这可能令人相当担心，毕竟，婴儿一般是随着时间的推移变得越来越大而不是变得越来越小。其实这种体重减少是完全正常的（出生头几天宝宝吃得不多），并且出生两周后，宝宝才会恢复到出生时的体重。这之后接下来的几个月，宝宝的生长速度就是惊人的：一天体重大约增加一盎司（约28克）左右，1个月身高增加约一英寸（2.5厘米）左右。听起来好像不是很多，但如果他一直以这样的速度增长，那在他18岁生日的时候，他将会有20英尺（6米）高，420磅（189千克）重。

每次去儿科医生那里体检时，医生都会给宝宝称体重，量身高和头围，并且测量结果不仅有英寸（或厘米），还有百分位数。（如果你宝宝的体重是在第75百分位，那他的体重就超过75%的同龄孩子）。较新的增长图表还包括宝宝的BMI（体重指数），它是一个关于身高与体重的比率并且可以成功预测肥胖症。

尽量不要太注重这些数字。与大多数事物一样，长得大未必就是长得好，另外宝宝身体上的不同部位以不同的速度增长也是正常的。例如，我的大女儿和二女儿的身高和头围的增长都是在第90百

与非亲生父亲的亲密和依恋关系

大量的养父母——尤其是因为不孕不育而导致的养父母们会觉得对亲子关系没有把握或不能胜任。他们经常认为，在与宝宝建立亲密关系并形成依恋的这个过程中，亲生父母要比养父母做得更自然些。这是因为在宝宝出生时他们就没待在一起，他们和孩子永远不会像他们亲生父母一样亲近。但这纯粹就是个错误认知。

与上面类似，许多通过捐精（称为人工授精，或人工受孕）成为父亲的男人会感觉信心不足或没有足够的阳刚之气，并且会担心由于缺乏血缘关系会使他们不能与宝宝建立起亲情或者宝宝不会把他们当作自己真正的父亲。他们也有可能对他们的（受精）伴侣有点不满，因为她跟宝宝有令人羡慕的血缘关系。

一些对收养父母的研究表明，大多数人从他们第一次接触到宝宝时就感觉到了对宝宝的爱；无论他们是什么时候去接的孩子，或是第一次看到那张数月前就拿到的照片时，抑或是刚好在他出生时他们很幸运地就在那儿，这些都没有关系。同时，据从事收养心理治疗师工作的朱迪斯·谢弗和克里斯蒂娜·林斯壮说，“大多数宝宝如果在 9 个月之前被收养，他们就会把他们的新父母看作亲生父母，并会对他们产生一种与亲生父母一样的依恋感。”

分位，但体重在第 40 百分位，呈钉子形。小女儿则是一个金字塔形：第 50 百分位的头围，第 90 百分位的身高和体重。

请记住，这些身高和体重的图表数据（参看本书附录）是由国家卫生健康统计中心制作的，是参考的标准，并不能全面对应到每一种情况。例如，在出生后的最初几个月，母乳喂养的婴儿往往比人工喂养的婴儿要长得快一些。但在这之后，由人工喂养的婴儿往往比母乳喂养的婴儿要重一些。除非你的宝宝处在这个范围的极端部分（百分位在 5% 以下、95% 以上），重要的是，随着时间的推移，其实那些人工授精的爸爸们的预后情况要好些。首先，你和你的伴侣没有生理上的牵扯（希望如此），这不会阻止你们彼此相爱。但是不管怎样，你都要考虑一下你在孕期如何参与。你要去拜访产科医师；去看超声波里蠕动的婴儿；在她趴在马桶边呕吐时帮她把头发挽起来；在深夜两点半跑出去帮她买冰激凌和泡菜；在分娩过程中给宝宝剪断脐带并挑选好名字。在我的书中，任何一个经历了所有这些事的人都是一个真正的父亲——不管他是否和孩子具有血缘关系。

当然，在某些情况下有些因素会妨碍依恋关系的建立，最常见的就是上面讨论到的不够胜任的感觉，这一点可能会成为一个自我实现的预言。领养的话，也存在孩子年龄和身体健康状况的原因。如果你打算收养一个刚出生的新生婴儿，那么亲密关系的建立就显得容易些。但是很多情况是宝宝有好几个月大时才领养的。现实地说，这使得所有建立亲密关系的过程变得有点艰难，因为婴儿和父母需要一些时间去彼此适应。但这绝不是一项不可能完成的任务。

记住，在极少数情况下，对孩子依恋的渴望可以克服难以逾越的障碍（如果你现在还没有那种做父亲的感觉，可以看看第 46~47 页的“如果我不能马上与宝宝建立亲密关系怎么办？”这一段）。

宝宝在稳定成长，而不是达到某种里程碑式的目标。

你和你的宝宝

你能为宝宝做的最重要的事就是让他感觉到自己是被爱的，也有人关心他。最好的办法就是坚持做这本书上列出的活动，只能多不能少。

阅读和语言

在宝宝的这个阶段，你可以给宝宝读任何东西——甚至《战争与和平》或者那些你来不及阅读的《纽约客》上的文章。这个阶段的目标不是要真正教他一些知识，只是简单地让他去习惯语言的声音和节奏，让他开始把阅读与镇定、安静和安全联系起来。所以，尽量每天确立一个固定的时间和地点来阅读。大多数只是和宝宝相关的事情，他都会让你知道他是否感兴趣，所以不要强迫他听完一整章。如果坚持听了超过 5 分钟，那就已经很不错了。

在阅读过程中，你可以试着唱唱歌，休息一下。婴儿喜欢他们爸爸低沉的嗓音。

如果你和你的伴侣流利地讲着不同的语言，并且你希望宝宝长大后两种语言都会说，那这时正好是区分语言的时候。我的意思是，你应该建立一些明确的界限——如爸爸只讲英语，妈妈只讲俄语，保姆只讲法语等，并且坚持下去。我们将会在本书中对这一点进行详细讨论。

玩具和游戏

在这个阶段，给宝宝一个拨浪鼓、填充型动物玩偶或任何其他需要抓在手里的玩具完全是浪费时间。他现在根本就对玩具不感兴趣。然而，这并不意味着他不想玩耍。事实上，如果你密切关注，你会发现当他准备娱乐和游戏时，他会“告诉”你。这可能发生在动态警觉阶段（参考第 18 页）：你的宝宝会吸引你的注意力并且制造出一种似哭非哭的声音——可能是咕咕声或者尖叫声。

在这一点上，比较重要的是你要保持与宝宝之间的眼神交流并做出回应，模仿他的声音并添加一些你自己兴奋的声音和面部表情。研究者发现这种类型的“对话”会增进宝宝的大脑活动并促进其成长。噢，也很有趣。

同样重要的是，当他想要停下时你要学会识别宝宝给出的一些线索。他会扭动头或身体，如果你忽略了这个讯息，他的动作会升级为蠕动身躯，显得有点烦躁，最后就是大哭大叫。

视觉刺激

由于宝宝仍然不能抓住或举起任何东西，所以他做得最多的就是用眼来学习。这里有一些方法可以刺激宝宝的视觉：

- 在婴儿床边上系一个不易打碎的镜子，要牢固安全。
- 让宝宝有不同的东西可以看。在最初的几个月里，宝宝对对比度明显的东西特别敏感。黑白玩具和图案很受宝宝的欢迎，任何对比强烈的东西都会是一种极大的冲击。
- 让宝宝向你表明他喜欢什么。在离他脸部 12~18 英寸（约 30~46 厘米）的地方举几个不同的图案持续几秒钟。他专心盯着哪一个？他会对哪一个感到厌烦？
- 玩一些视觉追逐游戏。让宝宝仰面躺在床上，在距离他鼻子 12~18 英寸（约 30~46 厘米）的地方举一个小物件，慢慢地将物体从宝宝一边移动到另一边。他的眼睛会随着物体转动吗？他的头会跟着物体动吗？然后重复做这个动作。

无论你正在做什么，要密切注意宝宝的情绪，并且玩耍的时间不要超过 5 分钟，除非他自己还想玩。你的宝宝不是一只经过训练的海豹，这些活动只是小游戏，也不是大学入学考试。

可动的玩具

可动的玩具几乎是所有宝宝房间里最受欢迎的摆设之一。这个时段正是特别适合摆放的时间：婴儿床的两头上方各一件，换尿布台的上方放较小的那种。当你考虑摆放可动的玩具时请记住以下建议：

- 摆一些可以变换形状的可动玩具。随着宝宝越来越大，他的口味会变得更复杂，你必须跟上他的变化。我和我的妻子发现可动的玩具还真不便宜，买五六套可动的玩具娃娃抵得上给宝宝买一年

衣服的价值了。有解决的方法吗？那就要发挥你内心的艺术家潜力并自己动手做了。

- 买或做玩具娃娃的时候，请记住：宝宝是从下面看玩具的。从父母的角度看，相当多的玩具制造商生产的可动玩具都很华丽，但从宝宝的角度看，它们基本上都很单调。
- 你的宝宝仍然会对简单的线条感兴趣：如条纹、大方块和一些东西的大概轮廓。一些复杂的图案或复杂的设计现在还不适合。
- 可动玩具可悬挂在离宝宝脸部上方6~18英寸（约15~46厘米）的地方，让它缓缓移动：宝贝们可不喜欢长时间直勾勾看着一个东西。

探究宝宝的反应能力

“新生儿在生命的最初几周会面临两个根本的也是同时存在的挑战。”儿童精神病学家斯坦利·格林斯潘写到，“第一个就是自我调节——要有从容不迫和放松的能力，不被他面临的新环境打败，第二个就是要对他的世界产生兴趣。”

不幸的是，宝宝并不能靠他自己来完成这两个目标。这就是你的任务了，你要细心照顾和响应（顺从）你的宝宝，并为他提供一个刺激的环境。你的宝宝也并非一味等着你，他已充分具备了一系列的反应能力（见58~59页）。是的，所有那些看似手和脚的胡乱挥舞其实是有目的的。

宝宝的这些反应是正常的、自发的行动。有些是他们自己发出的，有些是由外部事件或刺激而引起的。因为这些动作是以一种可预测的形式出现的，你的儿科医师将会根据它们的存在和力度来评估宝宝的生长和发育（非对等的、根本不会出现的、消失得太快或比平常停留更长时间的反应都可能暗示出了问题，并可能导致发育迟缓）。

除了这些反应能力，你的宝宝还会自带一些自我保护特征。例如，如果他看到某个物体直接向他袭来，他会采取防御性的行为——向后倾斜、避开、闭着眼睛、将双臂挡在脸前，并且可能设法逃避。令人难以置信的是，如果那个物体不是撞向他的话，他便会忽视不见。如果你想试一下，可以把你的宝宝绑在安全座椅上，在 1 米开外的地方，用一个球或其他稍微大点的物体直接向他的头部移动，但不要碰到他。

同样，如果你盖住你宝宝的脸（一定要非常非常小心），他的嘴巴会一张一合，他会扭动着他的头，并挥舞着他的小手臂，努力使自己不至于陷入窒息的危险境地。

把宝宝作为你的科学研究对象，通过探究他的反应能力可以教你很多关于婴儿行为的知识，同时这还是一种有趣的方式，通过和他身体上的接触，你能更好地了解自己的宝宝。做这个实验的最佳时间是在他动态的警觉阶段（见第 18 页）。这里有三个忠告：测试宝宝反应能力的时候，不要吓到宝宝；要格外小心他的头；要尊重他中止的意愿。

家庭事务：你和你的伴侣

处理产后忧郁和抑郁症

在宝宝出生后，50%~80% 的妈妈会经历一个短暂的情绪低落时期，啼哭、紧张、喜怒无常、失眠、食欲不振、无法做决定、生气或焦虑等。许多人认为“产后忧郁症”是由于妈妈身体中的激素变化引起的，它们会持续几个小时或几天，但在大多数情况下会在几个星期内消失。研究者爱德华·哈根声称产后忧郁几乎与激素无关，即使有关的话，关系也很小。相反地，他说它可能与低水平的社会支持——特别是来自爸爸的支持——有关。这也可能是妈妈想要爸爸更多参与的一种“协商”方式。无论如何，如果你注意到你的伴侣正在经历这些症状，你需要做的并不多，只要给予她支持即可。

鼓励她离开房间多出去走走，并确保她的饮食健康。

大约有 10%~20% 的妈妈，产后忧郁可能会变成产后抑郁症，这种情形就非常严重。产后抑郁症的症状包括：

- 产后忧郁在两周后没有消失，或在宝宝出生后的一两个月内表现抑郁，或动不动就生气发火。
- 悲伤、怀疑、内疚、无助或绝望的感觉开始破坏你伴侣的正常身体机能。
- 疲劳却睡不着，或大多数时间贪睡，即使宝宝醒着。
- 食欲变化明显。
- 极度关注和担心宝宝，或对宝宝或其他家庭成员缺乏兴趣和关心。
- 担心她会伤害宝宝或她自己，或者威胁到其中任何一个。

不幸的是，很多患有产后抑郁症的妈妈往往得不到她们所需要的帮助，因为她们觉得太尴尬以至于不愿向别人承认自己的感受。对你的伴侣和宝宝来说，帮助她应对她的产后抑郁症非常重要。有抑郁症的妈妈往往对待新生宝宝情绪上有点冲动，并且在照顾宝宝方面存在困难。由于这些宝宝是不错的模仿者——模仿他们妈妈的行为，他们也会变得不怎么与周围的人接触。在新的环境里他们会变得爱哭、焦躁，更容易受到惊吓。

如果你的伴侣患有产后抑郁症，那么你的帮助至关重要。忙碌投入的爸爸要充当“缓冲器”，保护宝宝不受母亲的负面影响。这里有些重要的事情你可以去做，以帮助你的伴侣度过这个艰难的时期。

- 提醒她有抑郁症不是她的错，告诉她：你和宝宝都爱她，她正在完成一项伟大的工作，只要你们俩齐心协力，一定会渡过难关。
- 多花点时间和宝宝在一起，尽你所能，努力表现出乐观的态度，常常微笑，多多表达，使自己有魅力。

● 尽你所能多做家务，这样她就不用担心她有做不完的事情了。

● 鼓励她休息——有规律地、经常地。

● 在夜间多花些时间照顾宝宝，确保你的伴侣能安心睡足至少 5 个小时。这就意味着你可能每晚要给宝宝喂一两次奶，这是一种很好的建立父婴亲密关系的方式。

● 让她多吃含蛋白质的零食而不是整天吃碳水化合物。这将有助于控制她的血糖平均水平，有助于缓和她的情绪。如果她食欲不佳，给她做一个富含蛋白质的奶昔。

● 如果你感觉她有点焦虑或精神不集中，尽可能让她远离咖啡并敦促她大量喝水（焦虑和脱水有关）。

● 关掉电视新闻，不要让她看报纸的新闻栏目。

● 为她找一个专门针对产后抑郁症患者的互助团体。在她心里，和那些有过相同经历的人分享你家里的变化，她可能更感安全。

● 按时休息来减轻你自己的压力。是这样的，你是她赖以依靠的人，如果你把自己累垮了，就不可能再帮助她。

新手妈妈患产后精神病的概率是千分之一二。症状通常在宝宝出生后就表现出来，任何人都可以马上察觉得到。症状包括：无厘头的情绪波动、产生幻觉、脱离现实、做一些伤害自己和孩子的事并且说出一些疯狂或精神错乱的语句。产后精神病是可治疗的——通常可以用强力抗精神病药物治疗，但是服用这些药物的女性需要帮助，并且帮助要迅速。所以，如果你发现你的伴侣有任何这些症状，请放下这本书，立即打电话给医生。幸运的是，尽管有广泛的媒体报道有妈妈淹死了自己的五个孩子，但大多数患有产后精神病的妇女并不会伤害她们的宝宝或其他任何人。

有趣的条件反射

👍（拇指向上）= 可以玩

👎（拇指向下）= 不可以玩—可能会吓到或伤到孩子

如果你……	孩子会……
👎 轻敲孩子的鼻梁（请轻轻地），打开强光，或在孩子头部附近拍手	紧闭双眼
👎 突然发出一声巨响或给婴儿坠落的感觉	用力挥舞双手双脚，头往后仰，睁大双眼，大哭，然后双臂收回，握紧拳头
👍 拉直孩子的双臂和双腿	双臂和双腿弯曲
👍 拉起宝宝让他坐着（这样做的时候一定要托着孩子的头）	突然睁开双眼，耸肩，尽力抬头（但通常失败）
👍 让孩子站在坚硬物体表面（撑着孩子的胳膊），让孩子稍微往前倾	抬起一只脚，然后另一只，好像行进一样
👍 让孩子俯卧在平坦的地方；千万不要垫豆袋或其他软垫——可能会导致孩子窒息	蠕动，好像在爬行
👎 在水里托着孩子胸部（一定不能松手——真的不能松开孩子）	屏住呼吸，像在游泳一样划动双臂和双腿
👍 轻抚孩子的手背或脚背；轻戳孩子手掌周边或掌心	缩回手或脚，然后弯曲着
👍 轻抚孩子手掌或把一个物体放在孩子的手掌	紧紧抓住你的手，力气大到你可以把他拉坐起来（一定要托着孩子的头）
👍 从脚后跟到脚趾头，轻抚孩子的脚板	抬起大脚趾，张开其他几根脚趾，弯腿，好像要勾紧什么东西
👍 轻抚孩子的脸颊或嘴唇	头转向轻抚的一边，张嘴，开始吮吸
👍 让孩子平躺，轻轻将他的头转向一边	伸直他看得到的一边臂膀，弯曲另一边的手臂和腿
👍 让孩子俯卧，轻抚孩子脊椎两边	臀部和躯干向你轻抚的一边弯曲

反射名称，为什么存在？	多久后消失？
眉间（鼻睑）反射。保护孩子免受物体或强光伤害	2~4 个月
惊跳或惊吓反射；新生儿求助时最本能的反应	3 或 4 个月
身体被控制时可能试图做出反抗	3 个月
娃娃眼或瓷娃娃反射；试图撑直身子，撑起过于庞大的头	1~2 个月
行走反射；孩子为了保护自己踢开潜在的危险物——完全和走路无关	大约 2 个月
爬行反射；孩子逃脱危险的方法	2~4 个月
游泳反射；可能是孩子躲避鲨鱼或其他水下危险的方法	6 个月
防御疼痛	2~4 个月
抓握反射；鼓励宝宝开始了解形状、纹理以及他抓到的物品的重量	2~4 个月
巴宾斯基反射；一种返祖现象	第 1 年年末
觅食反射；帮助孩子做好进食准备	3~4 个月
紧张性颈（避开）反射；鼓励孩子使用身体的两侧，留心自己的双手	1~3 个月
加兰特反射；帮助孩子从产道出来	3~4 个月

爸爸也会忧郁——甚至更糟

虽然产后忧郁或抑郁几乎总是和女性联系在一起，但事实上在宝宝出生后很多男性也会罹患此症。在某些情况下，男性忧郁像产后女性忧郁一样，是因为激素的原因。加拿大研究人员安妮·斯托里发现，在宝宝出生后新手爸爸的睾丸激素水平往往会下降1/3左右。因为睾丸激素与精力和心情密切相关，低水平的睾丸素可以解释一些男性情绪低落的原因。也有可能是他们所面对的压力、责任、生活开支和已改变的生活现实让他们产生了忧郁、情绪波动，以及对正在经历的事情感到焦虑。

这是作家亚当斯·沙利文说的："同事们那些衷心的祝贺会持续几天，但当你退去明星般的光环，你就会开始注意到，每晚回家后你面对的是一个嗷嗷待哺的宝宝和心烦意乱的妻子……你看着你的妻子……那个健康的、怀孕时容光焕发的妻子已经消失了，当她抱怨自己长相的时候你不得不敷衍她……你能睡觉的时间可能只有四个半小时，中间还可能一再被叫醒，这样的结果就是工作的时候你总是打盹儿，业绩渐渐落后。"

在大多数情况下，你的产后忧郁——像你伴侣的一样——会在几个星期后消失。但最近的研究发现，10%~25%的新手爸爸会患上真正的产后抑郁症。不幸的是，男性并不会像女性那样用同样的方式来表现自己的抑郁，他们更倾向于生气和焦虑而不是伤心。因此，如果你感觉抑郁，人们（包括你自己）可能都察觉不出这些症状，你也得不到你需要的帮助。

根据研究人员谢莉·梅尔罗斯的说法，"未经治疗的父亲产后抑郁症限制了男性为其伴侣和孩子提供情感支持的能力。"像妈妈一样，患产后抑郁症的爸爸更有可能打孩子，不大可能与孩子一起玩耍、阅读、讲故事或唱歌给他们听。他们的孩子（尤其是男孩）在三岁半时更容易出现情感和行为上的问题和困难。研究者詹姆斯·

保尔森发现，如果爸爸有抑郁症（但不是妈妈有抑郁症），他们宝宝的词汇量在两岁时比那些无抑郁症爸爸的宝宝的词汇量要少些。

母乳喂养问题

和母乳喂养一样自然，很多女性喂奶时会出现一些问题，有些是因为疼痛和感染所产生的紧张、懊恼。犹他大学的研究人员最近发现，有一种叫作黄嘌呤氧化还原酶（XOR）的基因真的会让女性出现一些哺乳问题。但是大部分情况下，困难都是因为没有人在哺乳方面给予她们恰当的指导所致。但无论是因为基因还是因为操作错误，事实是，在母乳喂养过程中遇到问题的女性往往比没有遇到问题的女性更容易放弃母乳喂养。

因为母乳喂养对于孩子和你的伴侣来说都很重要，所以，你一定要知道其中的潜在问题以及处理方式。以下是可能出现的问题：

- 漏乳。奶水自己流出来。有些女性的乳房从来不会漏乳，而有些女性每次喂孩子或每次听到孩子哭就会漏乳。这种现象在早晨最普遍，因为这个时候奶水最足。在最初的几周，这种现象最严重，但接下来几个月情况会有所好转。
- 乳头酸痛。母乳喂养通常需要时间适应——对于宝宝和妈妈而言都是如此——所以有点不舒服也是正常的。乳头酸痛不是由频繁哺乳导致的，反而是因为孩子吮吸乳头方式不正确导致的。未经治疗的话，乳头可能刚开始只是有点痛，然后慢慢会裂开、出血，整个过程都会让你的伴侣极其痛苦。
- 乳汁过多。分娩后一周内，乳汁会慢慢“进来”，你伴侣的乳房会很痛，也会变丰满，肿胀，很大或是很硬。她可能还会出现低烧症状。奇怪的是，这居然是件好事，因为这说明她的乳房正在产奶。虽然母乳喂养前几天出现肿胀很普遍，但这种现象会随时出现。比如，肿胀引起的疼痛会痛得让你的伴侣半夜醒来。解决这个问题最简单的方法就是，排出乳汁，要么让孩子吃奶，要么挤出来。可惜有时候孩子很难咬住肿胀的乳房。

- 乳房管道堵塞。乳房内的奶水被阻断或回流就会出现乳房管道堵塞症状。这会导致乳房内部出现一些让人不舒服的块状物，被堵塞的管道上方皮肤会变硬、发红、发热。堵塞的管道可能是因为内衣太紧所致，也可能是因为每次喂奶都没完全挤干奶所致。这种症状一般一两天就会自动消失。

- 乳腺炎。乳腺炎是一种细菌感染，感觉很像管道堵塞，但其实更痛，而且经常还伴有发烧和其他类似流感的症状。可能的原因是没有完全清空乳房，但是最重要的原因是抵御疾病的能力低，而这又是因为疲惫、压抑、食欲不振所致。乳腺炎任何时候都会发作，但普遍是在女性哺乳期第一个月出现。早诊断易治疗，通常使用抗生素即可。但是如果不治疗，乳房就会出现脓肿，那就得需要通过手术解决了。

如果你的伴侣母乳喂养时遇到了这样那样的问题，你要给予她足够支持。除了第 40 页的建议，你还可以试试以下方法：

- 一定要让她感觉舒服。很多女性喜欢用母乳喂养枕，把孩子垫高点，这样她们就不用弯腰，还可以腾出双手。我认为市面上两种最好的品牌是 Boppie 和 My Brest Friend。

- 鼓励她给孩子频繁喂奶。每次喂奶她都应该让孩子调换姿势，把奶水吃完。

- 建议她每次喂奶前用湿热的敷布将双乳热敷几分钟。如果乳汁满了，在孩子吃奶之前要挤点出来。喂完以后，再冷敷几分钟。有些女性坚称喂完奶之后用白菜叶盖住乳房非常有用。你可以试试。

- 买点兰思诺（Lansinoh）霜。如果奶头酸痛、裂开、出血，使用这种霜能缓解症状，而且霜中不含任何对孩子有害的物质。

- 帮孩子吸住奶头。孩子应该大口含着乳房，包含乳晕（乳头周围颜色较深的部分）。如果只是吮吸乳头顶部，乳头会很痛。
- 喂奶时保持管道顺畅，可轻轻按摩阻塞的地方至乳头方向。
- 如果你伴侣的体温超过 37.8 摄氏度，就要给她的医生打电话。如果她出现疼痛或其他症状，坚持 24 小时后没有好转，那就需要去看医生。可能需要抗生素治疗。
- 鼓励她继续。可能痛得非常厉害，她可能试图想要放弃，但是大部分情况下，哺乳有助于解决问题，如果突然停止哺乳反而会让情况更糟糕。
- 请人帮忙。如果前几个方法几天内都不能缓解你伴侣的痛苦或不适，她需要和儿科医师谈谈，让医生向她推荐一位哺乳顾问。不然也可以联系国际母乳协会（www.lalecheleague.org）或国际哺乳咨询协会（www.ilca.org）。

你与你的宝宝

啼哭

自孩子出生那一刻开始，他就一直试图和你们沟通。这是件好事。不好的方面就是他沟通的方式就是哭。你需要花点时间教他，让他知道他还可以用其他很多更有用而且也不烦人的方法吸引你的关注。但与此同时，如果他和大部分孩子一样，那他天生就是个“话匣子”:所有婴儿中有 80%~90% 每天都会哭 20 分钟至 1 小时不等。当然，并不是每次孩子哭都是因为难过、不舒服、饿或是不满意你做的事。但是，抱着个无法安慰的爱哭的孩子会让你心情极为复杂，就算是最有经验的父母，也会从同情、沮丧到脾气暴躁，甚至自责。

父亲可能产生这些感觉——尤其觉得自己做得不够的时候——比母亲的感受更强烈。虽然父母之间差异极大，但罪魁祸首还是要归咎于社会化：大多数爸爸对自己的育儿能力不是那么自信，而孩子

抱着一个无法安慰的爱哭的孩子会让你心情极为复杂，就算是最有经验的父母，也会从同情、沮丧到脾气暴躁，甚至自责。

的哭似乎验证了他的想法，那就是他这个爸爸的工作做得不够充分。

虽然爱哭的孩子很难带，但你肯定也不想让自己的孩子完全保持安静（事实上，如果孩子一天不哭上几次，你反而需要咨询一下医生）。所幸这里有几个方法可供你们俩使用，使孩子的哭变得不那么令人难受：

- 当（不是如果）你的孩子开始哭的时候，不要急于把孩子递给你伴侣。她对啼哭的孩子并不比你知道得多（或许她很快就会知道）。因为从本能上来讲，你们和孩子互动的方式不一样，你忍耐一下，让孩子哭一会儿，这样你更有可能想出安慰孩子的新方法。

• 学会用孩子的语言说话。现在你已经几乎能够分辨出自己孩子和别人孩子的哭声，你可能还能分辨出孩子的哭声是在表达“我累了”“我要吃东西”，还是“给我换尿片”。尽管孩子的这种语言并不是像法语那样性感迷人、词汇丰富，但是你的孩子已经给他的表达方式加上了很多“词组”，包括“我难受得要命”“我快无聊死啦”，以及“我哭是因为我很生气，不管你做什么我都不会停下来”。孩子一哭，立马做出反应，这样能帮你分辨孩子到底是怎么了。随后你就能随机应变，让孩子开心。

• 多抱抱孩子。你抱得越多（甚至在孩子没哭的时候），孩子哭得越少。研究人员通过一项研究发现，每天多抱孩子两个小时能减少孩子 42% 的啼哭时间。

• 了解孩子的日常规律。用日记记下孩子什么时候哭，哭了多久，有什么有效的方法能让他不哭（如果有的话）。有些孩子睡觉前喜欢翻来覆去，哭一会儿（或较长时间），其他孩子却不会。

• 如果你的伴侣正在哺乳期，注意她平时吃些什么。如果孩子突然不明就里地偏离了平常哭的轨迹，这一点尤为重要。如果哺乳期的妈妈吃了西蓝花、花椰菜、布鲁塞尔甘蓝和牛奶，孩子可能会胃不舒服（会导致小孩哭）。

• 试过安抚、喂奶、换尿片、检查孩子衣服穿着是否舒服、轻摇孩子之后，孩子可能还在号哭。有时候你真的无能为力（见后面“应对孩子啼哭的方法”），但是其实有时候你只需要换个方法。下面是一些可替换的方法，不妨试一试：

• 换一个抱孩子的方式。并不是所有的孩子都喜欢面对着你，有些孩子喜欢背对着你，这样他们就能看到外面的世界。我学会的一种安慰孩子最有用的方法就是神奇宝贝托——除了我自己的孩子，我还在其他很多孩子身上试过。这个方法很简单，就是把孩子放在你的手上，让孩子“坐”在你的手掌上，面对你——大拇指在前，其他手指放在孩子屁股下面。然后让孩子脸朝下躺在你的臂膀上，头靠在你的胳膊肘内。另一只手轻扶或轻拍孩子后背。

- 分散孩子注意力。给孩子一个玩具、讲一个故事、唱一首歌。如果有用，就不断重复、重复、重复。假如今天有用的方法第二天却失效，也不用大惊小怪。孩子就喜欢这样。

- 弄出一些声响。唱歌不错，或是试试播放器内的声音，比如雷声、雨声、涛声，或是丛林里各种各样的声音，很多孩子听到这些声音就会得到安抚。有些父母发现打开真空吸尘器或关掉便捷式收音机也有用。

- 给孩子某些可以吮吸的东西。如果你不赞成使用奶嘴，可以让孩子吮吸自己的手指或你的手指（更多有关奶嘴的信息见第212~213页）。

- 给孩子洗个澡。有些孩子碰到温水就舒服了。另外一些孩子却会因为身上弄湿了而惊吓不已。如果你决定试试这一招，不要单独行动。抱着一个身上涂满肥皂的孩子可能是一种挑战。你需要一个受过专业训练的团队来帮忙稳住这个扭动着、哭着、身上还涂满肥皂的孩子。

- 把孩子裹起来。用一块轻柔的薄毛毯包住孩子，抱着他让他依偎在你的臂弯，或者把孩子放在胸前的背袋里（无论你自认为自己多强壮，把孩子抱在怀里或背在肩上到处走都会很困难——即使是新生儿）。

- 走动走动。带孩子散散步——有时候换个场景就能解决问题。如果没有用，试试轻轻摇着怀里的孩子，或把他放在摇篮里，开车出去兜兜风，或把孩子放在正在运行的洗衣机或烘干机上——但绝对不要走开，一秒都不能。你可能还想试试汽车行驶模拟器（这种设备连接上孩子的婴儿床以后，会震动并发出类似汽车的声音）。

- 给医生打电话。儿科医生可能会开一些药，在一定的情况下可能有帮助。如果你的伴侣正在哺乳期，医生可能还会建议她喝些花草茶（洋甘菊、甘草或其他种类——但喝之前要跟医生说），或者少吃一些可能会让孩子不舒服的过敏原（小麦、果仁、牛奶、鸡蛋）。如果孩子喝的是配方奶，医生可能会建议你们选择另一种不会导致过敏反应的品牌。

应对孩子啼哭的方法

大概从宝宝两周的时候开始，有10%~20%的营养充足的健康宝宝会患腹绞痛——这是任何地方每对父母都害怕听到的一个词。这个病症的官方定义为，“每天哭三个多小时，每周超过三天，持续时间超过3个月。”但是对于我们而言，腹绞痛就是一直哭，好像永远不会停止。虽然很多患腹绞痛的孩子每天啼哭的次数有限，但也有的孩子整天或整夜地哭，还有的孩子会变得一天比一天更难应付。

宝宝在吃药?

在你的伴侣哺乳的整个过程中，几乎她喝的任何药都存在风险——不管是为了止痛还是为了治疗一些慢性或急性的疾病——这些药物会通过乳汁输送到孩子体内，对孩子造成影响。大部分情况下影响不会很大，但有时候可能并非如此。不幸的是很多医生对这些潜在风险并不熟悉。结果，他们可能会开一些有潜在风险的药物，或是建议女性停止哺乳。这儿有一个比较简单的解决办法。

你可以在网上搜索乳数据库（LactMed），这是一个免费搜索的数据库（由美国国家医学图书馆运营，里面包括各种药物名称，内容全面，具体包括处方药、非处方药、草本药和其他化学药品，甚至是违禁药物名称，这些药物都通过了安全测试，适合哺乳期的母亲以及婴儿使用）。数据库甚至建议使用一些现有的更安全的替代药物。链接：toxnet.nlm.nih.gov/newtoxnet/lactmed.htm。

孩子大约六周时啼哭的持续时间和强度达到最高峰，通常这种现象 3 个月后就会全部消失。

孩子大声啼哭的时候，你和你的伴侣同样也会经受煎熬。下面是一些给你的建议：

- 去药店买些药。有些父母曾经使用一些成人的非处方药来解除（部分或全部）孩子的腹绞痛。但是在给孩子服药前，问问医生是否认为服药对孩子有所帮助。
- 分工协作。对待精神病医生马丁·格林伯格所说的“啼哭的暴君”，你们没有理由一起“受虐”。每人照顾孩子 20 分钟或半个小时对你们俩来说是极有帮助的。“休假”时，你可以稍微活动一下，在下次轮到你之前，你的神经将会得到放松。
- 如果是人工喂养的话，试着换一种婴儿食品。有些儿科医师怀疑孩子腹绞痛和不耐乳症有关，建议换一种非牛奶的婴儿食品。
- 抱着孩子，让孩子面对着你。让孩子的头在你的肩膀上方，他的腹部抵在你的肩膀上。
- 少抱孩子。我知道，在前面段落中我建议多抱抱孩子，现在好像完全相反。但是有些医生认为孩子哭的原因是因为他们的神经系统还不够成熟，无法处理各种刺激，比如被人抱、被人轻抚、听别人说话。但是除非医生建议你这样做，不然最好不要采取这种方式。
- 把一个装有热水的瓶子放在你的膝盖上。把孩子横放在上面，脸朝下，这样可以温暖孩子的腹部，再轻抚孩子的后背。
- 宝宝按摩（见第 87~89 页）。
- 试试用襁褓包裹孩子。包裹在毯子里会让孩子觉得更舒服。
- 让孩子“哭个够”。如果你已经尝试过所有方法，而孩子已经哭了超过 20 分钟，你可把孩子放在婴儿床上，自己休息一下。如果 5 分钟后孩子没有停止大哭大叫，再把他抱起来，换一种方法再安抚他10分钟以上。必要时可以重复。注意：这种“哭个够”的方法只能在你没辙的时候使用。一般来说，孩子哭的时候，你应该迅速有所反应，表达出对孩子的关爱。有些研究表明，得到过如此待遇的孩子将来会更自信。

- 寻求帮助。孩子即使哭几分钟都会使人变得情绪激动、懊恼。如果持续几个小时，你可真的难以保持理智，更别提控制自己的脾气了。如果你发现自己想要痛斥（除了口头上的）孩子的话，那就要求助别人了：你的伴侣、儿科医师、你们的父母、临时保姆、朋友、邻居、牧师，甚至是父母求助热线。如果你的孩子真的爱哭，手头上一定要准备好这些电话号码，并查看关于生气这一节（见第298~300页）。

- 不要认为孩子是针对你个人。你的孩子并不是故意想和你作对。这个暂时的处境，很容易让你当个好爸爸的自信心受挫，甚至还可能对你和孩子的关系带来永久性干扰。

帮助大孩子适应弟弟妹妹的到来

处理大孩子对新生儿的反应，你需要特别的温柔和敏感。通常知道自己是大哥哥或大姐姐的时候，孩子们一开始都会特别兴奋。但是随后就会出现一些适应性问题——从他们意识到新生儿会总是在他的身边开始。

有些孩子会生气、嫉妒。他们可能会哭、发脾气，甚至想打婴儿。你应该用非常肯定的语气和他们谈谈，让他们能够立刻明白：你理解他们的感受，生气没关系，大发脾气没关系，画一些发泄恨意的图画或打洋娃娃都行，但是绝对不能有任何伤害婴儿的行为。

有些孩子则会退步到原来幼稚的程度。比如说我的大女儿，在她的妹妹出生前，她完全知道如何大小便，但是小妹妹带回家的几周后她又开始尿床了。有些孩子突然像婴儿一样说话，吮吸他们的大拇指，要你给他在睡前多讲些故事，多抱抱他，或者在你没能给予他足够关注的时候，要求你们给他足够的关注。

为了帮助大孩子处理新生儿到来带来的各种变化，你可以做以下事情：

- 让他们一开始就参与其中。在我妻子生我们的二女儿时，我的大女儿待在我父母家里。但是孩子一出生，我们就给她打电话，让她向每个人宣布她是大姐姐了。我们还让她马上来医院（尽管已经超过了她的就寝时间），让她“亲自”抱抱她的妹妹。
- 如果大点的孩子来到医院，不要让他待太久。最初的兴奋不会持续很长，而且一定要让他花些时间陪陪妈妈。他一直很担心她，看见她躺在病床上，手臂上可能还悬挂着输液管，会让他有些害怕。
- 不要用力太猛。让大孩子帮忙换尿片、洗澡、喂奶、推婴儿车、穿衣，这样有助于让大孩子开始觉得婴儿就是“他自己的”。但是不要逼孩子做太多事。这会让他觉得你把他叫到身边就是为了服侍这个更重要的孩子，他会更加憎恨这个小入侵者——新生儿。
- 为他们面对现实做好准备。第一课就是婴儿一点也不好玩，也不会只待一会儿。他们只会大便、哭、吃。他们甚至不能玩任何游戏。给大孩子看看他们小时候的照片，和他们谈谈他们小时候的事情，以及你们当时是如何照顾他们的，这样会很有帮助。同时，一家人出门前，提醒大孩子：出去后会有很多人“噢”“啊”地赞美小宝宝，让他不要觉得自己被忽视。
- 塑造良好的行为举止。给大孩子说明抱婴儿和对待婴儿的正确方式。用洋娃娃做示范就很不错，既能掌握诀窍，又没有风险——尤其重要的是托着宝宝头部的环节。如果你在人工喂养宝宝，给大孩子说明正确举瓶子的方法和判断宝宝已经吃饱的方法。绝对不能让大孩子单独照顾婴儿（除非大孩子已经是十几岁的孩子）。大孩子抱婴儿的时候，一定要让他坐着抱。
- 保持耐心。如果大孩子生气或嫉妒，鼓励他谈谈自己的感受。

如果他不能明确地说出来，你可以问一些问题（“你是不是因为宝宝受到的关注比你多才生气的？”），或者让他把他的感受用画画的方式表达出来。如果孩子退步到原来幼稚的程度，不要一味要求孩子“成长”。选择像婴儿一样行动，这样做通常是因为他们觉得让自己变得无能是得到人们关注的好办法。所以与其责怪孩子，还不如指出一些大孩子能做而宝宝不能做的事，比如使用刀和叉、骑马、骑车、自己穿鞋、洗脸、自己滑滑梯……

- 额外花点时间陪他们。你需要让大孩子明白，你还像以前那样爱他。所以一定留出一些你和大孩子独处的时间，和孩子一起阅读、散步、画画、聊天、看电影，做一些“只能大孩子做”的事（婴儿不能吃冰激凌！），或仅仅就是出去玩玩。同时也要确保大孩子也能花些时间和妈妈独处。

告诉他们一些安全规则。大孩子可能想抱抱或带带宝宝。如果你允许他们这么做，那他们就得知道抱孩子的正确方式（要一直托着宝宝的头），至于什么时候能抱婴儿，抱到哪里去，都必须按照你说的去做。12 岁以下的孩子不能抱着宝宝上下楼梯。9 岁或 10 岁以下的孩子必须坐着抱宝宝。

安全第一

在孩子几乎还不能到处乱跑也不可能出现严重问题的时候谈论安全问题，似乎有点奇怪。但是即使是在这个时候，宝宝也能做出最令人惊讶的事。为了使你的家更安全，以下提供了一些你应该采取的预防措施：

- 不要使用豆袋。大多数豆袋椅和宝宝靠椅已经不能在市面上出售了，但在全国很多汽车销售店还是有很多这种椅子。豆袋与窒息死亡的联系已经不再是巧合了。
- 千万不要把婴儿汽车座椅——当然，宝宝坐在里面——放在或靠在任何东西上保持平衡。否则，小孩子拳打脚踢，甚至是打个喷嚏，都可能让安全座椅翻倒。

- 准备好急救箱。你可在第 219 页找到急救箱内存放的物品清单。

- 参加婴儿心肺复苏课程的学习。当地红十字会或基督教青年会经常会提供一些学费不高的指导课程。

- 看看后面几章描述的安全措施（比如第 212~220 页）。把你需要的东西放在一起，养成做这类事情的习惯，例如把锅柄朝向火炉的后面。

2

第2个月 第一次微笑

宝宝的状况

身体上

- 到这个月底，孩子的诸多先天反应会消失。这令人伤感但却是真实的。她的手臂和腿开始从屈曲到伸展，到手舞足蹈。
- 仰卧时，她能轻易把头抬到45度角。坐着的时候（这是她目前喜欢的姿势——虽然她不能自己坐好、坐稳），她能很好地伸直脖颈。
- 现在已经能伸手拿东西了。双手紧握和松开在以前完全是条件反射，而现在慢慢变成了一种自觉的行为。如果她想抓住某样东西，她能够抓住保持几秒然后松开。
- 孩子大脑里控制视力的神经元现在发育极快。发育完全后，孩子的视力提高，同时对周围发生的事也更加关注。而你又让她很感兴趣，所以她的目光会一直追随着你。

智力上

- 孩子的智力已经有所发展，所以她会更加喜欢复杂的图案。她不再关注你简单而又相对静止的脸部轮廓，而是关注你的眼睛和嘴巴，因为它们的形状总是不断变化。在这个月末，她可能会开始聚精会神地盯着某些非常小的物品。
- 如果你现在摸她的脸颊，她可能不会吮吸——这表明她能区分你的手指和含奶的乳头。

- 她现在还能让自己适应各种情形。如果你抱着她，把她靠在你的肩上，她会调整自己的姿势，这个姿势和你把她放在你膝盖上的时候不一样。

- 看到熟悉的物体时，她会非常兴奋，但是她还没有“客体永久性”的概念（也就是说，对于孩子而言，她看不到的东西就不存在）。但同时，她对因果关系有了一定的原始认知：她哭的时候，你会满足她的某种需求。

语言上

- 除了哼哼声和哭闹外，孩子的词汇增加了，能发出更多的音，有让人愉悦的咕咕声（吱吱声和咯咯声混搭）和发得很好的“哦”“啊”声。

- 但是，哭依然是她最喜欢的交流方式，而且哭绝对不是对父母育儿能力的评价。

情感上 / 社交上

- 你期待已久的一刻终于到来了——孩子终于能对你微笑了（抱歉，此前你以为孩子对你微笑其实可能只是孩子肚子胀气），她会经常对让她高兴的事物做出反应。

- 等她越来越喜欢了解周围的世界时（希望她今后能一直保持），她会真正享受周围景象的规律变化。

- 她的情感还不是很丰富，基本上只有兴奋和难过。但是你能从她的诸多表现中看出她长大后的性格。

- 她每天有 10 个小时处于清醒状态，虽然孩子这个阶段主要是通过肢体接触而不是社交互动产生情感反应，但是如果有人在身边逗她玩，她清醒的时间会更长。

你的经历

考虑性生活

大多数妇产科医生建议产妇分娩后六周内不要有性生活，但是在你标记六周后的那个时间到来时，一定要记住：六周只是估计值。恢复性生活最终还是要取决于你伴侣的子宫颈和阴道的恢复情况，而更重要的是夫妻双方彼此的感受。很多夫妻三四周后就开始有性生活，但是经过 6 个月或更久时间才恢复到生小孩前性生活状态的夫妻也并不少。

很多因素会影响夫妻恢复性生活的时间和方式——既有身体原因，也有心理原因，其中一些因素是：

- 夫妻中一人或两人都太疲劳，压力太大，不适应性生活，其中一人或两人担心突然被哭闹的孩子打断，这样往往会抑制性欲。
- 以前，当你和你的伴侣做爱的时候，她是你爱的女人。如今，她还是一位母亲——这种想法会让你想起自己的母亲，使你不想和她做爱。与此同时，你也刚做爸爸，你会让她想起她的爸爸。她可能发现难以协调爱人和母亲的角色，可能还会认为自己没有性欲。
- 经历会阴切开术或剖腹产后，你的伴侣可能还没完全恢复。

你的伴侣可能会因为性兴奋时乳房渗出乳汁而尴尬。其实，很多男性觉得这样的乳房让他们更有性欲。但是如果你不这么认为——而她也感觉到了你的想法——她可能会担心你再也不会被她所吸引。

- 很多女性看到孩子从她们的阴道出来之后，发现要把她们的阴道作为性器官很困难。有些男性也一时难以接受伴侣的乳房和阴道可能会带来的愉悦功能。宝宝从阴道出来的画面或者心爱的伴侣因剖腹产而肚子被剖开的画面在你的心里挥之不去。
- 你可能会讨厌小宝宝总是霸占着妈妈的乳房，觉得妻子把更多的关注放在孩子身上，而不是你身上。当然，可能的确如此。

- 丈夫或妻子对性生活的动机可能在孩子出生以后就改变了。比如，如果你或她做爱的原因是因为你们真的想成为父母，那么有了孩子之后再做爱，可以说是索然无味。因为你们已经达到目标了，没必要再继续。

- 现在你有了最好的证据（你的孩子）证明你的阳刚之气，你可能感觉你和伴侣之间的关系比以前更亲密。

当你和你的伴侣不同步的时候

就像看电影和选择食材一样，夫妻俩不会总是意见一致，所以，你也不要期待你们俩能同一时间有做爱的欲望。可能在你累得动不了的时候，她刚好想做爱，或是你想做爱时，她因被孩子折腾了一天，喂了一天奶，碰都不想你碰一下。

孩子出生后的 2 个月之内是你们俩性生活最少的时候。如果在孕前或孕期你们有愉悦的性生活，不要理所当然地认为日后情况也会这样——你仍然还要付出努力。如果生孩子前你们对性生活感到不满意，你也不要指望不久情况就会好转。无论是哪种情况，请看看下面的建议，也许能解决你们经常遇到的问题：

- 弄清楚到底是为什么而做爱。这听起来可能有点荒唐可笑——做爱不就是因为感觉不错吗？嗯，部分对了。加州大学副教授琳达·培林·艾伯斯坦认为，“性爱表达的是一夫一妻制、亲密感、爱情，甚至是一个人确认性身份的方式（‘我是个男人，这是男人该做的事’）。”而对于有些人而言（但是这种人很少），性只是传宗接代的方式。

- 交流。我们中的大部分人——男性和女性——觉得告诉伴侣自己喜欢怎么样或不喜欢怎么样会很尴尬。但是说出来其实真的很重要——不仅能让你们的性生活回味无穷，还能加深彼此的关系。

- 商讨。如果你真的想做爱，但是她不想，问问她愿意做什么——不要给她施加压力。比如，问她是否愿意对你进行手淫；问她在你自慰时是否愿意紧紧地抱着你或者让你抚摸她的胸部。性学专家莎丽·安德斯的研究发现，宝妈的伴侣中有58%接受口交。不言而喻（或至少）你应该好好准备回报你的伴侣。请注意，不是要你说服你的伴侣和你做爱，而是夫妻双方应该共同努力创造一个良好的环境，让你们能安心表达彼此的渴望，就算拒绝对方也不用担心冒犯或伤害彼此的感情。
- 绝对真诚。如果两人同意拥抱亲吻，但是你们不想要触碰敏感部位，那就不要越雷池半步。否则，只会让她紧张和多疑。
- 改变态度。很多男性认为每次勃起都需要射精。但是只有高潮能让人感到愉悦吗？当然不是。有时勃起后不去管它——也会让人觉得很有趣。
- 重新开始约会，当然不是和其他人——而是和你的伴侣。愉悦的性生活当然有助于你们的幸福，但是就算是最狂野、最棒的性生活也不能保证所有。所以，每天一定要留出一些时间——哪怕只有15分钟——和你的伴侣谈谈生活、工作、看过的电影、读过的书、政治，随便什么都可以。但是不要讨论任何有关孩子的事。
- 请求得到——或给予伴侣——无性交的爱意（见第78页）。

还没准备好当爸爸

研究人员发现了一个始终不变的规律，那就是新生儿的爸爸们总是觉得还没有为他们的新角色做好准备。就个人而言，谁要是不这么想反倒奇怪了。在我们的父亲当上父亲的时候，“好爸爸”就是“养家能手”的同义词。他要养家糊口、修剪草坪、洗车，还要维持家里的秩序。好像没人会在意他是否花很多时间去带孩子。事实上，人们反而劝阻他不要带孩子，告诉他把孩子留给他的妻子——“好

无性交或几乎无性交的爱

大部分成年人传达爱意的方法很有限。其实除了性交外，还有很多方法可以用来传达爱意。当其中一人不想做爱的时候，牵手、抚背、一边看电视一边轻抚头发、温柔的亲吻等都能传递爱意。如果你对做爱的兴致不佳，但是想要收到伴侣对你的爱意，或想要传达对伴侣的爱意，预先告诉她爱抚不附带任何附加条件。研究发现，没有兴致做爱的男性和女性总是会担心，如果想要亲吻或拥抱对方或者想要得到对方的亲吻或拥抱，他们/她们会被伴侣误解为想要性生活。

妈妈”带。

以前的“好爸爸”如今被人们认为是感情冷漠、不会关心人的反面人物。而现在的“好爸爸”不仅要能养家糊口，还要能陪伴在孩子身边，关心照顾孩子的身心发展。简而言之，这正是大多数新生儿爸爸想要做的事情。我们之中大部分人并不想做一个不着家的父亲，也不想像我们的父辈一样不管孩子。问题只是我们缺乏训练。该怎么解决？停止抱怨，立刻投入。“母亲的本能”一直被看作是女性天生就有的，但其实是在当妈妈后获得的。这也是你获得“父亲的本能”的时候了。如果你需要一些指导，可以开一个奶爸博客，和其他的奶爸以及有经验的爸爸们建立更多的联系（更多信息见第205~207页）。

困 惑

如果有人问到我刚当爸爸头几个月的情形和后面几年的情形有什么不同，那就是困惑和经常感到的矛盾心理。

- 一方面，我感觉自己充满阳刚之气，魅力爆棚，为自己创造了一个新生命感到自豪。另一方面，当我不能明白孩子需要什么的时候——更不要说满足孩子需求的时候，我经常感到无助。

第一次……再次来临

现在是万事俱备，只欠东风。当你们终于开始尝试产后第一次做爱的时候，你们应该花点时间试探性地去重新发现彼此的兴奋点。她的身体已经有所变化，她的反应可能和以前不同。有研究表明，分娩后女性不太喜欢阴道刺激，反而更喜欢阴蒂刺激和胸部刺激。而且，分娩前经历过多次性高潮的女性不太愿意有性生活，或是不愿意太过频繁。

她可能还会担心性交会让她受伤，你可能也这样担心，或者她的体重还没减下来，影响到她的（或你的）愉悦度。如果是这样，慢慢来，留意她的暗示，给双方足够时间再次习惯彼此。

性行为研究者威廉·费希尔和珍妮丝·加里发现，一般来说，哺乳的妈妈比没有哺乳的妈妈恢复性生活的速度要快。这似乎有点奇怪，因为哺乳的妈妈体内卵巢激素明显减少，而阴道润滑液刚好又与卵巢激素有关。因此，如果你的伴侣需要给孩子喂奶，她的阴道会比以前更干燥，性交时会疼痛。当然，这并不代表她对你没有了性趣，这仅仅只是产后的正常现象而已。像这种情况，适当使用一点人体润滑凝胶、高级长效浓缩润滑液或其他非处方润滑剂会对阴部润滑有作用。

出去买润滑剂的时候，顺便再买几盒避孕套。尽管你可能听说女性哺乳期间不会怀孕，但也不能保证真的不会怀孕。产妇的经期可能会在她产后3~8个月期间开始。但是，因为经期开始前两周左右排卵就已经开始了，而她可能又不知道体内正在排卵，等到知道又怀孕的时候已经迟了。所以，除非你们两个真的希望两个孩子前后不到一年的时间相继出生，不然还是每次做爱前习惯性地做好保护措施。隔离措施（避孕套或避孕隔膜）可能是目前最好的选择。但是还是要让你的伴侣去问问她的产科医生，在哺乳期间口服避孕药是否安全。

最后，要灵活——还要有耐心。只有34%的夫妻在女性产后六周内有性生活。同时，根据密歇根大学亲密关系与性行为的研究者萨里·范·安德斯所述，大约74%的男性在伴侣产后会手淫。

- 大多数时候我觉得自己无比爱我的小宝贝，但是有时候我又特别矛盾，时不时地对着我爱的这个小宝贝大发脾气。
- 大多数时候我觉得妻子和我亲密无间——尤其是我们一起欣赏我们孩子的时候，但是，有时我又怀疑她对孩子的爱胜过对我的爱。

这种困惑会让很多男性觉得自己是不是哪儿出现了问题。“我是唯一那个有那种感觉的人吗？”你一定会对提出这个问题的父亲的数目感到惊讶不已——这是许多父亲通过邮件或来到我的工作室提出的第一个问题。

在你的精神快要崩溃之前，你需要了解以下几件事。首先，感到困惑非常正常。如果你想要证明你并非不正常，你只要问问你认识的几个奶爸，看看他们是否和你有同样的感受就可以了。到时你就会发现：（1）他们的感受和你的一样；（2）他们也觉得自己不正常。试问：如果几乎每个人都觉得自己不正常，那不正常是不是就变成了正常？如果还不能让你放心，那么这种困惑状态——以及随之而来的对自己神智不正常的怀疑——通常会在孩子出生3个月后消失。

害怕——相当的害怕

既觉得自己没准备好，又感到十分困惑，这种心理状态自然而然会让人觉得十分可怕，而且刚当上爸爸的头几个月的男性心里总是充满了恐惧。下面是一些常见的害怕心理：

- 害怕辜负自己的期望。
- 害怕在孩子发育成长过程中不能保护孩子免受身体上的伤害。
- 害怕不能尽到为人父最基本的责任：喂孩子吃饭、给孩子穿衣服、挣足够的钱、照顾生病的孩子。
- 害怕不能保护孩子免遭现代生活中出现的可怕情形：贫穷、战争、疾病、环境破坏……

- 害怕没能“准备好”承担当父亲的责任。
- 害怕抱起孩子，因为你怕伤害到她。
- 害怕自己会对孩子生气。
- 害怕不能——或是不愿意——足够爱孩子。
- 害怕不能控制自己（见第82~83，84页）。
- 害怕会重复自己父亲的错误（见110~111页）。
- 如果你和你的伴侣谈到你的这些顾虑，害怕她会误解你，认为你不爱她或不爱孩子。
- 你的孩子刚刚出生，你又正在服兵役，你害怕等你回来时，孩子都不知道你是谁，或是你去抱她的时候她大哭起来。

有一些害怕，例如害怕贫穷和战争，或是害怕自己没有准备好，对于这些害怕你完全无能为力。但是有些害怕你倒不必担心。比如，害怕不能处理小事，你可以多做些练习；害怕伤着孩子可以通过多带、多抚摸、多抱孩子来克服这种害怕的心理——婴儿并不像他们看起来那样脆弱；害怕在军队服役期间（或长期离开后）不能与孩子接触，你可以看看我写的那本《军营里的爸爸：实践指南》（*The Military Father：A Hands-on Guide for Deployed Dads*），多少会有帮助；害怕和伴侣讨论这些事，这也可以解决（在某种程度上来说），深呼一口气，然后痛快地告诉她你的感受。她也正经历着许多你在经历的事情，发现不是她一个人有问题后心理反而会更轻松。我保证。

无论担心什么，你首先必须承认这是现实，并且记住所有的奶爸都会有所害怕和担心。大卫·斯坦伯格在他的《父亲日志》（*Fatherjournal*）一书中在讲到他自己和他的担忧时，极富文采地描述道：“我计划做一个完美的父亲：爱心满满、体贴入微、循循善诱……温柔和蔼……我计划一切都按部就班如愿以偿……但是今晚我终于明白我有多害怕，孩子的事总是忙个没完，这个小家伙不停哭喊，不停乱动，我忙上忙下，不知道他要什么，全靠我抓耳挠腮地去猜……我需要承认我害怕，在犹豫，在退缩。一切都要从现实出发，而不是从新时期模范爸爸的标准出发。”

嘿！到底是谁负责？

令人难以难以置信的是，你的孩子掌控着你的生活，不管你喜欢与否，这是事实。她一哭，你就得去抱她；她饿了，你就得喂她；她尿了，你就得立马换尿布；她想玩，你就得和她玩；她要睡觉，你就得开车带着她在街上绕 12 圈直到她睡着；她半夜不睡觉，你也得陪着。古代犹太的拉比在《塔木德》中说得好：“人存在的第一年，开始于婴儿像国王一样躺在柔软的垫子上，无数用人簇拥着，随时准备伺候，又是亲吻又是拥抱，急切地表现对他的爱和拥戴。”正在发生的事情都是按照你宝宝的时间进行的，而不是你的。

失控对任何人来说都很难处理，但特别容易让男性泄气，因为大家觉得他们应该通晓一切，掌控一切。我的大女儿出生之前，我的时间观念非常强，我总是准时出现在我该出现的地方，而且也要求别人如此。但是，现在，正如你所知道的，由于有孩子跟着，简单地去一趟商店也像要去珠穆朗玛峰探险一样，需要周密计划。如果你想准时到达某地，那几乎是妄想。

你可能很会做生意，善于协商，或是能够领导宗教团队，但是与成人交往的思维方式对孩子没用。婴儿不会讲道理，对你的时间表根本没兴趣。用不了多久，她就会明白你对什么最严格，对什么最没耐心，她就会开始操纵你。你本打算在公园悠闲地转转，但一只可爱的小狗跑过来舔了一下宝宝的手，宝宝吓得大哭不止，这时你就不得不打道回府。或者为了不吵醒小孩睡觉，你不得不在朋友家多逗留几个小时，或者小孩醒着，在回家的路上，为了不打乱她的睡眠作息时间，你不得不让她睡在车上。而就在你觉得你已经弄清楚了她的作息时间以及如何安抚她或如何哄她睡觉的秘诀时，她

令人难以难以置信的是，你的孩子掌控着你的生活，不管你喜欢与否，这是事实。……她半夜不睡觉，你也得陪着。

又换了一套。

所以，你要做出一个非常具有禅意的选择：要么学会接受并屈服于这些变化，要么阻止变化。虽然需要花一定的时间，但是我终于明白，既想当爸爸又想当敏捷先生，这几乎是不可能的。我采访过的大部分男性几乎都谈到同一件事：自从当爸爸以后，他们就学会了灵活机动，宽容大度，不仅宽容自己的不足还能宽容他人。这也是父亲成长的一部分。

你和你的宝宝

刺激感官的发展

你的孩子一出生就和你一样有五种基本感官。尽管没有外界干

不要惊慌

总的来说，许多新生儿爸爸经历的感觉，例如，没有做好当爸爸的准备，心里害怕、困惑等确实让人有点招架不住。但遗憾的是，有些男人——身体上、心理上，或两者都有——选择从他们的孩子和伴侣的身边逃离。如果你也觉得自己无法处理自身的焦虑以及其他感受，请不要选择逃离。在同龄人中找一个更有经验的爸爸，让他帮助你解决这些问题（有关爸爸团体的更多信息可见 205~207 页）。如果你找不到一个这样的爸爸，就开诚布公地和你的伴侣谈谈。如果他们都帮不了你，就找一个心理医生，最好是曾经处理过类似问题的有经验的心理医生。更重要的是，记住：所有这些问题绝对正常，并不是只有你才有这些经历。总会有解决的办法的，你要做的就是找到它。

涉，他们的感官也能正常发育，但是如果你想给孩子的感官多种刺激，这个过程对你和孩子都会很有趣。如我们前面谈到过的，你要留意孩子的提示，活动时间不要太长。如果她感兴趣，她就会专心致志。如果她不感兴趣，她也会让你知道，她会哭，会闹，会转过头去。

味 觉

研究证实，把各种食物汁滴几滴到孩子的舌尖上，就能分辨孩子的喜好。他们最喜欢吃的就是甜食。在一个很有趣的实验中，在进行痛苦的医疗过程前（通常是指用针扎足跟取几滴血），喝了含糖溶液的新生儿比没喝含糖溶液的新生儿哭得要少。当然，你肯定不打算去这样尝试。孩子太小，除了喝母乳或配方奶，其他什么都不能吃。当你开始给孩子喂食固态食物时，你就可以真正地试试孩子的味觉了（见第 174~176 页）。与此同时，给孩子许多不一样的东西让他们放进嘴里。但是一定要非常小心，确定这些物品没有可脱落的碎片或锋利的边角，或者物体太小以至于孩子有发生窒息的危险。（任何能穿过标准的厕纸卷筒的物体都太小了。）

嗅觉

嗅觉和味觉是紧密联系的。在另一个刺痛孩子足跟测试孩子反应的研究中，孩子闻到母乳的味道会有所放松——只要那是他们妈妈的。孕妇吃的食物会进入羊水中。喜欢吃茴芹这样口味重的母亲生下的孩子闻到这种味道时会转向味道来源处。但是那些在生活中从未接触过茴芹的孩子闻到这种味道会恶心。

要想让孩子的嗅觉更灵敏，可以让她闻各种东西：

- 如果你在炒菜，让她闻调料或其他配料的味道。
- 如果你们出去散步，要让她多闻闻花香味。
- 做些小试验，看看她是喜欢甜食还是酸食。
- 但是一定要小心。不要让她把这些东西吃进嘴里，也不要拿一些味道很重的东西做实验。同时，远离氨气、漂白剂、汽油、油漆稀释剂、池塘或花园里的化学物质，以及周围存在的其他有毒物质。

视觉

宝宝的眼睛正在慢慢适应子宫外的世界，她看清物体的最佳距离在离她 8~12 英寸（约 20~30 厘米）以内，所以拿玩具和其他物体给她看的时候一定要在这个范围之内。

- 玩追踪物体的游戏，在她眼前慢慢来回移动物体。她甚至可能预料你下一步会做什么。你也可以在她能够够到的范围内，将某物放在你手里，让她来抓，这样能锻炼她手眼的协调性。
- 多给孩子看对比强烈的颜色（黑白色或亮色）。不断改变花样，看她更喜欢哪种。在接下来的几个月，从简单的形状和图案发展到更复杂的形状和图案。

- 给她照镜子、看图片和照片。
- 经常改变孩子在婴儿车上的位置，这样孩子就会看到不同的事物。这时也是挂风铃的绝佳时机。
- 带孩子出去散散步，多看看外面的世界。

触 觉

尽可能让孩子多摸一些不同质地的物品：毛毯边角上的缎料、尿片上的塑料（或布料）、家里的狗、窗户、电脑的键盘、热的和冷的东西、光滑和粗糙的东西。当地杂货店的产品区就是个试验的好地方。让她感受猕猴桃或桃子与椰子或菠萝的区别。只要孩子感兴趣，就让她摸一摸每件物品。但是之后记得要给孩子把手洗干净，尤其是当孩子摸了家里的宠物或其他某些东西以后，她可能会把手放进嘴里或用手擦眼睛，这会导致一些影响健康的问题发生。

你抚摸孩子的时候，不要只局限在孩子的双手上，你也可以使用其他物体轻轻触摸孩子的脸颊、双臂或双腿。（我们的孩子很小的时候都喜欢让我用两天没刮胡须的脸碰触她们的脚底。）再强调一下，一定要掌握一些常识。动作一定要轻柔，不要把任何物品留给孩子自己玩。

听 觉

- 尽量让孩子听到各种声音：广播、家附近能够听到的任何乐器声、建筑工地发出的声音（如果不是很吵的话）。你的孩子更喜欢哪一种噪音或哪一种音乐呢？如果你选择音乐，不要只给孩子听莫扎特的作品。而是让她尽可能多听一些不同风格的音乐。简单的旋律，适中的节奏，在这个阶段十分适合——节奏非常快的音乐可能会过分刺激孩子。一定要调低音量，孩子的听力非常敏感，也很容易受到过分大声音的损害。

- 为了让孩子开心，你可以准备一个小铃铛，放在孩子身旁轻轻敲响。她有没有试图转身？现在把铃铛拿到孩子另一边。她发现这个变化了吗？
- 不要忘了你也可以发声。发出声音，调整音高；唱歌；甚至可以和孩子惬意地聊天（好吧，这的确是在自言自语）。
- 模仿别的声音。发出一种声音（表示讥讽的嘘嘘声就是一个不错的开始），然后看看孩子的反应。可能几分钟甚至是几天后，孩子才会有所回应。但是一旦你这样做了，你就要把每种声音重复几次，然后转换角色，让孩子开始这场“对话”，这样你就可以模仿她。
- 不要忽视最重要的一种声音：安静。孩子需要很多休息时间，所以不要一直打开音响或音乐播放器。

宝宝按摩

其他国家很多父母每天都会给他们的孩子按摩，但是在美国，这还是件新鲜事儿。在有些人看来，按摩需要时间。根据研究人员蒂法妮·菲尔德和其他专家的研究，按摩能够：

- 帮助你和孩子联络感情。
- 让孩子觉得安全有保障。
- 面对打疫苗这种痛苦的事时，能减少压力（至少对孩子而言是如此）。
- 减少因出牙和便秘带来的痛苦。
- 减轻腹部绞痛症状。
- 帮助减少睡眠问题。
- 作为父母，在增强自尊和自信的同时，能减轻你的压力。

尽管这些听起来都很不错，但不要抱太多期望。尽管按摩的确会给一些人带来以上部分或全部的好处，但是可能对你并不适用。

拜托，不要像孩子一样说话

有证据表明，婴儿更喜欢妈妈的声音而不是其他人的声音。但是如果你在孩子出生前和孩子说过话，她肯定能辨认出你的声音。无论什么时候和孩子说话，都请注意你的声音。正常的说话声音是最好的，这样孩子就能听到正常的口语。我一直不明白为什么很多人不能和孩子正常说话。相反，他们笑的时候总是嘴咧得很大，笑得很假，还说“叽里呱啦”这样没有意思的话。有些孩子会很受用，但是那真的是你想让孩子学会的说话方式吗？宝宝做出回应最多的——不管是对爸爸还是对妈妈——是那些眼目相对、真诚微笑以及直接对她说出的热情但正常的声音。还要我再说吗？

不管怎样，它依然是一种和孩子互动，进一步了解孩子的绝佳方式。

听起来至少值得一试，不是吗？以下几个基本原则，仅供参考：

- 安排。最佳时机就是在你和孩子都很放松、很平静的时候，你有 10~20 分钟不被打断的情况下（即使只有 5 分钟，做一做也无妨）。孩子刚洗完澡之后或就要把孩子放到床上去之前都是不错的时机，只要你确定孩子不会哭闹，随时都可以做。每天至少尽量给孩子按摩几分钟（或者和你的伴侣共同承担这份责任）。
- 找一间暖和、干净、地面平整能放孩子的房间。
- 用柔软吸水的东西铺在地面上，再把赤身裸体的宝宝放在上面。
- 给孩子按摩的时候给孩子唱歌或和孩子说话。
- 使用坚定柔和的按压。新生儿不喜欢太轻的触摸——太轻的话好像是在给他们挠痒痒，使他们心生不安。同时，你并不是在疏通身体组织，在做指压按摩法或罗尔芬健身法，所以没必要用力凿、砸或捶击宝宝。

- 留意孩子的提示。如果她似乎不开心、无聊，或是很烦，就停止按摩。

给孩子按摩有各种各样的技巧。以下是我最喜欢的一些技巧：

1. 倒一点婴儿润肤乳液或婴儿润肤油（即天然无味可食用油）到一只手掌，然后用双手把乳液或润肤油搓热。

2. 让孩子平躺着，从双臂和双腿开始按摩，就像你小时候用泥巴做蛇一样的方法，让她的胳膊和腿在你的双手之间滚动。

3. 在你的拇指和食指之间滚动每一个脚趾，有点像动画片《小猪佩奇》里的一样。

4. 一只手掌放在孩子的肚子上，小手指靠近孩子胸腔。坚定地按压，手往下移动。手碰到了耻骨后，用另一只手重复以上动作。完整的动作有点像用手在挖沙子一样。

5. 有选择地（或另外）把两个手掌放在婴儿肚子上。食指轻触，平稳按压，然后移开双手，好像要把红海分开一样。

6. 把孩子翻过来俯卧着。

7. 从后脑勺开始轻抚，慢慢移动你的双手，一直到她的脚后跟。

8. 重复再做一遍，但是这次每只手要使用两到三根手指，从头到脚后跟边画圈边移动。不要忘记按摩孩子的臀部。

9. 使用你的两个拇指，轻轻按压孩子的脚底。轻抚脚后跟到脚趾头。

蠕动的重要性

2 个月大的孩子还不太会动。平躺着的时候，她能把头抬到 45 度，但是要等几个月后才能自己翻身。然而，孩子的肌肉需要得到锻炼。以下是能帮助孩子锻炼的方法：

- 停止包裹孩子（如果你还没停止的话）。孩子需要对双臂和双

宝宝的头怎么了？

孩子的头骨是由几根骨头组成的，在她两岁前都会比较柔韧。因而，如果孩子平躺太久（尤其是早产儿），在她的头骨上可能会长出扁平的一块。大多数情况下，这种“位置成型”不需要太担心。但是如果你不及早处理，可能会导致耳朵和眼睛错位，或者是更严重的面部畸形。

如果孩子的头看起来不对称，或是你认为她头上有扁平的一块，你最需要做的就是经常调整孩子的睡姿。每次把孩子放到婴儿床上睡觉的时候，要把她的头部枕在不同的位置（头有时往右偏，有时往左偏）。这样的话，即使你的孩子特别喜欢看婴儿床某一边的东西，她也能转过头去看。

如果一周内发现没有任何改善，就要带孩子去看医生。在极少的情况下，头扁平可能暗示着某种严重问题，只能通过手术或戴一个头箍或头盔进行纠正。

手做些锻炼，但如果她全身都包裹在毛毯里，那她就无法动弹。

- 鼓励孩子俯卧。虽然孩子睡觉时应该经常仰卧，但是在她没有睡觉的时候，一定要确保她花上许多时间以其他姿势活动。这样做会让她利用到不同的肌肉。不怎么俯卧的孩子学会翻身的速度没有经常俯卧的孩子快（但是一两个月真的会产生那么大区别吗？你知道有多少成年人不能从前往后翻或从后往前翻？）。花时间俯卧能锻炼孩子的上半身，增强她的双臂和颈部肌肉，鼓励她经常使用这些肌肉。

宝宝的健康检查

如果你的伴侣的产前检查你都去了，那现在计划去见宝宝的儿科医生也会十分从容——假设你的孩子很健康，孩子出生后第一年只需要去医生那儿八次（通常称作健康婴儿体检）。不管你在宝宝出生前是否已经习惯了见医生，宝宝出生后你都要尽量陪着孩子去做例行检查（以及非例行检查）。这样做对每个人都好。原因是：

- 孩子知道她能向你求助，而你会在她有需要的时候陪在她身边，安慰她。
- 医生将了解到有可能遗传给孩子的家族病史。因为大部分医生对孩子的了解都是从父母那儿得知的，你的加入能让医生知道更多信息，有利于诊断。
- 你和孩子接触越多，你就会更多地融入她的生活。

一般看医生都是一样的流程：护士试图说服孩子平躺着方便测量身高，在秤上保持不动方便称体重。然后医生会戳戳宝宝的肚子，量量她的头部，再问你一系列有关宝宝健康的问题。他 / 她可能还会要求你让宝宝不要动，以便耳部检查快速完成。

在两次检查之间，把所有你和你的伴侣讨论的问题和担心都列在清单上，不要羞于讨论每一个问题。你们肯定不会无所不知。在这个时候，大多数新手爸妈都会担心他们的孩子发育是否正常。放心吧，就算每次健康检查似乎都不是那么全面，但儿科医生都是有的放矢的。

突破晕针大关

宝宝出生后的最初几年，大多数医生要做的大事就是给宝宝接种疫苗。所以如果你晕针的话，最好能够克服它。在后面的几章我们会谈到一些具体的医疗问题。但是现在，这儿有一个非常典型的健康婴儿体检的时间表和孩子每次将要接种的疫苗（见后）。

“正常”代表什么意思？

这本书每个章节一开始我就会讨论孩子到月末的大概发育情况。

你要记住，这些情况只是作为指导，并不是所有同龄婴儿都会在同样时间出现同样的情况。如果你的孩子是早产儿，那就更加要记住了。

想要知道到底什么对于一个早产儿来说是“正常的”，你需要知道她调整后的年龄（实际年龄减去她提前出生的月数）。比如，一个4个月大的孩子提前2个月出生，那么她调整后的年龄就是2个月大，发育情况也会符合2个月大孩子的状况。早产儿通常在两到三岁的时候会赶上比他们实际生理年龄大的孩子。但是孩子越早出生，追赶的时间就会越长。

在这种情况下，让孩子的医生担心的事就会是：

- 孩子头部撑起的时间超不过几秒，大部分时间握着拳头，并且出现肌张力差的问题。
- 运动不均衡。你的孩子是不是经常使用这只腿或手，而那一只不怎么使用？大多数孩子两岁以前不会出现“偏手性”问题。有些有意思的研究把这种运动不平衡和孩子未来出现自闭症联系在一起。
- 缺少或各种反射并不明显（见第58~59页图表）。

几个重要的健康和安全问题

一件永远不会结束的任务就是，不要让家里出现任何可能伤害到孩子的物品。在第212~220页我们会对此展开具体讨论，但是现在你需要注意几件事。

把热水器温度调到49℃以下。你可能想和孩子一起淋浴或泡澡，所以如果水温高于49℃，将会造成永久性损伤和伤疤。

- 检查孩子睡觉的地方。无论是摇篮车、摇篮，还是有栏杆的婴儿床，都需要符合以下条件：
  - 床褥必须刚好和床大小一样，周围缝隙容不下你的手。
  - 如果摇篮上了漆，一定要保证油漆不含有毒物质。几个月大的时候，孩子可能会去咬床沿，那么你最需要担心的就是油漆含有有毒物质。

- 床周围的木棒或板条之间间隔不得超过 6 厘米。

● 不要在床上放枕头、毛毯、有填充物的娃娃，或其他可能会造成婴儿窒息的物品。如果你担心孩子受冷，给他 / 她穿上一套暖和的睡衣。如果你在婴儿床周围放了保险杠，或是你在婴儿床上挂了娃娃，让孩子去拍，一定要确保这些东西都非常安全。

你的孩子是不是晚上总不睡觉?

到本月底时，孩子的睡觉和休息时间就会变得更加有规律，但是这种规律极有可能和你想的完全不一样：她会在白天睡觉，而晚上非常清醒。如果仔细想想，你就能够完全理解。当她还在妈妈腹中时，妈妈可能白天醒着，而妈妈所有的运动会把孩子摇睡着。但是到了晚上，妈妈的运动减少，孩子就醒了。这就是为什么大部分孕妇说躺下几分钟之内会感觉到孩子在肚子里踢个不停。

最终，孩子的作息时间会慢慢变得有规律，开始和你的生活习惯同步。如果你想快点培养孩子正常的作息时间，可采取以下措施来加快进程：

● 白天的时候想办法让孩子多睡一睡。现在她每次睡觉都不会超过 1~2 个小时。虽然你可能觉得孩子白天少睡会使她感到疲惫，晚上就会一觉睡到天亮，但事实并非如此。实际上比起睡眠充足的孩子来说，过于疲惫的孩子晚上醒来的次数更多。

● 确定一个固定的入睡时间——晚上 7 点左右不错，根据孩子的自然睡眠时间进行调整。

● 建立一套入睡的程序。比如睡觉前给孩子喂奶、读书、按摩、唱歌，然后把孩子放到床上。每晚都以同样的顺序做同样的事。孩子们喜欢这些程序，一旦习惯了这套规律，他们就会慢慢地变得昏

昏欲睡，把他们“放到床上”就会睡着。

• 让室内的光线比白天暗淡一些，但是不要让房间变得漆黑一片。你需要让宝宝在有些许光线的情况下也能睡着。否则，你们都会很痛苦。

• 房间里要比白天安静。是的，脱掉你的靴子，不要用力关门，

免疫

最近预防针已引起了激烈讨论（这些疫苗本身也很危险吗？疫苗带来的好处真的值得我们冒这些风险吗？），还有一小部分人选择不给孩子打疫苗，这种人正越来越多。在第 96~99 页你会看到一个图表，里面列出了一些疫苗，这些疫苗可能带来的副作用，以及不打疫苗会带来的后果。如果你也在考虑不给孩子打疫苗，记住以下事项：

◎ 如果你的伴侣自身有免疫，那你的孩子也会因此得到母体体内的抗体，同样能对某些疾病免疫。但是，这些免疫能力在孩子一岁前就会消失——除非她自己也有免疫力。

◎ 几乎所有的公立学校，以及很多私人学校招收学生之前都需要免疫证明。

◎ 不给孩子打预防针也是可行的，但是只有在其他所有人的孩子都打了预防针的情况下才可行，因为这样才会大大减少你的孩子的健康风险。这就是著名的“群体免疫”：如果足够多的人有免疫力，那么他们就能保护“群体”里的其他成员。现在你就想象一下，如果大家都不打预防针的话，会发生什么情况。

◎ 现今的预防针能帮助孩子们抵御十几种以上疾病。在 25 年前，预防针只能抵御四种疾病。

但是也不用让所有人只穿袜子踮着脚走路。你要让孩子习惯在些许噪音下也能睡着。同样，如果不这么做，你们都会很痛苦。

- 不要带孩子到处玩。孩子晚上醒来之后，给她喂奶，换尿片，再把她放回床上——不要开灯。不要和孩子玩游戏、给孩子唱歌、讲故事。你要让她明白黑暗与睡眠的联系。

- 很多疫苗的作用就是将抗原注入人体。对比抗原需要抵御的实际疾病数量，它本身只是极其微小的一部分，但是进入人体之后，它能让人体免疫能力增强，抵御它本身免疫的疾病（但现在免疫范围更广）。有人认为，抗原数量太多会大大影响孩子未发育完全的免疫系统。但所幸的是医疗水平已有了很多进步，如今注射预防针之后，存在于孩子体内的抗原已没有过去那么多。比如在 1980 年，光百日咳疫苗就含有 3000 种抗原。而如今，百日咳疫苗只含有 5 种抗原。而且，在七大标准疫苗中，抗原总数少于 130。

- 一些备受瞩目的名人也加入了反疫苗潮流，他们把自闭症和许多其他问题归咎于疫苗。他们所提到的支持他们观点的研究都已经被揭穿是不真实的，所以，在你听取他们的意见之前，请认真从医学角度上考虑他们建议的可靠性。

- 任何疫苗都有一定的风险，但是益处总是大于风险。其实大多数因疫苗引起的严重后果很少（1 百万人只有 1 人会出现），所以很多疾病根本无法确定是否就是疫苗导致的后果。这就像你很有可能突然被雷击中一样。根据国家气象局所述，每年每人被雷击中的可能性为 1/960000；在你的一生中，被雷击中的可能性为 1/12000。

- 拒绝打疫苗和先前许多社区出现的致命性疾病有很大关系，但那些疾病现在已得到了控制。

疫苗	风险 / 回报
白喉、破伤风和百日咳（DTaP） 或 **白喉、破伤风（DT）：** 同 DTaP，除去了百日咳，可供出现以下情况的孩子们注射： ※ 家里曾有人得过癫痫 ※ 怀疑或已经证明有精神病 ※ 对以前注射的药物有反应	👍 几乎注射过三次疫苗再加一支加强剂的孩子都能免于病毒侵害 👎 需要在注射疫苗 72 小时内密切注意孩子动向 👎 注射后会有一个小肿块，孩子会有点闹腾，总想睡觉，觉得注射处有点痛 👎 注射 24 小时内发烧是正常现象 👎 极少出现的情况是：孩子突然癫痫发作或止不住地哭（这种可能性极小，所以常常难以分辨到底是不是由于注射疫苗而导致的） 注意：大部分风险都和百日咳疫苗有关系。唯一与白喉和破伤风疫苗相关的风险就是局部肿胀（注射区）和轻度发烧
乙型肝炎——来自一组培养细胞的非传染性疫苗	👍 几乎所有孩子注射三次疫苗就能免于病毒侵害 👎 7%~25% 的孩子注射区会有点酸痛，以及易生气、头痛或发烧超过 37.7℃ 👎 110 万个孩子中有 1 个孩子会出现严重过敏现象
轮状病毒（RV）	👍 不会把病毒传染给社区中的另外一些人 👎 疫苗副作用刚好是疫苗本身要防御的：腹泻和呕吐，同时还有发烧 👎 如果孩子对乳胶过敏，那么就会出现过敏反应（有一种抹药器是乳胶）
乙型流感嗜血杆菌（HiB）	👍 全部注射完毕后，疫苗对该病毒防御力达到 90%~100% 👎 注射区疼痛和红肿 👎 注射疫苗后 12~24 小时内发烧（很少会超过 38.3℃）

疫苗防御对象	患病婴儿面临的风险
白喉，一种严重的呼吸道疾病，很少在美国出现	※ 极具感染性 ※ 袭击喉咙和鼻子，阻碍呼吸，导致瘫痪 ※ 伤害心脏、肾脏、神经 ※ 死亡率为 20%（5 岁以上儿童死亡率为 5%~10%）
破伤风（牙关紧闭症），由伤口内污物引起	※ 导致肌肉抽筋，十分痛苦 ※ 无法治愈，超过 25% 的孩子会夭折
百日咳：在疫苗出现之前，其他所有传染性疾病引起的儿童死亡事件加起来才和百日咳引起的儿童死亡数量差不多	※ 咳嗽严重，孩子几乎都不能吃东西或呼吸 ※ 对大脑会有所损伤，引起肺炎、癫痫 ※ 导致死亡（1%~2%） ※ 多发于婴幼儿
乙型肝炎	※ 传染性肝病 ※ 出现并发症，包括：肝硬化、慢性活动肝炎、肝癌 ※ 儿童很少会患病，但是受感染的母体可能会把病毒通过母乳传输到孩子体内
轮状病毒	※ 导致婴儿出现严重呕吐和腹泻症状的普通病毒能使孩子脱水，甚至需要住院 ※ 未打疫苗前，美国儿童中有 80% 或多或少都会有个别症状，7 个孩子中就有 1 个需要医疗处理，70 个孩子中就有 1 个需要住院
乙型流感嗜血杆菌，5 岁以下儿童易患的细菌感染病症	※ 未打疫苗前，乙型流感嗜血杆菌（HiB）每年都会导致 12000 名儿童患脑膜炎，8000 名儿童深层感染（骨头、关节、心脏、肺部、血液、喉部） ※ 可能会引发失明、智力障碍或瘫痪等症状 ※ 5% 的死亡率

疫苗	风险 👎 / 回报 👍
麻疹疫苗	👍 几乎在美国灭绝 👍 注射一次以后就能起到 95% 的抵御功能 👎 有 10%~20% 会出现轻度发烧或少许皮疹，6~10 天后消失 👎 100 万名儿童中有 1 名孩子出现脑失调症状
腮腺炎疫苗	👍 注射一次后能起到 99% 的抵御功能 👎 注射疫苗后很少会出现发烧、起疹子、腮腺肿胀症状
风疹疫苗	👍 注射一次后能起到 95% 的抵御功能 👍 现在注射能保护女婴未来的胎儿 👍 孕妇的孩子可以接种疫苗，对妈妈没有威胁 👎 幼童中有 1% 会暂时出现腿痛、手臂痛或关节痛症状
MMR—麻疹、流行性腮腺炎、风疹疫苗	👍 几种疫苗分开注射，效果一样好 👍 分开注射的副作用也一样
水痘疫苗（有时候和 MMR 组合为混合疫苗 MMRV 一起打）	👍 对于抵御该疾病十分有效 👎 5 名孩子中会有 1 名出现酸痛或肿胀症状 👎 10 名孩子中有 1 名会发烧 👎 很少会导致癫痫（可能性为 1/1000）和急性肺炎症状
灭活脊髓灰质炎疫苗（IPV）：注射替换了原来风险较大的**口服疫苗脊髓灰质炎疫苗（OPV）**，你可能也吃过（通常以方糖形式出现）	👍 非常有效，35 年内美国已经没有再出现过脊髓灰质炎的病例 👍 注射三次后能起到 90% 的抵御功能 👎 可能会轻微发烧，注射区可能有点红肿 👎 四百万名儿童中有 1 名可能会瘫痪
肺炎球菌结合疫苗 (PCV13)	👍 90% 有效 👍 是抵御肺炎球菌的最佳方法，肺炎球菌本身对抗生素具有抗药性 👎 有少许副作用，包括疼痛、肿胀、发烧、嗜睡

疫苗防御对象	患病婴儿面临的风险
麻疹	※ 传染性极强的儿童疾病 ※ 高烧（39.4℃ ~40.5℃）、咳嗽、起疹子，时间多达10天 ※ 可能会引起肺炎或耳部感染、癫痫、脑损伤（约有1%的孩子会出现该症状），有时后果甚至会是致命性的
腮腺炎	※ 一种传染性病毒感染疾病，会引起发烧、头痛、面部肿胀、腺体肿大等症状 ※ 会出现严重症状，其中包括脑膜炎、脑损伤、耳聋
风疹（德国麻疹）	※ 总的来说该疾病并不严重，持续时间只有3天 ※ 症状也很轻微，通常可以忽略不计（轻微发烧、淋巴结肿大） ※ 如果孕妇患了该疾病，会导致流产或胎儿天生缺陷（耳聋、眼睛和心脏出现问题、智力缺陷）
麻疹、腮腺炎、风疹	如上
水痘（丘疹）	※ 对成人伤害较小，但对婴儿打击极大 ※ 可能会引发皮疹、瘙痒、发烧、疲倦 ※ 导致皮肤感染、长疤、得肺炎 ※ 很少致命（每10万名婴儿大约有6名夭折） ※ 成人后可能会得带状疱疹
脊髓灰质炎	※ 可传染 ※ 病症较轻微，但也会导致双手双脚永久性瘫痪． ※ 阻碍呼吸，损伤大脑 ※ 死亡率为2%~5%
抵御13种最危险的肺炎链球菌病（总计超过90种）	※ 导致脑膜炎、肺炎、血液感染 ※ 症状包括发烧、怕冷、颤抖、四肢无力、疲倦、恶心想吐 ※ 死亡率为5%~7%

注射疫苗时间	疫苗
出生 ~2 周大（离开医院前）	乙型肝炎疫苗第一次（如果婴儿母亲对抗原检测为阴性，则可以推迟 2 个月）
第 2 个月	乙型肝炎疫苗（第二次），RV、IPV、PCV、DTaP、HiB 第一次
第 4 个月	RV、IPV、PCV、DTaP、HiB、乙型肝炎疫苗（如果之前还没注射的话）第二次
第 6 个月	RV、IPV、PCV、DTaP、HiB、乙型肝炎疫苗第三次，可自行选择是否接种流感疫苗
第 12 个月	PCV（第四次），MMR、水痘疫苗、甲型肝炎疫苗（第一次，共两次）、TB（肺结核）

● 调整喂奶时间。儿科医师路易斯・雅西和乔纳森・雅西利用这个规律研究出了一套非常有效的睡眠训练方法，他们将这些方法写在《新生儿睡眠指导》（*The Newborn Sleep Book*）中。他们总结出来的方法就是：如果你想让孩子每天按规律喝 5 次奶，理想的时间安排就是早上 8 点、正午、下午 4 点、晚上 8 点、午夜。如果你现在给孩子喂奶的次数多过 5 次，那么每天每次喂奶的间隔可延长 15 分钟，直到消除多余喂奶次数。这样做可能会导致孩子经常啼哭，但是如果你一直让孩子心情愉悦，她可能都不会注意到这一切。而且你也不用担心：事实上，你的孩子每天得到的食物的数量不变，只是每次吃得稍微多一些。如果孩子白天喂奶间隔超过 4 个小时，他们还建议你轻轻摇醒在睡觉的孩子，使她保持正常的饮食安排。但这种叫醒睡梦中的孩子的情况极其少见。

你和你的伴侣

没人跟我说过事情会是这样……

孩子出生后几天内，你和你的伴侣可能会有一种像度蜜月一样的感觉，因为彼此为共同创造了这个小生命感到神奇，同时感觉彼此比以前更加亲密。人生好像没有比这更美好的了。

但是几周几个月后，等这种感受渐渐淡去，现实就会摆在面前。你们都会习惯新的时间安排和新的责任。你们不会再像以前没有孩子时那样关注彼此，你们的世界——你们的大部分对话——都和孩子有关。你们单独相处的时候几乎不可能不被打扰，你们俩的需求也不会得到满足。不能好好睡觉，偶尔还会意见不合，你都能写出一本完美解决彼此冲突的秘籍了。

这些对你来说都很难解决，你的伴侣可能更难处理，如果你之后还去工作了，那情况只会更严重。在家带孩子是个吃力不讨好的活，你真的有必要让你的伴侣明白，你很感激她所做的。你可以通过以下方法告诉她：

- 直截了当地告诉她。跟她说她是位伟大的母亲，你爱她，以她为荣。告诉她你很惊讶，因为孩子居然可以只喝她的奶就能长到那么高。
- 给她买花，或给她发短信，给她和孩子买些小礼物，每天打几次电话问问她的情况。
- 为她准备约会。点一份比萨，也可以让临时保姆帮忙照顾孩子几个小时，然后你们出去散散步。在很多城市中，有些电影院每周会给新手爸妈留几部电影。座位都是给爸爸妈妈们以及号叫的孩子坐的，但是他们会加大音量（有些电影院竟然还会让人把食物带到你座位前）。这儿确实是个避难胜地。
- 鼓励她参加社交活动。作为曾经在家带孩子的爸爸，我要告

诉你，不管你有多爱你的孩子，你都会因为整天要和她待在一起而疯掉。而新妈妈到处都能找到群组，她们能一起出去玩，讨论彼此的问题，比较彼此分娩时的情况（“我花了 14 个小时才把孩子生出来，当时真是痛得要命，必须得打麻醉药。”“真的吗？我花了 27 个小时呢！而且还是顺产。”）。这种小组可以让新手妈妈和别的妈妈进行真正的交流。

● 帮她腾出些属于她自己的时间。帮忙抱抱孩子，哪怕只抱半小时，你也能让她休息一会儿。如果她只想好好洗个澡再睡一觉也是情有可原的。

在家带孩子是个吃力不讨好的活，你真的有必要让你的伴侣明白，你很感激她所做的。

图书馆的书，没问题。但是爸爸可以更新吗？

根据社会学家的说法，答案是肯定的。“更新的爸爸”是指一位在上一段关系中已经有过孩子的男人，几年后又再做一次爸爸，重新经历当爹所要经历的一切。（其实，社会学家把这种爸爸称作“回收利用老爸”，但这是一个恐怖的词汇，我觉得还是“更新的爸爸”比较适宜。）这种爸爸和第一次当爸爸的人有很大区别。首先，他们经济上更稳定，不太担心自己在职业上的发展。他们对自己的孩子也更感兴趣——也会花更多时间陪孩子。根据我的同事罗斯·帕克的总结，一般来说，爸爸年龄越大，就越从容，越关爱孩子，时间越灵活，对伴侣的支持力度也更大。帕克还发现男性和女性随着年龄增长，关注点也各不相同。女性年龄越大，目标和任务就越多，而男性却会变得更关注照顾孩子。

但不好的方面在于，这些爸爸不能像年轻爸爸们那样经常和孩子在地上摸爬滚打，虽然年轻点的爸爸可能现在还没给孩子存够钱。但是帕克说，这些爸爸的智慧足以弥补这些不足。

在一个保持原样的家庭里，妈妈们会因为自己丈夫对孩子投入更多而觉得更快乐、更满足。但是如果你是一个更新的爸爸，你的新伴侣可能会有完全不同的体验。她可能一直都很支持你和前面的孩子多保持关系。其实，也许看到你如何和孩子相处就是她觉得你有魅力的原因之一。但是现在你们又有了孩子，她可能会怨你花太多时间陪前面的孩子，害怕你不能对新家庭有足够的关注。

更新的爸爸还会引起其他潜在的麻烦事。我采访过的新爸爸中，有很多都抱怨新妈妈总是表现得好像比他们更懂怎么照顾孩子，她们能帮忙安慰啼哭的孩子，给孩子换尿片，每件事都吩咐得很仔细，从喂瓶装奶，到哄孩子睡觉，给孩子穿衣、洗澡。其实父母是否有同样的育儿经验并不重要。而让新爸爸们最愤怒的是，他们不能像自己伴侣那样学习如何照顾孩子，而是要通过犯错增加经验。

母乳喂养与较大的孩子

无论新生儿如何喜爱母乳喂养，较大的孩子不能容忍的就是新生儿试图要取代他们在宇宙中心的位置。看着妈妈抱着婴儿，给婴儿喂奶，彼此紧紧依靠，较大的孩子心里总是五味杂陈——针对婴儿受到的百般宠爱既生气又嫉妒（更多解决方法见第 69~71 页）。有些刚当哥哥或姐姐的孩子也想像婴儿一样被妈妈抱着。有些孩子甚至还想喝奶。如果较大的孩子还很小，你的伴侣可能真的会答应孩子的要求。如果真是这样，那也只是暂时如此而已。（给孩子喝一两勺母乳是最好的解决办法——大部分较大的孩子都不喜欢母乳的浓度或甜度。）较大的孩子需要知道，你的伴侣的乳汁只适合婴儿喝，他们有更多其他的东西可以吃可以玩，而这些婴儿却没有。

但是如果你不是第一次当爸爸，那你很有可能知道的育儿知识比你的伴侣还多。毕竟你已经经历过一次了，现在你还记得孩子需要什么，怎样提供。面对孩子，你也更加从容了，不会像你伴侣那样担心一些小事。

这样的话问题就来了。当一个新手妈妈有时很困难，因为社会普遍认为如果女性没有从一开始就做到表现极佳，关爱孩子，哺育孩子，那她们就是失败的。所以想象一下，如果你非常有经验，比她还了解如何安慰孩子，给孩子喂食，抱孩子以及给孩子穿衣服，简直颠覆了传统男女的角色，你觉得她会怎么想。

从我个人经验来看，如果你也遇到这种情况，你只需要让步就可以。让她犯错，不要多说。如果角色互换，你也会希望她这么做，同时犯错也是获得经验的方式。

3

第3个月 游戏开始

宝宝的状况

身体上

● 随着越来越多反射的消失，孩子的身体也在发生着变化。现在他已能张开手掌（而不是捏着小拳头）。让孩子俯睡时，他会伸开双脚而不是自动缩成潮球虫一样的小球状，但他还不能区别身体的左边与右边，只会两脚并爬或者两手并爬。这个月，他将意识到自己能独立控制身体的左右两边。

● 他能从仰卧滚为侧睡。他俯睡时可以抬头，并用肘部支撑身体。有时他能抬起头并双脚离地像跷跷板一样上下摆动。

● 如果将他的身体向前倾，他会尽力站立起来，脚掌用力踩在站立处。将他向上扶起时，他能够试着“站立”。

● 孩子的头摆动得少了，但还需要托着。放他坐着时，他可以坐稳几秒而不倒下。

● 孩子会用双手去抓物体，并且抓的能力在加强（虽然还有很多时候抓不住）。许多专家认为，这个成长过程是一次新的反射，可以培养孩子眼和手的协调能力。儿童心理学家皮特·沃尔夫表示：“孩子抓的任何物体都是孩子能够看到的，而能够看到的物体又促使孩子去抓。”

智力上

- 移动的物体是孩子无穷想象力的源泉。孩子的眼睛会随着物体的移动而移动，头会缓慢地跟着物体从一头转向另一头。

- 如果物品从你的手中掉落，他会盯着你的手看，想知道东西去哪儿了，由于对万有引力还一窍不通，孩子的眼睛还无法追随掉落的物品。

- 孩子会把自己的手直接放到嘴巴里。这个月前，他不知道他嘴里吮吸的东西就是自己的手。比之前有进步的是，现在宝宝意识到这个物体（或者说他的手）的存在有两个原因：用来看和吮吸的。

- 由于有了这个惊人的发现，孩子会持续 15 分钟都盯着这双小手，然后把手指放进嘴巴，孩子会一次又一次地重复这个过程。

- 孩子现在可以辨别不同的物体了。比起条形物体，他更喜欢圆形物体；比起简单的结构，他更喜欢复杂的结构。

- 他现在可以把某些物品与其相关的属性联系起来，例如，把你的伴侣与食物关联，把你与游戏关联。孩子对你和你的伴侣会做出不同的回应。

语言上

- 虽然大部分时间孩子只会发出哭声，但是他慢慢地能发出一些愉悦、舒缓的如“哦”“啊”等诸如此类的单音节词。

- 此时孩子开始有目的地发声了——如果你仔细听的话，你应该可以从他的哭喊声中分辨出他想表达的是“我要喝奶”“我想睡觉”还是“给我换尿布”。

- 孩子现在会仔细聆听他周围所有的声音，而且区分他听到的声音。

情感上 / 社交上

- 在这个阶段，宝宝的吃喝拉撒都变得相当有规律了。

- 面对人们，他会表现出强烈的喜爱与不满。他是哭闹还是安静取决于他的照看者。他看到熟人会笑呵呵，看到陌生人就会盯着看。

- 他对你的情绪很有感知力并会做出反应。你疲倦焦虑时，他会烦躁不安；你宁静愉悦时，他也会比较安静。
- 他会持续几分钟凝视、观察周围的环境。他渴望与人交流。你与他交谈时，他会停下正在做的事（通常是在吸吮）听你说话。

你的经历

担心，担心，担心

许多新手爸爸都对孩子的健康问题感到无比担心。大多情况下，这种担心完全是不理智的。然而，仅在美国，每年约有15万个孩子患有某些先天性缺陷（现在能获知的有1000多种先天性缺陷疾病，有些没有生命危险，但有些则可能导致生命危险）。其中有大约5000个孩子活不过第一年。但是，婴儿猝死综合征（SIDS）才是让爸爸们最为担心的，因为这种疾病会发生在完全健康的孩子身上，让人猝不及防。2000个孩子中就有一个（美国每年大约2000个孩子）死于SIDS，这是导致一周大和一岁大的孩子死亡的最常见原因。尽管政府机构及私人机构在抗击SIDS上投入了数不清的资金，科学家还是无法准确判断其成因。而且，至今还不能通过医学检测判断出哪些孩子有患此病的危险。有鉴于此，我们能知道的就是下面这些信息：

- SIDS最常见于1~4个月大的孩子。
- 90%的猝死发生在婴儿出生到6个月大的时候，一周岁的孩子也有可能猝死。
- 这种疾病常见于男婴、早产儿、多胞胎、低收入家庭、单亲家庭、父母亲或护理人吸烟的家庭和在孕期母亲有吸烟饮酒嗜好的家庭。非裔美国人、美国印第安人及阿拉斯加本地人的孩子相比于白人孩子来说，死于 SIDS 的概率大得多。喝奶粉的孩子死于 SIDS 的概率更大。但原因不在于奶粉喂养，准确地说，而在于喝奶粉的孩子通常是早产儿或因为母亲有吸烟嗜好，这才是更准确的风险因素。

- SIDS 不是由感冒或者其他小病，像呕吐、中风或疫苗接种（事实上，接种疫苗能降低患这种疾病的风险）造成的。这种疾病无传染性也不同于窒息。
- 甚至有理论认为 SIDS 的病因是孩子的梦。澳大利亚研究人员乔治·克里斯托认为当孩子梦到自己在子宫时，他们可能会停止呼吸，因为在子宫里他们是从血液中获得氧气，不需要自己呼吸。

虽然三分之二患 SIDS 的婴儿看不出危险的因素，但是你和你的伴侣还是能从以下几个方面来降低患病风险：

- 让孩子仰卧——即使只是打盹儿。我的大女儿和二女儿分别在 1990 年和 1993 年出生，当时正是提倡让孩子俯睡的时候。因为孩子溢奶时，仰睡可能导致孩子窒息。但是到了 1994 年，美国儿科学会反驳这种说法并开始鼓励父母让孩子仰睡，随后患 SIDS 的人数迅速下降了 50%。如果孩子向来是俯卧的，现在纠正还不晚（虽然他一直都是俯睡，但就目前来说只是 3 个月）。在死于 SIDS 的孩子中，有 30% 的孩子是俯睡的。孩子侧卧也不安全——孩子容易侧翻为俯卧。
- 不要吸烟，也不要让其他人在孩子面前吸烟。
- 别让孩子穿得太暖和（参照第 126~128 页的穿着部分）。
- 让孩子睡硬床垫：不要放枕头、绒毯、柔软的沙发、水床、厚地毯和豆袋。确保床垫与婴儿床紧密贴合，以防孩子卡在间隙里。把婴儿床里的毛绒公仔、多余的婴儿毯及其他可能不小心蒙住孩子的东西拿走。用棉绒睡衣或婴儿睡袋（通常是带有袖子的睡袋）来代替婴儿毯。

- 不要和孩子睡一张床。不是床的问题，而是成人用的枕头和睡毯可能增加孩子窒息的风险。我们会在第152~156页谈论如何安全地带着孩子同床睡。
- 母乳喂养。
- 当孩子完全适应母乳喂养后，每次孩子入睡前，可塞给孩子一个橡皮奶嘴。奶嘴掉落时，别急着放回去。如果孩子不喜欢橡皮奶嘴，也不必强求。
- 不要惊慌。即使SIDS对于家长们来说既可怕又恐怖，也别忘记2000个孩子中有1999个不会因此失去生命。

如何应对失去孩子的痛苦

失去孩子对每个父母来说都是噩梦，是没有经历过如此痛苦的人难以想象的。它使人感到哀痛、愤怒、绝望，父母们甚至会因为自己不经常陪伴孩子，没有保护好孩子而感到内疚。

由于养育子女的方式不同，男人和女人应对失去孩子的痛苦的方式也有不同。女人会有两点基本需求：一是如果可以，就转移全部注意力到另一个孩子身上，二是他人的支持。男人则是一贯的作风：通过忙碌的工作来回避失去孩子的痛苦，他们似乎想用工作上的成就来弥补没有保护好孩子的过失（只是在他们看来）。不幸的是，无论从长期还是短期来看，这都不是一种有效的应对痛苦的方式。《治愈痛苦》（*Healing Grief*）的作者艾米·希利亚德·延森说过："痛苦会改变你，但是你可以控制变化的好坏。"

应对失去孩子的痛苦最先应从医院的医务工作者们那里开始。治疗精神创伤和丧子之痛的专家乔安妮·卡乔拉托雷说，"若是医务工作者摆出一副若无其事、漠不关心的态度，而且不关心和尊重他们的孩子时，父亲（或母亲）往往会感到非常伤心、难过和愤怒"，因为父母希望自己的孩子受到尊重。如果医务工作者把他们当作父母看待，帮他们留下孩子的记忆，比如孩子的手足印、头发，拍下他们搂抱孩子的照片，他们则会心存感激。你可以登录“此刻让我入睡”网（网址是 www.nowilaymedowntosleep.org/）找摄影志愿者，他们能拍出精美的照片。

此外，孩子不幸死于 SIDS 或其他意外疾病时，也可能摧毁父母的婚姻。研究人员金·施尔德·豪斯总结了几对夫妻分享的方法，他们都已度过哀痛期并重归于好。

- 他们能接受各种表达情绪的方式，尊重彼此的私人空间。男人和女人应该接受双方表达的哀痛的方式（参照第 112~113 页的“痛苦：不只女人才会有”）。
- 他们信任并依靠家人的支持，在需要时主动寻求帮助，并欣然接受他们的安慰。
- 他们把注意力集中在其他孩子身上。
- 他们把注意力集中在事业上。
- 他们认为失去孩子和失去伴侣同样令人痛苦。
- 他们与他人建立新的友谊，包括和他们一样失去了孩子的人。
- 他们寻求治疗师的帮助。
- 他们保留对孩子鲜活的记忆。
- 他们与他人沟通。

测测你与自己父亲的关系

在你作为一名父亲不断发展与成长的过程中，你会发现——自己很多时候都在想着自己的父亲：他是你学习的榜样吗？或完全不是？他支持和教导你吗？还是对你冷淡和谩骂？无论如何，你与父亲的关系是奠定你与孩子关系的基础。

从你的角度来看，这既是一个好消息又是一个坏消息。如果你满意你与父亲之间的关系，你就会想要成为他那样的父亲，而不必有很多担忧。研究人员琼·斯奈利表示：“在童年的家庭氛围里，若父亲与母亲相处融洽，则预示着这个家庭里成长的孩子也会更关注自己孩子青春期的社交与情绪发展状况。”

如果你与父亲的感情并不尽如人意，你可能害怕自己会重蹈覆辙。例如，如果你的父亲喜欢打骂，你会担心你也会这样对你的孩子。所以，为了保护孩子，你有可能在情感或身体上疏远孩子。

当你发现你出于害怕正在与孩子做某事或者不敢做某事时，你可以放松一点。施奈利医生发现许多新手爸爸会汲取父亲的优点而摒弃其缺点。事实上，新手爸爸可以从这种不完美的父子关系中寻找优点。以下是现实中常见的现象：

- 如果自己的父亲冷淡、不履行教育职责的话，自己当了父亲则会高度关注自己孩子在青春期社交－情感上的成长、智力－学术上的培养。
- 如果自己的父亲对孩子疏于管理的话，自己当了父亲则会高度关注孩子童年时身体的成长和运动能力的发展。
- 童年时常被体罚或被威胁受到体罚的父亲则会高度关注孩子童年时身体的成长和运动能力的发展。

承担更多的责任

每当我问及其他男性有关他们当上爸爸后生活的改变时，他们的开场总是“我变得更有责任心了”这句话。当然，这句话的定义也因人而异。以下是我最常听到的定义：

- 变得更顾家。包括做更多的家务、与伴侣一起照顾孩子、更多帮忙准备饭菜、洗衣服更勤快等。
- 变得更现实。一个失业了四年的新手爸爸说，更有责任心就意味着把工作看得更现实了。他说：“我不得不把眼光放低，我只能放弃我理想的职位。”
- 学会设身处地地看待问题。罗布·保克维兹潜心研究了父亲

痛苦：不只女人才会有

不论好坏，不论在社会上还是文化上，人们都理所当然地认为男性和女性有其各自不同的表现。男性生来就应该不屈不挠、强壮、有能力、有知识，能控制自己的情绪，懦弱——特别是流泪——是万万不可的。可以生气，可以沮丧，但不可以伤心和痛苦。这种社会化的表现在大多数情况下都有用，但是在情感面前，比如失去孩子时，我们就不知如何应对了。不愿承认并解决正在经历的痛苦而是选择逃避，不愿寻求帮助而是选择远离身边的人，最终使我们的身体、情绪，还有心理都受到了伤害，并且还会伤及爱我们的人。

处于痛苦中的爸爸面临着最大的问题是他们的情绪容易被忽视。人们只关心妈妈的想法，很少人会关心爸爸的想法。人们认为男人应该支持他的伴侣，为了伴侣而舍弃自己的追求。人们认为爸爸还要做许多要做的事（计划一场葬礼或纪念仪式、通知家人和朋友），这使得男人会认为如果发泄自己的情绪会让他无法在伴侣面前表现得更坚强。

研究人员乔安和克莱尔还发现：由于少数人的支持或者得不到支持，再加上没有人真正了解自己，男性会更加隐藏和压抑自己的情绪，所受的痛苦也比之前更为强烈。以下是一些应对痛苦的措施：

◎ 向你的家人倾诉——尤其是你的伴侣。19世纪的作家威廉·豪夫说过："痛苦犹如一块能压垮你的石头，然而两人的力量能将它轻易抬起。"尽量让人们意识到你的不易，并让他们知道怎样才能帮到你。

的身份对新手爸爸的改变，他发现许多男性认为自己在成为父亲之前是自私并且以自我为中心的。这并不是件坏事，它证明了大多数人在成为父母之前并不是与生俱来就有给别人依靠和设身处地的意识。保克维兹还表示，婚姻也不会让你产生这种意识。

● 逐渐把自己磨炼成一个值得学习的榜样。几乎你做的一切事情都可能影响你的孩子。几个月后他可能模仿你的言谈举止。当他

- 有独处的时间，因为你需要时间整理脑袋里所有的问题。你可以写日记或者注册一个博客，比如提姆·纳尔逊开通了一个名为“丧子之父”的博客（搜索 fathersgrievinginfantloss.blogspot.com/），凯利·法利也开通了一个博客，名为“悲伤的老爹：给布林克和巴克”（搜索 grievingdads.com/）。
- 减少社交活动。许多男人会以培养新的爱好或其他活动的方式来分散痛苦，但是它们只是帮你逃离了痛苦。
- 大哭，虽然这是大多数人最难为情的一件事。但是不要试图压抑自己的泪水。哭可以舒缓紧张的情绪并且使心情舒畅。
- 发发脾气，这是经历痛苦时必经的过程。你压抑或逃避它，它不会就此消失。生气并没有错，关键在于你发泄愤怒的方式。因此，你应该找寻一个能发泄愤怒但不伤害他人的方法。锻炼也许是最好的发泄方式。
- 寻求帮助。对于许多男人来说，向他人求助比大哭还难。但研究表明，倾诉的对象才是他们最需要的，比如可寻找某个与他们一样正经历相同遭遇（或最近经历过）的病人或某个人。向当地医院寻求帮助也是不错的选择。还可以联系婴儿猝死征联盟，它们提供全天 24 小时的咨询服务，你可以拨打（800）221-SIDS（7437）或者可以登录婴儿猝死征联盟网（网址是 www.firstcandle.org）和登录 Grief-net.org/ 获取相关信息。

开始学习说话时，也会重复你认为他听不懂的脏话，这真是糟糕透了。如果孩子假装抽烟喝酒模仿你的坏习惯，你会做何感想呢？一位奶爸曾表示：“一次酒醉后驾车就会使家庭陷入灾难。”他上完高尔夫球课后也不再酒驾回家了。当然，你可能从没逃过税，但有些人逃过税，他们当爸爸后再也不逃税了。罗布·保克维兹发现，许多父亲放弃了那些具有破坏性的危险行为，停止了犯罪活动，也不再

养父与使用辅助生殖技术的爸爸的问题

无血缘关系的父亲和孩子——无论是领养还是通过借腹生子得到的孩子——发展关系的方式与那些有血缘关系的父子是一样的。许多没有生育能力的父母，都会因为无法生育自己的孩子而产生心理上的不足感，尽管这些感觉和生一个自己的孩子的幻想会在领养的孩子上学前班之前慢慢消失。之后，正如专家戈登·芬利说："这些父母将会把自己当成孩子们的亲生父母。"

看起来相当简单，但实际上并不是。对许多父母而言，领养孩子或者是借腹生子是没有办法的办法，这个决定是在他们经历多年受孕失败打击、人财两空的情况下做出的。不孕会让你质疑自己并降低你的男子气概（如果我不能让我的伴侣怀孕，我还怎么证明我是个男人？），使你不得不直面现实，也对你和你的伴侣甚至是和孩子的关系造成不良影响。如果你无法接受不孕的事实，我强烈建议你向他人诉说你的感受，你的伴侣也有权知道这些——她可能和你一样苦恼。此外，你可以尝试到有关机构查找一些对于养父母们来说有帮助的信息。

滥用毒品了。我也更遵守限速的规章制度（或者说开始试着去遵守）了，也不闯红灯了。对你来说，可能意味着你要放弃蹦极或者其他危险活动，以免受到伤害。

- 过健康的生活。许多人会改变他们对健康的态度。除非女性的逼迫，否则大多数男人不会去看医生（为自己看病），但有了孩子后爸爸会比他人更积极地去看医生。他们突然觉得陪伴孩子变得更重要了。我们开始更有规律地锻炼、吃得更好，甚至很少吃路边小吃店的垃圾食品了。

- 思考宗教信仰和追求精神生活。在罗布·保克维兹的研究中，有 80% 的男性和我访问过的大部分人都表示他们的价值观和生活重心会有所转移。因为从错误中吸取教训向来都是父亲的老生常谈，所以当那些难题突然出现的时候，他们会花大量的时间去思考怎么处理这类问题。这一点并不令人惊讶。从某些方面来说，这就意味着他们会经常光临教堂和参加犹太教集会，或者考虑把孩子送到宗教学校。在罗布·保克维兹的研究中，有 50% 的研究对象没有任何改变。对一部人而言，宗教信仰已经是他们生活的重心，或者他们在童年或青年时期有过糟糕的经历，现在已经改邪归正。而对另一部分人，尤其包括那些年轻的奶爸而言，他们不太可能朝任何方向改变。他们在宗教信仰和灵性上的观点还未完全形成，也不像更成熟的父亲那么确定他们正在追求或背叛的是什么。

你和你的伴侣

嗨，嗨，她要再回职场

随着职场中越来越多女性的出现，当了妈妈后重回职场面临着巨大的压力。这就是为什么有三分之一的女性在产后仅六周就重回职场，还有三分之二的女性在产后第十二周也返回职场。

尽管她们中的一些人很高兴重回职场，但大部分人并不这么想。事实上，许多妈妈只会觉得工作很辛苦，担心自己尽不好做母亲的责任，她们梦想能中大奖，这样她们就不用工作了。对你的妻子来说，这段时间很受煎熬，她需要你帮她渡过难关。以下是你能为她做的：

- 灵活对待。在平衡工作与家庭上，你的伴侣可能做不到很理性。让我用例子来说明，我的三女儿出生前，我和妻子计划让她先在家做 5 个月的全职太太，然后做 4 个月的兼职，最后回到全职工作中，但孩子生下来后一切计划都变了，她突然不再想回去工作。但是为了付房贷（加利福尼亚的房价惊人的高），她还是决定重回职场前先兼职一年，然而在她重返职场第一周，一切又都改变了，她希望兼职工作可以持续到孩子上学前班。

显然，你和你伴侣不得不一直在这个问题上争论不休。你必须要找到一个恰当的（在经济上、责任上）方式来满足每个人的需求，每个人都要考虑到。这就要求你以细心而且尊敬的态度倾听对方，并理解彼此面临的压力。

• 让你的孩子得到好的照顾。害怕孩子得不到很好的照顾，这是令许多想重回职场的妈妈们感到最不知所措的地方。

• 减轻伴侣的负担。在大多数家庭中，无论多么开明与渴望平等，作为母亲，她们都必须要承担家里的大部分事情，因为女性的身份与母性紧密相关。你的伴侣可能去做一些力所不能及的事情来突出自己，认为这样可以引起人们的关注。不要让她做一些被迫要做的事情，你应该提前做好这些事情，比如摆桌子、回家前把饭准备好这类小事。你要关心她的情绪。如果你到家比她晚，要做些让她开心的事情，比如给她发个短信，或和她相处几小时，或者和她一起看从前错过的节目，这些都是有用的。一定要经常记得她是一个多么好的母亲，即使她有时不得不出去工作。

• 让她有更多的时间与孩子相处。如果你们两人都在工作，你们都会很想念孩子，并且在回到家的那一刻就想去亲近孩子——做个绅士，让妻子优先。尤其是孩子还在喂奶的时候，她回家前可能奶胀，正需要孩子吮吸奶水。

母乳喂养与职场母亲

如前所述，理想的状态下，你的伴侣会给孩子喂养母乳 6 个月，后面的 6 个月则逐渐从母乳喂养过渡到吃“真正的”食物。不幸的是，我们生活的世界并不完美。根据 2014 年美国疾病控制中心的母乳喂养报告显示，有 41% 的妈妈坚持完全母乳喂养到 3 个月，只有 19% 的妈妈们会坚持完全母乳喂养到 6 个月。但是鉴于有母乳喂养总比没有强，好消息是，美国有79%的新生儿享受母乳喂养。6个月的时候有49%的婴儿接受部分母乳喂养，12个月的时候则有27%。

总之，爱丽卡·奥多姆和她的同事研究发现，60%的新手妈妈断奶的时间提前了：其中一个最主要的原因是妈妈们回去工作后（大多是产后12周），母乳喂养就成了一个难题。布瑞恩·罗和他一个在俄亥俄州的同事发现，产后不到12周就回去全职工作的妈妈中有一半人给孩子断了奶，但是超过12周才回去工作的妈妈中仅有35%的人给孩子断奶。

如果你真不想给孩子断奶，可以自己或者让保姆把孩子抱到伴侣的办公室里喂奶，不过这种情况很少见而且不现实。虽然我们说母乳喂养好以及要保证母乳喂养的时间，但乳房只是一个运输母乳的装置，母乳才是关键。

有一个比你把孩子带给伴侣喂奶更灵活的方法，就是帮伴侣把奶挤出来。这样一来伴侣在工作时，其他人也可以给孩子喂奶。挤奶有两种基本方法：用手挤奶或者用真空挤奶器。用手挤奶就像用手给奶牛挤奶一样，此时我真庆幸自己是个男人。真空式挤奶器一般是手动或者是电动的，它可以用于挤一侧或两侧乳房。你也大约能猜测出这种真空式挤奶器比较昂贵，但是它操作起来更快更方便。而且，如果打算用真空式挤奶器的时间是几周以上，自己买会比租一个更划算。

用电动的真空式挤奶器可能会引起不适或者对它形成依赖。（如果你想知道原因，可以尝试一下。我因为对此感到好奇，一天早上当我一个人在家时，我掀起衬衫，把真空式挤奶器打开，然后对准我的胸口，一股强烈的吸引力几乎要将两个乳头吸走。当我一抬头，发现妻子竟在一旁时，那个尴尬可想而知。以后的几周，妻子每次看到我都窃笑不已。）

如果你的伴侣不确定是不是一定要用真空挤奶器，我建议你先租 1 个月再买。儿科医生可以给你推荐一些租用真空挤奶器的好地方（婴儿用品店和许多零售店也会出租真空挤奶器）。但值得注意的是：如果你的朋友或亲戚借真空式挤奶器给你，要学会礼貌地拒绝。和租来的真空挤奶器不同的是，朋友或亲戚的可能清洁不当，容易造成感染。

牢记几条与挤奶器或工作有关的注意事项：

- 提前给孩子用奶瓶喂奶。临时抱佛脚可能会有麻烦。有的孩子可能很快就能适应硅胶奶嘴，但有的孩子可能并不喜欢硅胶奶嘴，我的二女儿就是后者。如果你的孩子不愿用奶瓶喝母乳，要在孩子有点饿但不是很饿的时候用奶瓶喂他。饿急了的孩子不会顾及你的感受只想吮吸真实的乳头。
- 练习。如果可能的话，你应该学会用奶瓶给孩子喂奶。孩子能嗅出母亲的味道，如果她用奶瓶给孩子喂奶，孩子可能不愿意。孩子宁愿手上攥着母亲的衣衫也不愿手里抓着奶瓶。
- 帮她安排工作时的事情。在 2010 年，有一条联邦法律叫“哺乳期母亲的休息时间”，其中就要求老板要给哺乳期母亲布置一个私密的挤奶空间，并且给哺乳期母亲一些恰当时间去挤奶。即使她不受联邦法的保护，她也可能受州法律的保护。要判断是否受这些法律的保护，最简单的方法就是登录美国母乳喂养委员会网站（网址 www.usbreastfeeding.org/）。
- 对于挤出的母乳，你要学会如何保存和保鲜。以下是一些基本要求：

    ※ 母乳可在室温下保存四五个小时。
    ※ 放在冰箱中可以保存但不能超过一周。
    ※ 如果你的伴侣要冷藏母乳，在挤出后 48 小时内保存好。确

保她使用的是专用的母乳保鲜袋，不能使用普通的食品保鲜袋。确保你有一只永久性的记号笔，以便挤奶日期可以标记在母乳保鲜袋上。

- 母乳可以在冰箱的冷冻室保存最多两周。如果冷冻室独立开门，可以保存3~6个月，而放在深度冷冻室，则可以保存6~12个月。把装好母乳的保鲜袋放到冷冻室的里层，那里温度最低。如果冷冻室被打开的次数过多的话，会使母乳的温度升高，母乳储存的时间就会有所不同。独立开门的冷冻室温度较低也很少开门，而深度冷冻室不会经常开门。
- 要解冻母乳，可以将母乳放在冷藏室一整夜让它慢慢解冻，如果想快点解冻，也可以把母乳放到装着温水的容器里。不要用微波炉加热母乳，这样会破坏营养成分。因为微波炉受热不均匀，部分母乳可能温度适宜，但是部分母乳会烫到孩子。
- 解冻母乳后，母乳可以在冷藏室放置24个小时。但是不要再次冷冻母乳。
- 给孩子喂奶前先摇晃使其混合均匀。

你可能没有想到的工作和家庭矛盾的解决方案

在第191~200页我们会讨论关于找幼托的问题，你和你的伴侣很快将不得不仔细筛选。倘若你俩都想让某个有爱心的亲戚带孩子呢？大多数家庭都理所当然地认为母亲应该留在家里带孩子。有时，这种方法行不通。你伴侣的工作可能是一个更稳定的职业，能赚取更多的钱，她可能并不想待在家里带孩子。如果你和你的伴侣都想让你们其中一人带孩子的话，这个人很可能就是你。

在你放下这本书，跑出房间大喊大叫之前，再花一分钟想想这个问题。实际上，在家带孩子也不是件很疯狂的事情，布拉德·哈林顿与他在波士顿学院工作与家庭中心的同事研究发现，超过一半的爸爸会认真考虑在家做一个全职老爸。我们先来看看有哪些好处：

- 你不用费心去挑选保姆、奶妈或日托中心。
- 你将有机会了解你的孩子。
- 你可以给予孩子你和伴侣都认为可能是最佳的抚养方式。
- 你能在工作上帮助你的伴侣，同时让她的心情更好。

决定做一个全职老爸将会影响到家庭里的每个人。如果你在犹豫，可以尝试问问自己以下这些重要的问题：

- 经济上能负担得起吗？从双方一起赚钱到只有一方赚钱可能会改变你们的生活方式。但是这个问题也可以解决。如果你坚持要在家带孩子，有许多方法能帮你减轻经济困难，比如成批购物、少在外面吃饭、提高保险免赔额、在离家不远处度假、自制礼物而不是花钱买、不雇用管家、换个小点的住所或是住到房租更低的地方。
- 工作上还会有成就吗？这是一个重大的问题。因为赚钱能力与男子气概已深入人心（是否能成为一个出色的养家糊口的人，是否能成为一个称职的父亲这样的话题一直围绕着我们）。如果你能在家带孩子，你还可以做教育、做咨询、写作或者经营居家企业。但是要考虑到现实，如果你将来想重回职场，你的老板可能会质疑你简历上的工作空白期，许多老板可能比你的思想要更传统。
- 我自己能应付得来吗？在家带孩子比你想象的更难，而且也会感到孤单。大约三分之二的全职爸爸觉得孤单，但只有三分之一的全职妈妈会有这种感觉。你会发现女性——妈妈、奶妈还有保姆——平时去公园、游乐场、超市或者陪孩子去玩的时候都不愿意有男性在旁边。他人会对于你带孩子这件事评头论足，因为他们认为带孩子是女人的事，这时你必须得习惯这些。我采访过几位全职爸爸，他们认为，对别人说自己失业了相比于回答别人抬起眼皮的提问“孩子他妈呢？”要更容易一下。

• 我的伴侣能应付过来吗？根据马里兰大学的研究人员玛丽安·邓恩的调查显示，如果丈夫留在家里，妻子的事业也许会蒸蒸日上，她也不会因为难以平衡工作与家庭而感到懊恼和内疚。但同时，她也可能被人说成是一个不称职的母亲。她在工作中可能会想念孩子，会因没有时间陪孩子而自责，也会有点嫉妒你和孩子之间的关系。如果别人说（对她说）你太懒了或者没有担当的时候，她还要帮你辩护。多数情况下，她不会对你打扫干净的房间感到满意（男人和女人看待这个问题的标准有差异）

• 我们能和睦相处吗？“性别角色互换”对于女性而言比男性更容易。选择裤子还是裙子的自由与你带孩子而她返回职场可不一样。除非你与你的伴侣能彼此开诚布公地谈论自己的想法，否则你们的关系会受到严重伤害。

• 我可以求助谁？实际上你不孤独，每天至少有两百万的全职爸爸在家带孩子，数量还在上升。有强大支持团队（包括妻子们、家人朋友们）的全职爸爸比那些得不到支持的全职爸爸更乐观。如果你想联系其他的全职爸爸，全职爸爸网（athomedad.org）上有许多全国各地的爸爸群和各种其他的信息。谁知道呢？可能离你不远处就有一个人是全职爸爸。

你和你的宝宝

游戏开始

陪孩子玩是你能为孩子做的最重要的事情之一。研究发现，早期的亲子活动能更快地促进你们之间的感情。另外，比起那些没有太多身体活动的孩子，经常玩的——特别是与爸爸一起玩——孩子成长过程中注意力更集中，更愿意和人互动，长大后他们的自尊心更强。不过在你带领孩子玩游戏之前，你要记住，在这个阶段，孩子只是在探索自己，光是观看和体验自己的身体就足够他打发白天大块的时间。

你是孩子最初的也是最重要的玩具，你第一次与他玩的“游戏”不是别的，正是他对你一笑。如果你以爱意回应，他还会再对你笑回来。来回几次后（有时可能要花上几天），他就会意识到如何才能得到你的回应。这个简单的意识奠定了他日后与他人交流的基础。

基本要点

既然孩子能控制自己的手了，现在就是给孩子拨浪鼓、钥匙及其他类似的玩具的时候了。这个月的月初，孩子可能会同时用双手去抓眼前有趣的物体，但到了这个月底，他可能只用一只手就能抓东西。不论孩子用几只手，都要给孩子柔软的物体，以便孩子在不受伤的前提下可以用自己的头去撞——他会经常这么做。如果他不确定要抓什么玩具，你也可以拿起旁边的玩具跟他玩，鼓励他去抓。如果他不抓也千万别当回事。

每天至少留出几分钟陪孩子玩。不用担心会无聊或者需要什么好玩的装备——散散步或者记录每天的见闻也很有趣。你可以唱唱歌或举起孩子：你平躺着，举着孩子玩。向上举着他时说“上”，放下时说“下”。如果孩子刚喝完奶就要注意了，他可能流口水或出现

你可以唱唱歌或举起孩子……如果孩子刚喝完奶就要注意了，他可能流口水或出现更糟的情况。

更糟的情况。

做一个有趣的实验：把一根丝带的一端轻轻系在孩子的脚踝上，另一端系在手机上。丝带在手机上系紧一点，这样当孩子移动时，手机也会动。几分钟过后，大多数（不是所有）孩子这时候会形成一个因果关系的意识，然后他会经常移动那只系了丝带的脚。随后你可以把丝带系到孩子另一只脚上，再系到胳膊上，观察孩子如何反应。注意：当孩子的脚系到手机上时，一刻都不能离开房间。

音　乐

虽然现在让孩子上大提琴课还为之过早，但是让音乐成为孩子生活的一部分却一点也不早。孩子天生对音乐很敏感。研究表明，在娘胎里就听音乐的孩子（胎儿在24周后就能听到声音）在听到熟悉的歌声时会停止啼哭，注意力集中。如果你够细心的话，可以发现孩子对节奏已经有了感觉。让他躺在地板上，然后播放音乐（切记声音不要太大），你可以发现他舞动手脚时虽然跟不上节奏，但却是跟着音乐起舞的。他还可能发出一些声音，听起来像是在跟着音乐一起唱。下面给出一些孩子听音乐的注意事项：

- 从出生那天起，孩子就被语言包围（事实上，大量实验表明，孩子在出生前就能对语言的节奏和形式做出反应）。因为孩子学习音乐与学习语言的方式相同——通过听和大脑吸收的方式——所以，你可以让他尽情享受你能找到的音乐，但是也不能太频繁，因为孩子和你一样，需要时不时安静地休息。
- 播放不同类型的音乐，大调或小调、快速或慢速都可以。在这个阶段，乐器类型不重要。孩子更喜欢听节奏简单的，所以不要放爵士乐。也不要放太吵的音乐或容易吓到孩子的音乐。还要关注孩子的反应。你改变了音乐的风格，他是否也跟着有变化呢？
- 挑选你也喜欢的音乐（毕竟是你和他一起听）。虽然有许多儿

童歌曲，但是你会觉得无聊，因此你可以找些你喜欢的摇篮曲（现在还能找到），也可以看一下你喜欢的乐队是否录制过儿童歌曲。这个年龄段的孩子可能会模仿听到的调子，但是很少见。

- 价格不必太贵。登录“儿童乐曲网”（www.kindermusik.com）和“一起音乐网”（www.musictogether.com），你可以找到所有年龄段孩子听的音乐。你可上网查找你附近是否有特许店，在这里可以找到适合孩子听的 CD。这就是说，用你自己收集的音乐在家就可以完成给孩子听音乐这件事，只需遵照前面的指导就行。尽管音乐能激发孩子的大脑发育，但你也别想这就能培养下一个贝多芬，只要你和孩子听得开心就行。

为孩子朗读：自出生后的 8 个月

认为现在读书给孩子听还太早了些吗？《朗读手册》（*The Read Aloud Book*）的作者吉姆·崔利斯说：“大人给孩子读书，上学时他们就会有更多的词汇量，更长时间的注意力集中，更强的理解力，这就意味着，他们学习阅读的时候很容易上手。”

还是不够有说服力吗？那么这个呢？有 60% 的监狱囚犯是文盲，85% 的少年犯有阅读障碍，44% 的成年美国人一年都不读一本书。显然，阅读习惯需要培养，什么时候开始都不晚。

什么时候读什么

在孩子前几个月的生活中，为他朗读的影响可能并不大。有时他会盯着书本，有时又不会；有时他的手臂偶尔会碰到书本，但他不是故意的。这时关键不在于阅读的内容，而在于你的坚持。这是一个绝佳的机会让你与孩子一起去寻找语言的韵律与感觉。

孩子第 3 个月时，你在为他朗读的时候，孩子会握着你的手指。虽然只是个小动作，但这意味着他开始意识到书本是个独立的物品，同时也代表他喜欢你做的事。为孩子找些文字简单、图画整齐的诗歌和童谣图书。

孩子第 4 个月时，他会静静地站着听你朗读，甚至还会翻页，但不要兴奋得太早，他马上又会走开，因为他不认识书上的东西。童谣书、手指游戏（“小猪去超市”等）和画有其他婴儿的书都是这个年龄段孩子的最爱。

孩子第 5 个月时开始对书本有反应。这时你可以运用两种方式来利用这个新的小进步：一种方式是看着孩子的眼睛，指着他关注的地方跟孩子说一说。另一种方式是指着书本的某个地方，再鼓励孩子去注意那个地方。这时正好可以运用 7Rs 办法：押韵（rhythm）、押韵、重复（repetition）、重复、重复、重复、重复。

孩子第 6 个月时会因为你读的东西而蹦蹦跳跳，或者在你读到熟悉的故事段落前就笑起来。在你坚持为孩子朗读了几个月后，你会发现他对书本有明显的偏好，并且可以告诉你他喜欢听你读哪本书。一点提示：这个时候的孩子有把东西塞进嘴里的习惯，书也不例外。但一开始他就是想抓、撕、拍、抢、撞，要和你来一场激烈的书本争夺战。为避免这样的事情发生，为他朗读时你可拿其他东西放在他嘴里，并用带有声音的书来分散他的注意力（比如模仿牛“哞”、飞机“嗡嗡”）。为避免孩子淘气，把家里的传家宝拿开，在书架上放些纸板书或布面书。

到了第 7 个月，孩子抓书和撕书会略带点目的性，而且偶尔会有意识地去翻页，但也可能要再过一两个月后他才会真的这样做。孩子不会注重故事的情节，但他们喜欢有鲜艳图案和熟悉物体的图书，还有那些能让你模仿不同又有趣的声音的图书。

准备，开始……

当你准备朗读时，牢记以下事项：

- 选择一个固定的地点朗读。

- 留出一个专门为孩子朗读的时间，这个时间内你可以全身心投入到书本和孩子身上。孩子打盹儿前后都不错。

- 每天至少为孩子朗读 15 分钟，但是可能会分成几个部分来进行，因为孩子的注意力只能维持 3 分钟，很少的孩子会坚持很久（我的大女儿和三女儿能在我的大腿上坐一个小时，但是二女儿 3 秒钟都做不到）。

- 多用口语和面部表情。

- 不需要读完一整本书。你是为他阅读，而不是为自己。如果他弯着背、不安、向前倾，或者做出任何让你觉得他不开心的动作，立即停止朗读，再读下去也是浪费时间。如果不停止的话，会让他对读书感到厌倦。

- 多互动。有时要停下来指出插画中有趣的东西并提出一些问题（比如“小猪藏在哪里了？”“凶恶的大灰狼说了什么？”）。

- 不要阅读不适合孩子发展的书，你的声音比书的内容更能吸引孩子。除非你可以完整地把《战争与和平》演绎出来，否则还是只读儿童书籍吧。

……朗读

每年有五千本儿童书籍出版，好书也源源不断地涌现。我强烈推荐你到当地的儿童图书馆看看，那里的书籍经常更新，或者登录“儿童文学网”（www.childrenslit.com）和“儿童书评网”搜索（www.thechildrensbookreview.com/）建议和评论。

出门在外

关于宝宝一个最大的误区就是每次带孩子出门前都得把孩子包裹得严严实实。而真相是：孩子穿得太多容易中暑，继而引发异常的高烧和抽搐，特别是当你用婴儿背带把孩子背到后背或挂在胸前时，会让孩子的温度更高。

防晒霜

6个月大之前，不要给孩子涂防晒霜（所以尽量不要让孩子暴露在强烈的阳光下）。防晒霜中有很多化学物质而且容易引起过敏反应。如果你实在不能待在阴凉的地方或没办法帮孩子遮住阳光的话，美国儿科协会说涂抹少量的防晒霜（防日光指数至少为15）在孩子的脸上或手背上也是可以的。

6个月后，孩子对防晒霜过敏的风险会降低很多，但还要避免孩子受到化学物质的伤害，“环境工作组网”有一个婴儿防晒霜的综合名单供你选择（www.ewg.org/skindeep/browse/baby_sunscreen/）。一般来说，最好选购含二氧化钛或氧化锌的防晒霜，这种防晒霜能在皮肤上形成一层保护膜。还要保证防日光指数至少达15，还要是“广谱”防晒，就是说两种紫外线（长波紫外线UVA和中波紫外线UVB）辐射都能防止。出门前半小时给孩子涂抹防晒霜，每隔几小时再涂。孩子的脚、手、手腕处还有脚踝处也要涂抹，虽然有衣服遮着，但袜子可能会下滑，袖口和裤腿也可能上卷，这就会导致孩子的皮肤暴露在阳光下。

当然，孩子穿得太少也不行。正确做法是，给孩子穿衣服就是在你穿了多少件衣服的基础上，再加一件。如果天气变冷了，多穿几件衣服而不是穿一两件较厚的衣服，这样有利于孩子太热时帮他脱下一两件。最重要的是，因为你是大人，所以要留心观察。如果孩子穿少了，他可能想让你知道，当他很冷时他会大叫，但是孩子太热时不会表现出来，也不会有烦躁的表现，而是无精打采地躺在那里。

夏 天

前6个月要避免让孩子被阳光直射，因为这个时期孩子的皮肤比较娇嫩，不论是什么种族和肤色的孩子，一点阳光就可能伤到他们。当你们外出时，给孩子穿上轻便、鲜艳的长袖衬衫和长裤（有点违反常理，虽然颜色轻淡柔和的衣服可以散热，但是会吸收更多的阳光和紫外线）。孩子长到几个月后，就不太愿意戴帽子了，选择可爱、帽檐又宽的帽子相对会好些；如果你想给他戴上太阳镜，就选可以防紫外线照射的类型；如果还想加一层保护，就在孩子的婴儿车上安装一把太阳伞或遮帽檐，而且在白天最热的时候最好是待在室内（大约是早上10点到下午4点）。

准备要去户外游玩时，记得给孩子带件毛衣、一双袜子和几条暖和点的裤子。虽然这样做有点怪异，但是如果从炎热的外面走进有空调的建筑（比如超市或者办公楼），你会觉得很冷——孩子也一样。

对了，如果你认为孩子在阴天和多云的天气下不会被晒伤的话，那就要三思了。研究表明，60%的紫外线辐射来源于这些天气，不管是多云、多雾或是其他天气。

在车里，你的宝宝会坐在安全座椅上。你要把安全座椅装在远离车窗的地方。可以考虑给你的车窗玻璃贴上能防紫外线辐射的有色薄膜。太阳紫外线穿透玻璃没有问题，但是玻璃着色或贴上薄膜可阻挡99%的紫外线。

皮肤问题

太 阳

尽管你小心谨慎，意愿良好，孩子依然会受到一些阳光的伤害：

- 晒伤。如果晒伤的面积小，可以用冷敷。如果孩子产生了水疱、发高烧，或者无精打采，马上打电话叫医生。
- 长痱子（热疹），直接的原因是衣服穿多了。热疹是小粒状红色皮疹，多发于爱出汗的部位：颈部、腋窝、肘部、膝部和尿布的部位。如果孩子有热疹，尽量让孩子凉爽下来。润肤乳和乳液可能起不了什么作用，放一条湿冷的毛巾或者洒点玉米淀粉在热疹处，会让孩子舒服些。

蚊虫问题

夏日里的危险元素不只有阳光。这里有些提示可以帮你解决蚊虫叮咬的问题：

- 尽量不要使用带有香味的洗衣粉、洗涤剂，甚至是屁屁湿巾。蚊虫们爱极了这些。
- 如非必要请不要使用驱虫剂。穿长袖上衣和长裤子也可以为孩子娇嫩的皮肤提供同等的保护。
- 不要给孩子穿带花卉图案的衣服：大多数虫子还没聪明到能分清真花和孩子衣服上的花。淡色衣服远没有深色衣服那么吸引虫子。
- 外出时，把防虫网搭在婴儿车外面，里面放一把扇子用来驱赶蚊虫。蚊虫都偏爱污浊的空气。

尿布疹

你可以解决晒伤和蚊虫叮咬的问题，但不管你付出多大的努力，孩子还是免不了会得尿布疹。在孩子戴纸尿裤期间，每当他小便后，

纸尿裤产生的火花

1999 年的一天夜晚，一位叫吉尔・费隆的英国家庭主妇受到了不小的惊吓，因为她看到有绿色的火花从正在睡觉的孩子的纸尿裤里喷出来，然后她打电话给生产厂家，厂家解释这是由摩擦导致的。这种情况不常见而且不会对孩子造成伤害，可能是由孩子的屁股与纸尿裤摩擦所致，同你在黑暗的房间咬 Wint-O-Green LifeSaver（一种水果卷糖）所产生的化学反应相似。不同于静电，它不会产生热量。从那以后，许多人都害怕喷出火花的纸尿裤，但迄今为止，纸尿裤并没有造成任何伤害。

皮肤就会接触到湿气，可能是尿液本身带有一些酸腐蚀性让人不适，也可能是纸尿裤湿了的原因，孩子可能立马不安起来。如果孩子大便（我大女儿小时候常称呼为“大脏屁”）了，他的反应会更强烈，并且会喊叫出声，这就是他暗示你要尽早为他更换纸尿裤。

尽管纸尿裤吸水性强（就像广告里所说的），也增加了吸水凝胶，然而，孩子大便中的酸性物质会破坏孩子的皮肤，从而让孩子产生尿布疹。再者，孩子不能表达出不舒服的感觉，因此纸尿裤不会经常更换。这就是为何使用尿布的孩子比戴纸尿裤的孩子要早一年学会上厕所的原因。

想要使孩子得尿布疹的概率减小，唯一能做的就是隔几小时就检查一下孩子的纸尿裤，即使只有一点点潮湿都要更换。还有：

- 发现尿布疹时，让孩子不穿纸尿裤先玩几分钟（为防孩子尿在床上，可以让他在毛巾上玩），空气流通对尿布疹的恢复会有帮助。
- 每次换纸尿裤时都涂抹护臀霜，但动作要格外轻柔：以防擦伤有尿布疹的部位。一个小建议：给孩子屁股涂抹护臀霜后，在系紧纸尿裤前，把手指上剩下的霜涂抹到纸尿裤的内部。

4

第4个月 与生俱来

宝宝的状况

身体上

- 在这个阶段，宝宝大脑与眼睛的协调能力已经与成人相当，所以她的眼睛可以追踪视野内的物体。

- 她的手变得更加灵活。两只手的手指可以相碰，也能够抓住一些小玩意儿了（大多是抓到以后随即就往嘴里塞）。大概是因为她还无法马上踏入这个新世界，就想以这种方式来了解吧。但在接下来的几个月里她抓东西的动作可能还不会太敏捷，因为大拇指与其他手指是反生的，想要随意控制大拇指对小家伙来说还是个难题。宝宝能抓住想要的东西并握住，但还不能及时放下手里的东西。

- 大概到月底，宝宝会渐渐意识到自己左右手的动作是不必同步的，然后学会把物体从一只手递到另一只手中，以此来向别人展现她的这一重大发现。尽管如此，她还不能完全支配自己的身体，所以在一只手拿起一个物体时，她的另一只手也会随之做出相应的动作。

- 俯卧时，宝宝可以把头抬起并与肩胛骨成 90° 角，前臂也可以支撑起自己的小身体了。如果俯卧位持续一段时间，她可能会自己翻身，尽管她不会频繁地做这个动作，但她的确能够自己翻身了。时不时从俯卧位翻到仰卧位时，她自己也会感到惊喜。

- 当你将宝宝扶立起来时，她会自己试着用两腿支撑身体（但确保这个动作不要超过 2 秒；她的髋部发育还没有成熟到可以承受她的体重）。处于坐姿时，她的背部会挺直，头部也很少会摇摇晃晃了。

智力上

- 宝宝意识到四肢是自己身体的一部分并可以任意支配。她每天都会花很长时间端详自己的双手。不论是脸蛋、眼睛，只要是她身体上任何一个手所能及的部分，她都会用双手去探索。
- 宝宝踏上了理解因果关系的漫漫长路。就好比她不小心踢到一个玩具，发出了吱吱的声音，她可能还会重复这个动作，期望得到一样的反馈。她看到乳房或者奶瓶就会开心，这也正好是她对因果关系理解的体现，因为她知道乳房或奶瓶能为她提供食物。
- 宝宝开始区分相类似的物体。她能明确区分真人与照片（尽管她还难以区分人与猴子），她也能明确意识到自己与周围其他物体有所区别，比如说，她可能会在众多玩具中选择自己最中意的一个玩具。
- 宝宝开始意识到周围的物体（或人）都有相对应的名称。在别人叫她的名字时，她开始有所反应。

语言上

- 宝宝到了牙牙学语的阶段。她会动动自己的小舌头，还会改变自己的嘴型，尽其所能来表达自己。要是她想到了什么，她就会用自己独特的语言主动跟你来交流。若是她向你发起聊天模式而你又没有在意，她的情绪就会变得很低落。
- 你说完不久，她就会发出几个简单的音或者冲你笑，使出浑身解数来回复你。
- 宝宝听到声音时，尤其是听到人发出声音时，她会随即望向声音传来的方向。

情感上 / 社交上

- 总的来说，你的宝宝是很快乐的。她笑口常开，一个简单的躲猫猫游戏也能让她乐此不疲，一开心就手舞足蹈，以此央求“再来一次”或者“抱我”。
- 宝宝很喜欢社交，为了能与他人互动，她甚至可以克制住自己对其他事物的兴趣。举个例子：如果你在宝宝进食时与她交流，她可能很乐意先停下进食来跟你“说会儿话”，然后再继续享受美食。
- 宝宝会大声笑或者盯着一个自己喜欢的东西看很久，其实她是想延长自己玩耍的时间。有的时候你若是不让她做自己想做的事，她可能会通过哭闹来表达不满。
- 尽管宝宝倾向于快乐主义，她在选择玩伴（包括玩具）时也很清楚自己的喜好，但并不是所有玩伴都能取悦她。
- 宝宝在这个阶段成长的速度会非常快，你可能会发现她晚上睡着睡着就会醒来，玩一会儿再睡。

你的经历

重新审视你的工作

还记得之前提到的要把重心从自我转变到家庭吗？一旦开始转变，新手爸爸们接下来就应该在此基础上为工作做长远打算了。

长期以来，人们都认为父亲的职责就是努力工作。而现如今，据波士顿学院工作与家庭中心的最新研究结果显示，70% 的在职爸爸反映，他们不仅要赚钱养家还要当好奶爸。这也早已不是什么新鲜事，据家庭与工作研究所的说法，若宝宝的父母都是在职人员，其中 60% 的爸爸会经历家庭与工作的冲突，而在 1977 年这个比率还只有 35%（女方类似情况的比率都稳定在 45% 左右）。

换一个角度来看，在 21 世纪，工作家庭两兼顾也能让爸爸们从中学到不少。举个例子：就波士顿学院的研究结果来看，有 86% 的在职爸爸都很坚定地认为“孩子高于一切”。另外一些研究也显示，若有这样一个机会：只要在工作上面投入更多的时间就能升职（或加薪），有至少一半的在职爸爸都会放弃这个契机。但与此同时，有76% 的在职爸爸也表示希望自己可以“升职并担起更大的职责”，还有 58% 的人强烈希望自己可以晋升到管理层。最讽刺的是 58% 的在职爸爸（与 49% 没有孩子的男性相比）都声称想减少自己的工作时间。据工作与家庭研究所表示，没有孩子的男性每周平均工作 44 小时，而有孩子的男性每周却平均工作了 47 小时。更有 42% 的在职爸爸每周平均工作超过 50 个小时，而没有孩子的男性只有三分之一的人也这么干。

那么到底是什么导致了爸爸们的言行不一呢？其实不难理解，工作的文化与社会的期望还未能与在职爸爸们转变的重心同步。猎头顾问协会的一项研究表明，尽管有 80% 的管理人员认为工作与生活之间的平衡是他们选择工作时会考虑的非常重要的方面，也有82% 的人觉得公司并未设法缓解这一难题。实际上，有 73% 的人经常下班都比较晚，晚上 6 点算早的，晚的可到 9 点。还有 63% 的人周末也被迫加班。

此外，还有“耻辱转变”这一说。在大多数西方国家中，养家糊口还是男性的职责所在，就跟女性应该在家相夫教子一样，一切都理所当然。也就是说，在外工作体现男子气概，在家照看孩子则散发女性光辉。所以，来自罗格斯大学的劳里·拉德曼与克里斯·曼斯舍的研究表明，一旦男性请陪产假，他们的形象在人们心目中就会一落千丈，以至于身边的人会觉得他们越来越像个女的（软弱且迟疑不定），没有男子气概（锐意进取而又踌躇满志）。

拉德曼、曼斯舍与另一个由南佛罗里达大学的约瑟夫·万德鲁带领的研究团队都发现，男性请陪产假会付出巨大代价。这会显得他们对工作不够上心，从而在评估时，同事与上司给的评价都会降低。而且他们可能因此而与晋升绝缘，相比那些不因家庭原因请假而显得更“男人”的男同事，他们领到的薪水也会更少。

毫无疑问，多年来，女性也一直都面临着“耻辱转变”的问题。一旦她们由工作狂转变为全职妈妈，即使在财务方面也会损失不小。美国的公司应该为此感到羞耻。来自俄勒冈大学的斯科特·科尔特兰和他的同事表示，因家庭原因请假的男性所得薪水会在他们坚守岗位时所得薪水的基础上减少26.4%，而女性也会因此损失23.3%。

尽管如此，大多数新手爸爸们都会尽量在“家庭工作跷跷板”上面找到平衡点。只有很少人有陪产假，尤其是有带薪陪产假（你不用担心请假会影响你的职业生涯）的人更少，即便如此，新手爸爸也会把节假日与病假拼凑到一起，累积2~3周再请假回家。有时

尽管不容易，大多数新手爸爸们还是会尽量在“家庭工作跷跷板”上面找到平衡点。

候还会有一些善意的谎言，比如说，他们要回家照看孩子的时候，就找借口跟工作上的伙伴说去酒吧了。管他呢，只要有用就行！

母乳喂养问题

宝宝出生前，几乎所有的准爸爸都认为母乳才是最有营养的，妈妈们应该尽力用母乳喂养孩子。宝宝出生后，仍有很多新手爸爸坚信母乳是最好的，但也有一些人对此持有异议。

很少有人在母乳喂养对爸爸的影响方面有过深入的研究，但帕梅拉·乔丹博士就是那少数中的一个。他表示，一些新生儿的爸爸觉得自十月怀胎到宝宝出生后的喂养，一直都是妈妈与孩子在培养感情，自己没有参与其中。因此，一些新手爸爸很有可能会面临下面的问题：

- 错失一个可以建立亲子关系的机会。
- 信心不足。
- 与伴侣的两人世界不再。
- 对于宝宝来说，一旦母乳出现，自己为宝宝做的一切都只是小巫见大巫。
- 宝宝断奶后，伴侣让我照看宝宝时，一种解脱感油然而生。
- 对乔丹提出的“荷尔蒙优势理论”深信不疑。也就是说爸爸们会觉得女性擅长照顾小孩是与生俱来的天赋，母乳喂养无疑也包括在内。

不管你有没有产生这些或者另外一些类似的消极情绪，其实你的伴侣在母乳喂养这个问题上的感觉也是挺矛盾的。以下就是你的伴侣可能有的一些感受：

- 疲劳。母乳喂养看起来像是小菜一碟，但实际上可不是个容易的差事。

- 尽管她们看上去笑容满面，喂孩子很幸福，但这真的不是一个令人享受的经历。如果不喂，她们就会产生愧疚感或者失落感。（只是想在这里提醒你，你不是唯一一个在与宝宝相处时遇到难题的人。）
- 她可能因为影响了她做其他自己喜欢的事而不喜欢哺乳。
- 她也有想躲开宝宝的时候。如果是这样的话，她也会有愧疚自责。（社会大众的一般看法……妈妈跟宝宝在一起的时候就应该是快乐的。）
- 要是你问她关于哺乳的问题，她可能不会回答你。（对此，我深有感触：感觉怎么样？每个乳房会有多少乳汁？乳汁是从一个孔出来还是有很多个孔呢？）

如果你的伴侣是在母乳喂养，无疑，妈妈喂奶的时候，你处在一个不怎么有利的地位，人们认为喂孩子才是最重要的事。但是，“最重要”与“唯一重要”还是有区别的。很不幸，“有些父母把他们所有的焦点都放在了母乳喂养上。”来自魁北克大学护理专业的弗朗辛·戴·蒙蒂尼写道，“爸爸们似乎没有意识到他们跟宝宝肌肤相亲，或有其他身体接触，诸如安抚、洗澡、婴儿按摩以及其他一些日常的婴儿护理，这些都与宝宝的成长与大脑发育息息相关。”戴·蒙蒂尼发现了一个有趣的现象，那些喝奶粉的宝宝的爸爸——他们和孩子妈妈有同样的机会喂孩子——实际上还没有母乳喂养的宝宝的爸爸参与更多。

所以说，与其花时间去关注你做不到的事，还不如在你能做或者正在做的事情上面多花点心思。除了帮宝宝洗澡按摩外，想想你跟宝宝常有的肌肤相亲：给她换尿布、讲故事、做游戏、睡前吻她、抱着她散步、让她趴在你身上安然入睡……所有这些难道还不够美好吗？

女性专看（男性看完请务必转告你的伴侣）

帕梅拉·乔丹博士认为，“哺乳的妈妈拥有养育宝宝的控制权，她必须认识到自己有权让爸爸参与进来或让他离开。妈妈在建立父婴专属时间上起着非常关键的作用，只有这样，她外出和独处的需要才能得到满足。就像父亲被认为是母婴关系的基础支持一样，母亲也是父婴关系的基础支持……哺乳期间对爸爸的支持有助于提高爸爸，结果呢，也是提高妈妈对母乳喂养的满意度，延长母乳喂养的时间，使双方都适应养育的责任。”请牢记这些……

害怕生活大变样（其实不会）

在我们的第一个孩子出生之前，我身边（甚至很多我不熟悉）的几乎每个人都会把我和我妻子拉到一边，谆谆提醒我们，一旦有了孩子，我们的生活就会大变样。他们告诉我们，以前只需担心自己，现在却要为一个完全无助的小家伙的安全和幸福负责，这种转变不知有多难，我们会睡眠不足而且可能失去自己的隐私。他们还建议我们最好多看看电影、多读读书，因为一旦有了孩子，可能再也难得有机会了。大家说的这些绝对是正确的，但这些对帮助我们做好转变却一点忙也帮不上。

我当爸爸后发现的最有意思的一个改变就是：有孩子以前的那个自己已经逐渐淡出了我的记忆。这并不是说我不记得有孩子以前的生活了，而是说当了爸爸以后，我的角色发生了很大的改变，我的身份和“爸爸”紧密连在了一起，相比之下，以前的生活多少有些是不完整的。我采访过的大部分新手爸爸也有同感。

我清楚地记得独自在海滩上漫步、整天睡懒觉、半夜出门跟朋友们喝啤酒的美好时光。因为当了爸爸，就难得有机会再做这些了。这些好像都发生在别人身上。但是，我也不想错过那样的生活，只是我希望我能与自己的孩子一起分享（不是啤酒，而是漫步海滩和睡懒觉）。

重新思考做男人的意义

总有人犯这样的错误：宁愿在一条错道上走十万八千里，也不愿意驻足问路。这是为什么呢？原因有二。第一，当我们还是小男孩的时候，就受社会影响，认为知识与男子气概是息息相关的，也就是说，一个男人就应该知道一切，所以承认自己迷路就是一种软弱的表现（没有男子气概）。第二，男孩子从小就要强大、独立而且目标明确。所以一旦向他人求助也是一种软弱的表现（同样缺乏男子气概）。

接受帮助似乎是解决难题最好的方法，但大部分男性都不想显得无助或者向别人尤其是伴侣求助来暴露他们的无知。很多新手爸爸会受到以下几种烦恼的折磨：

- 最近一直感觉害怕与迷茫。
- 人们普遍认为：相比不怎么照看孩子的男性来说，那些积极照看孩子的男性（尤其是作为孩子的主要照看者）缺乏男子气概。
- 文化传统向我们传达了这样的一些信息：为了成为一个较为完美的父亲，我们必须探索我们“阴柔”的一面，或者让自己更有母性特征。

很显然，成为父亲的整个经历导致如此多的新手爸爸暗暗思忖（尽管他们不会公开承认）他们是否还应该保有自己的男子气概。这个思忖的最常见结果就是爸爸把孩子留给伴侣去带，从而造成孩子缺乏基本的父爱。

所以，你有两个选择。第一个选择就是接受你可能将要面临的最困难最值得的挑战，当一个积极照顾孩子的父亲，分担照顾孩子的重任。另一个选择很简单，那就是把孩子扔到一边，让别人照顾。你觉得一个“真”男人应该怎样做呢？

你和你的宝宝

宝宝的气质

从前，大概在20世纪50年代吧，有一对心理学家夫妇，叫作斯泰拉·切斯和亚历山大·托马斯。他们提出了这样一个理论：孩子与生俱来有九种行为和情绪特征，他们称之为“气质向度”。这些气质向度在宝宝出生没几天（有时甚至只需要几个小时）就会显露出来，而且会影响孩子的一生。不同的孩子，其气质向度也是不同的，并且在很大程度上，这些气质向度也决定了孩子的个性，决定了养育他是“容易”还是“富有挑战性”。切斯和托马斯还发现，一个孩子的气质对父母的行为及态度都有很大的影响。

在过去的几十年以来，切斯与托马斯对气质的最初研究得到了各色人等的拓展、精炼和提升。但仍有一条不变的黄金定律就是，去了解并接受宝宝的气质能够改变你的生活，能够让你了解宝宝（和自己）。下面就是九种气质向度，改编于切斯、托马斯以及吉姆·卡梅隆的作品。吉姆·卡梅隆是非盈利儿童心理健康组织Preventive Ounce（preventiveoz.org）的领导人。第141~143页的表格对九种气质向度列举了很多例子，能让你对每种气质向度的特征有一个清晰的了解。读完表格后，请做下面的小测验。

1. 接近/逃避：宝宝对不熟悉情况的第一反应，比如遇见一个陌生人，品尝没有吃过的食物或身处一个新环境。

2. 适应性：与接近/逃避类似，但与孩子应对作息规律或期望、地点、想法的改变所做出的长期反应有关。

3. 反应强度：宝宝用多少能量来表达她积极或消极的情绪。

4. 情绪：她平常的主要情绪是快乐还是烦恼。

5. 活跃水平：她做事时所投入的精力。

6. 规律性：每日对宝宝吃喝拉撒的可预测性。

7. 反应阈：宝宝对痛感、声音、温度改变、灯光、嗅觉、味觉、触觉和情绪的灵敏度。注意：宝宝很有可能对一种感觉（如灯光）很敏感，但也有可能对另外一种（如声音）一点都不敏感。

8. 注意力分散度：宝宝的注意力是否容易转移。

9. 专注度：与注意力分散度类似，但不是第一反应，而是宝宝尽力去克服障碍或避免注意力分散所花时间的长度。

宝宝的九种气质向度

易接近的宝宝

- 容易与父母分开
- 见到陌生人很激动，乐意与他人互动
- 喜欢品尝没有吃过的食物
- 在新环境似乎就跟在家差不多

逃避的宝宝

- 通常比较害羞，在新环境或在陌生人周边会黏着父母
- 难以与父母分开
- 需要时间适应新环境
- 可能会相当挑食，并且会把不熟悉的食物吐出来

适应性好的宝宝

- 不论身在何处，不吵不闹，很容易入睡
- 不介意日常作息规律的变化
- 不介意不同的人给她喂食
- 不介意让不同的人照顾她或者把她从一个人的手上转到另一个人的手上
- 和她说话，会很快以微笑回应
- 不管在哪儿似乎都特别开心

适应性差的宝宝

- 拒绝在一个陌生的地方入睡（即使是在较为熟悉的爷爷奶奶家）——只有在她自己的床上才能睡得着
- 中途醒来后要很久才能再次入睡
- 不喜欢被陌生人抱起
- 要花很长时间去适应新环境，一旦不开心，要很久才能平静下来

低反应强度的宝宝

- 也流露他们的情绪，但通常难以捉摸
- 情绪压抑
- 似乎相当淡定

高反应强度的宝宝

- 对陌生人、强光、噪音等反应强烈（积极或消极）
- 做任何事——开心就尖叫，不开心就大哭——声音大得刺耳
- 会很明确地让你知道她饿了、渴了或者不舒服了

宝宝的九种气质向度

情绪积极的宝宝

※ 笑着面对一切
※ 即使换尿布也很开心
※ 喜欢尝试新生事物
※ 见到你似乎真的很开心

情绪消极的宝宝

※ 一有变化就哭
※ 大多数时候易生气，情绪不稳
※ 经常哭闹，有时表面上看来是无理取闹
※ 梳头发也不开心

活跃水平低的宝宝

※ 喂奶或换尿布的时候喜欢躺着不动
※ 会安静地坐在汽车的安全座椅上
※ 不是很喜欢玩体能游戏（喜欢荡秋千而不是摔跤）

活跃水平高的宝宝

※ 睡觉时喜欢乱动，经常踢被子
※ 醒着时扭来扭去，穿衣服、换尿布、洗澡、喂奶都不配合
※ 比起不太活跃的宝宝，常常较早到达身体发育的重要阶段

生活规律的宝宝

※ 每天都在几乎相同的时间饥饿、疲劳、便便
※ 喜欢按时吃饭、睡觉
※ 不喜欢打乱日常作息时间

生活不规律的宝宝

※ 完全不尊重你的作息时间
※ 睡觉总是存在问题。晚上要醒来好几次，白天有时睡，有时不睡
※ 每天在该吃的时候不吃，在不该吃的时候又要吃
※ 消化系统运动不规律

高反应阈（不在意）的宝宝

※ 喜欢嘈杂喧闹的事情（篮球比赛、马戏表演、乐队表演等）
※ 不会受到湿或脏尿片的烦扰
※ 情绪稳定
※ 不擅长辨别两种不同的声音
※ 不会受到衣服标签、亮光、粗糙衣物甚至疼痛的烦扰

低反应阈（很在意）的宝宝

※ 容易受到过度刺激
※ 轻触或者轻轻开灯都能被轻易吵醒
※ 听到大的噪音就会心烦意乱
※ 品尝食物时细微的变化都能察觉得到
※ 尿布湿了或脏了就感觉相当不舒服
※ 对织物、标签、合身的衣服非常敏感

宝宝的九种气质向度

注意力分散度低的宝宝

- 一旦不开心，非常难哄
- 专注于重要的事情（如喝奶）时，似乎完全不会受到外界的干扰（噪音、熟悉的声音）

注意力分散度高的宝宝

- 注意力集中的时间短
- 喝奶的时候容易分散注意力
- 不开心的时候容易哄，只要抱起她很快就停止哭闹
- 可以瞬间破涕为笑

专注度高的宝宝

- 每次能够自娱自乐几分钟
- 喜欢反复锻炼新的运动技能（如前后翻滚）
- 密切关注（超过一分钟）咯咯的响声和手机发出的声音
- 玩的时候密切关注其他小朋友
- 要是你停止跟她玩，她就会哭闹

专注度低的宝宝

- 需要不断关注——不能长时间让她单独待在婴儿床上或者护栏内玩耍
- 注意力集中的时间短，容易灰心丧气，即使完成简单的任务也是如此
- 对玩很容易失去兴趣，即使玩最喜爱的玩具
- 不会花很多时间来练习新技能（打滚、坐起等）

既然已经有了参考的标准，你就和你的伴侣花点时间根据以下分级来给宝宝打分吧。

特点	定级		
接近 / 逃避	接近	1 2 3 4 5	逃避
适应性	好	1 2 3 4 5	差
反应强度	低	1 2 3 4 5	高
情绪	积极	1 2 3 4 5	消极
活跃水平	低	1 2 3 4 5	高
规律性	可预测	1 2 3 4 5	不可预测
反应阈	不在意	1 2 3 4 5	很在意
注意力分散度	低	1 2 3 4 5	高
专注度	高	1 2 3 4 5	低

如果你打的分数里面有很多都是 1 分、2 分，那么恭喜你，你的孩子很“容易”养（大概 40% 的父母都会遇到这种情况）。你的宝宝总是开心微笑，晚上睡得安稳，进食时间规律，喜欢玩，喜欢遇见陌生人。当她不开心的时候，也很容易哄。你会疯狂地爱上你的宝宝，并且对自己养育孩子的技术充满信心。

不过这也得看情况，有的 1 分或者 2 分实际上是“不受欢迎的”的气质。就比如，注意力分散度低的宝宝（1 分或 2 分）可能不会受噪音影响，但她不开心的时候也比较难哄。注意力分散度高的宝宝（4 分或 5 分）可能不能安安静静地坐着把注意力集中在一件事情上，但她生气时哄起来却比较容易。

若是你的宝宝得了许多 4 分或 5 分，你很有可能生了一个“富有挑战性”的宝宝（有约 10% 的父母会遇到这种情况）。宝宝晚上可能睡不好，吃东西也不规律，周围一点点的噪音或者改变都会吓到她，每次都哭很久，不好哄（不论你做什么也哄不好）。同时，你会常因为你的宝宝跟你“唱反调”而生气、压抑甚至精疲力竭。在公共场合，宝宝的哭声总是很惹人注目，这时候你会觉得尴尬，因为自己带不好孩子而羞愧难当。总之，你的育儿之路不会很顺利，而且感觉自己是一个失败的爸爸，有时候你甚至想逃避。

尽管听起来糟糕，但是你可以做一些事来帮助克服你的沮丧和消极的感觉。

- 认识到抚养富有挑战性的孩子是一种挑战。因为他们的性格与生俱来，既不是他们的错，也不是你的错，更不是你伴侣的错。没有谁能左右这些。
- 不要责备任何人。你的宝宝天生如此，你无法改变。问题就是与宝宝交流的方式不起作用。
- 再做一次测试，这次是给你自己作评价。看看你跟宝宝有何相似之处，差别又在哪里。这时你会发现你跟自己宝宝的哪些特点很吻合，哪些不吻合。要是你们的注意力很容易分散的话，读完一本书对你们来说都有点困难，你们俩都不会在意。要是你喜欢与人接近，而你的宝宝却喜欢逃避，那第一次带宝宝见上级的时候你可要小心哦。

最起码，这些步骤将会使你能够改变对待孩子行为的方式，预见和避免冲突。如此说来，你与宝宝肯定会沉浸在其乐融融，爱意满满，令人满意的和谐关系中。我保证！

把你对气质的认识好好运用到实践中

以下是宝宝一周岁内你可能遇到的最普遍的气质特征以及应对这些特征的一些建议。

最初的逃避 / 适应能力弱

虽然你的宝宝害羞，吐掉以前没有吃过的食物（可能接下来几个月你也不会再喂她那种食物了），拒绝玩新玩具，但是并不意味着她永远不会改变。关键是你要耐心、慢慢地把新的东西介绍给她。例如，吃饭的时候多给她看看她没尝过的食物，在让宝宝碰新玩具以前先让她远远地“看”一下新玩具。

你的逃避 / 适应能力弱的宝宝，将可能较早开始经历陌生人焦虑（见第 230~233 页）——比起容易接近 / 适应能力强的，焦虑持续的时间会更长。所以，当有宝宝没见过的人或者宝宝不太熟悉的人来家拜访时，记得告诉他们不要急着去接近宝宝，不要马上抱她，当宝宝大声哭闹时不要急于搭理她。

你的宝宝最终会适应新事物——只是要花点时间。你能做的就是经常把她带到新环境里去体验，这样她才能习惯。可是，你得小心。你的宝宝有受到过分刺激的趋势。要随时观察宝宝的反应，如果反应不对，你应该立刻把她带到熟悉的环境。

同样的，在你的外表做出改变前，先考虑一下孩子的气质特征。

刮胡子、剪头发甚至换一副隐形眼镜也能引起宝宝的消极反应。当我的大女儿6个月的时候，她很喜欢的一个保姆剪了头发，一个星期后宝宝才与她重新熟悉起来。

反应强度高的宝宝

有的宝宝喜欢吵闹，你除了自己戴上耳塞、较少带她外出（两者都是最合乎情理的方法）外，几乎无计可施。一定要确保你自己能够区分尖锐的震耳欲聋的开心尖叫和尖锐的震耳欲聋的不开心尖叫。当你把脸贴近宝宝逗乐时，请小心——宝宝的嘴巴离你的耳朵实在太近了。

消极的情绪

没有什么比带一个满脸笑容的开心宝宝出去玩最幸福的事情了。但是如果带一个不苟言笑、哭哭啼啼的宝宝出去，对你的自信心可是一种真正的挑战。宝宝情绪不佳，你便很难高兴起来，更别说以她为荣了。你会觉得宝宝不笑是不是因为不喜欢你吗？

如果你有这种想法，千万不能因为宝宝总是哭哭啼啼就对她发脾气或者为了出口气拒绝去爱她（虽然听起来可笑，但确有此事）。实际上，宝宝不怎么笑并没有什么别的意思。随着宝宝语言能力的提高，宝宝哭啼的时候自然会减少，并且她会尝试各种方法来引起你的关注。

非常活跃的宝宝

非常活跃的宝宝睡觉之前总爱在婴儿床内转着圈玩，你可能想在婴儿床的轮子下面装上橡胶防滑，因为宝宝在婴儿床内蹦蹦跳跳真的会使婴儿床移动。（虽然很难相信，但是早晨第一次走进宝宝的房间，你会惊讶地发现宝宝和婴儿床都不在你昨天离开时的位置。）正因如此，把婴儿床里面或附近的东西清理掉就显得尤为重要，这样就不怕有什么东西可能砸到宝宝的头了。

永远永远都不要把宝宝留在换尿布台上或婴儿床内无人照看——甚至一秒都不行；她很可能滚下来（这一点适用于所有的宝宝，尤其是活跃的宝宝）。有一次，是在我的大女儿还只有4个月大的时候，我把她放在摇篮里逗她玩，这时我的手机响了（手机放在离我大约一米的地方）。我才抓起手机说了一句“喂？”就听到身后什么东西重重摔到地上的声音：那是我女儿掉到了地上，我们还不知道她那个时候已经能够爬起来，更别说能把摇篮翻个底朝天。虽然女儿没受伤，但自那以后我们就把那个摇篮收到了阁楼上，直到第二个孩子出生才拿出来。

永远永远都不要把宝宝留在换尿布台上或婴儿床内无人照看——甚至一秒都不行；她很可能滚下来……

活跃水平高的宝宝有时不喜欢被人抱着，她会扭来扭去或者用大哭来表达自己的不满，只有把她放下，她才会安静下来。就算她这个时候不愿意让你抱，你也能轻而易举地把她抱起来，但最好别这么做。尽量在她愿意接受的时候再去抱她，比如：早上起床的时候或者晚上睡觉之前。

作息不规律的宝宝

你的宝宝可能吃喝拉撒都不规律，但你可以制定一个日程表。尽管到了饭点她不想吃东西，你仍然可以喂她一点，这样你自己也能方便一点。如果你每天都在同一时间喂她，她就有可能养成规律的进食习惯了。

按时睡觉也很重要。晚上进宝宝房间的时候，不要开灯，不要抱她，更不要陪她玩，只要尽快出来。一旦你偶然找到了哄宝宝睡觉的规律就坚持下去。（你要有长时间的心理准备：规律的作息时间有可能被打乱，可能是一天，可能是一周甚至一个月。毕竟他们都不可预测。）

如果你的宝宝睡觉很不规律，你和你的伴侣应该晚上轮流照顾宝宝，轮流睡觉。如果还不起作用的话，这时就该咨询儿科医生了，看是否可以给宝宝而不是给你开点柔和的镇静剂。

反应阈低的宝宝

反应阈低的宝宝刚出生的最初几个月你根本不知道要怎么做才能使她安心。你可能几乎都没注意到的声音、气味、感觉都能引起她一场哭闹的爆发。汽车的收音调谐或篮球赛场上的掌声（是的，你可能带宝宝去看篮球赛），甚至婴儿床上堆满了玩具，都会让她哭闹一番。

使宝宝安静一些的方法之一就是减少宝宝所处的环境里面所受到的刺激量和类型。在装饰宝宝房间的时候，不要装霓虹灯；白天宝宝睡觉的时候，使用不透明的帷帘遮光，睡前不要让她太兴奋。不给宝宝穿紧的、崭新的（新的衣服比较硬）衣服或羊毛、人造纤维或者任何粗糙棉织品制成的衣服。混纺棉质的衣服，穿着柔软又耐洗，但记得把衣服上的商标和价格标签剪掉。

注意力分散度高 / 专注度低的宝宝

结合这两种特点的宝宝，活跃的时候比较难照顾。她没有耐心，需要你无时无刻的关注。她吃得很慢，每隔 30 秒就会停下来去追踪一只快速飞过的苍蝇或看看墙上的影子。要是母乳喂养的话，你的伴侣可能比你更为闹心。

以上对气质的讨论应该足以使你能够判断和应对宝宝的行为方式。不过你若是很担心孩子的气质，可以详细查阅相关图书或资料。

你和你的伴侣

性生活

一般来说，宝宝出生大约七周后，夫妇之间的性生活就可恢复。但要想达到生孩子以前（或怀孕以前）的效果还需要较长一段时间。如果你的伴侣处于哺乳期，身体内产生的荷尔蒙可能会抑制她的性欲。所以大部分女性在生完孩子 6 个月后才会恢复她们的性冲动。对大多数夫妇来说，疲劳与时间才是最大的障碍。

你们的性生活需要耐心、沟通和一些精心的安排才能恢复到正常水平。遵循以下几点有助于使你们的性生活尽快得到恢复：

- 只求质量，不求数量。不要因为一周不能拥有三次夫妻生活就彻底放弃。你们一个月可能只能亲热几次，但一定要确保每次的质量。
- 保持规律。谈及性生活，你碰到的问题就是有还是没有。你的性器官是肌肉组织，只有常常锻炼才能达到想要的效果。除此之外，长期间断性生活会导致你的荷尔蒙水平发生改变，从而降低性欲。

- 提前营造爱的氛围。例如：她早上起床的时候就夸她漂亮；看到她裸体时赞美一下她的身材；与她调情，让她对你感兴趣，吃早餐的时候偷看她的胸部，在走廊遇到，故意碰碰她；白天打几个诱惑电话。这样，你还没回到家，你们就已经思念对方了。
- 像青少年一样。一起看看色情片，在汽车后座挑逗，或者在某个朋友宴请你们时，在他浴室的浴缸内做爱。
- 善待自己。你们俩都应该正确饮食，每周至少锻炼三次，睡眠充足，每周至少要有几次独处的时间来相互交流，促进感情。
- 伸出手触摸对方。年轻时候的你触摸你的伴侣时，那是欲望在作祟。如今，你已为人父，很多事情都已改变，顺序颠倒过来。触摸、拥抱、轻抚、亲吻彼此——即使在开始前，你对这些前戏并不感兴趣——但这些的的确确能激起你们的性欲。反过来又使亲吻和抚弄更为激烈。如此一来，接下来的事情就……

最后，正如前面所提到的，千万别忘了避孕。若你伴侣的医生没有告诉她更好的避孕方法，那么避孕套则是最好的选择。

甲状腺问题

产后 6 个月，5%~10% 的新生儿母亲会得产后甲状腺炎。甲状腺为全身上下每个器官及系统分泌荷尔蒙，它能调节体温、体重、消化、情绪、心肺功能、新陈代谢、肌肉力量和所有的精神状态。

产后甲状腺炎虽然没有痛感，但症状还是挺多的，如焦虑、情绪不稳定、肌肉无力、精神不振等。棘手的是，以上的症状也正好是你的伴侣产后恢复的时候会有的感觉。但是，到了现在这个阶段，如果你的伴侣还有类似的症状，就可以考虑就医了。大多时候，这些症状几个月后都会自己慢慢消失，可是有的时候也需要一些医药辅助。要是想诊断病情则需要借助放射性同位素的帮助。但如果你的伴侣还在哺乳阶段，就万万不可接受类似检查，因为这些同位素可能通过母乳进入宝宝身体，影响孩子的健康。

家庭事务

睡眠紧张

我们都爱自己的宝宝，但事实是，我们有时真想让他们快点睡觉并且睡得久一点。影响孩子睡眠质量的因素有很多（有的我们无法控制）。但这里有些建议也许能够帮助到你：

- 不要成为宝宝睡觉前的过渡物。宝宝睡前看到的应该是自己的婴儿床或是婴儿床内宝宝熟悉的东西（小毯子、玩具、墙上的画、天花板上一闪一闪的小星星等）。这样的话，就算宝宝半夜醒来，她看到的都是自己熟悉的东西，再次入眠就更容易。若是宝宝睡前看到的是你，那她醒来时也会吵着要你，即使你正在酣睡。
- 当你把宝宝放到床上，宝宝在 15~20 分钟内吵闹或难以入睡也是很正常的现象。（请记住，吵闹不同于大声哭闹。要是宝宝大声哭闹，你应该把她抱起来哄哄。但是尽量在她睡着之前把她放回床上。刚出生 3 个月或者 4 个月的孩子，绝对不必通过抱她哄她去溺爱她。）
- 尽量缩短晚间活动时间。不管宝宝是不是跟你们睡在同一个房间，都要让她知道晚上是睡觉时间，不是游戏时间。
- 不要开灯。如果宝宝半夜醒来要喝奶，就在黑暗中喂奶。
- 等到必须要换尿片的时候再换。（例如：要治疗尿疹，或者宝宝垫的是尿布；但如果是纸尿裤，她会一觉睡到天亮。）
- 建立一套睡前程序。你需要依照自己的情况来建立。下面这个简单的程序，不管是现阶段的宝宝还是学步的宝宝都可以借鉴：换尿布，做一做婴儿按摩，换睡衣，讲一两个睡前故事，查看房间并跟所有玩具、宠物说“晚安”，吻吻宝宝说晚安，放到床上。

• 宝宝 6 个月大的时候，你就应该把通向她房间的门打开。这个年龄段的宝宝如果感觉到她一个人被困在一个狭小空间内会感到害怕，尤其是她不确定你是否就在门外的时候。

• 要是宝宝做了噩梦或者半夜惊醒，一听到声响你要马上予以回应，尽可能让她安心。除非宝宝害怕得歇斯底里，否则就让事情变简单，不要一时冲动把她从婴儿床上抱起来。你有许多方法让宝宝平静下来——隔着护栏摸摸她的背或头都可以。

• 白天要确保宝宝不会过分疲劳。也就是说白天也要保证宝宝充足的睡眠。最好是在饭后睡 60~90 分钟——晚上要早点睡。

• 白天的时候，要是宝宝一觉睡了两三个小时，记得要轻声叫醒她，然后陪她玩会儿，不能让她睡太久，不然晚上的睡眠就得不到保障。

婴儿床内的防护套

许多新生儿父母都会在婴儿床内装一些防护套（一种装在婴儿床内的软软的垫子）防止宝宝跌到婴儿床的护栏中间受到伤害，这是一个好办法（多年来，包括我在内的很多父母都这样做过）。但最新研究显示，防护套可能更危险。据一项研究表明，（20 多年来）有 27 名宝宝死亡的直接原因归咎于防护套：窒息而死（有时宝宝的脸会撞到保护垫上，自己起不来），被床垫和保护垫夹住，或者被防护套上面的绳子勒住脖子，导致窒息。美国儿科协会不建议使用任何种类的防护套，可透气的也不例外，因为就算排除了窒息的可能，依然存在被夹死或勒死的危险。虽然婴儿床防护套可以在某种程度上保护宝宝——尤其是很活跃的宝宝——不让他们撞伤，但它们也可以导致死亡。所以，如果你们已买了这些防护套或正打算去买，最好赶紧撤下来或者打消要买的念头，没有必要冒这个险。

宝宝半夜醒来怎么办？

大多数这个年龄段的宝宝晚上可以睡一个通宵，但并不是所有孩子都是如此。宝宝半夜醒来主要是因为肚子饿了。如果是母乳喂养的话，你能做的就是好好待在床上，让你的伴侣喂奶就行了。虽然听起来挺不近人情的，但除了能把宝宝抱过来，你真的帮不了什么忙。如果你起床去抱宝宝，那就意味着你们俩都可能睡眠不足。相反，如果宝宝第一次醒来的时候，你让你的伴侣去处理，自己就可以睡一个安稳觉。你的伴侣起来喂完奶，再催一些奶挤到奶瓶里，等到宝宝晚上第二次醒来的时候，就换你起来喂，这样你的伴侣也能多睡一会儿。睡眠不足的滋味可不好受，这种两人一组的方法可以帮助你们避免睡眠不足。虽然你们还是会感觉累，但是还不至于糟糕到不能忍受的地步吧。

就如我上面提到的，宝宝半夜醒来的最主要原因是因为饿了。但饥饿并不是唯一的原因。有时，不管你怎么做，宝宝都会在凌晨两三点醒来，不干别的，就只是一直醒着，盯着周围的东西看。所以，如果你半夜听到宝宝那儿有什么声响，不管她睡在哪间房，都不要太快去看她，等上几分钟，可能她自己又会睡着了。如果你必须起床去看她，记得不要跟她玩。孩子应该知道，在长大成人之前，晚上的时间是要用来睡觉的。

下面有些简单的方法可以减少宝宝半夜醒来的次数，也能让宝宝变得更加聪明：那就是你白天要多花时间陪宝宝。以色列本－古里安大学的里爱特·特克兹齐和她的同事研究发现，白天的时候，如果爸爸（不是妈妈）与宝宝相处的时间越长，宝宝半夜醒来的次数就越少。爸爸白天的照顾还能帮助宝宝的睡眠整合（sleep consolidation），就是说宝宝白天不会睡太久，晚上也会睡得更甜。而良好的睡眠整合与更好的记忆力、认知能力和语言能力等都是有联系的。

就寝安排

很难想象，人们会对一个相当简单的育儿问题产生争议：宝宝是否应该跟你们同床。相比对包皮环切术或尿不湿产生的争议来说，这个看似简单的问题产生的争议更多。

幸运的是（幸不幸运要看怎么看待这个问题），对这个问题的争议还分不出胜负。你需要知道的是，没有一个确切的方法能够彻底解决这个问题，也很少有严格的科学数据来支持双方的观点。

我们的大女儿在我们房间的摇篮里睡了一个月左右，我们就把她移到了她自己的房间。二女儿出生后的六个月都是跟我们一起睡的。说实话，一开始我有点享受暖暖的嫩滑的宝宝依偎着我的感觉，但是每天晚上就不得不忍受宝宝的“拳打脚踢”，头、肚子、背、脸、胸无一幸免。就睡觉而言，我还是乐意回到成人的世界。小女儿只在我们床上睡了六周左右就被移到了她自己的房间。

和宝宝共床而眠或共室而眠引起了不少的争论，其中涉及最普遍的问题有如下这些：

- 独立。赞成者指出，在大多数国家（约 80% 的人口），父母和孩子都是共床而眠。他们宣称西方国家的孩子独立得太早，人类发展跟不上我们文化赋予孩子们的新要求。他们一直认为，孩子能够独立之前必须感知到这个世界是安全的并能满足他们的需求。和爸妈睡在一起的宝宝比那些跟爸妈分床睡的宝宝更独立、自信。然而，有评论家认为，不同的国家，情况也不尽相同（例如，在许多新兴国家，家里的房子小，和宝宝分开睡不可能）。在美国，早早独立是很重要的。因此，宝宝应该尽快适应离开父母亲的生活，尤其是那些父母双方都有工作，只能待在托管中心的宝宝。
- 宝宝的睡眠。尽管你会觉得跟父母睡在一起的宝宝会比独自睡的宝宝容易醒来（毯子发出的声音或者父母翻身时不小心弄醒宝宝）。但睡得浅也不完全是个坏事。实际上，宝宝睡得浅患婴儿猝死综合征的概率也会比较小。

- 你的睡眠。再听话的孩子晚上睡觉每隔三四个小时也会醒来一次，大概 70% 的宝宝醒来一两分钟后会自己睡着，而 30% 的宝宝醒来后就会找人（例如你或你的伴侣）陪她玩，甚至几小时都不睡。

- 安全。很多父母担心自己晚上睡觉翻身时会不小心压到自己的宝宝。虽然这种担心合乎情理，但是大多数成年人即使在睡着时都会很清楚自己所在的位置。半夜从床上掉下，你很快就能知道。即便如此，如果你喝醉了，压到宝宝的可能性就会增加。再者，你的床上用品对于宝宝来说可能是一种潜在的威胁，可能会导致宝宝窒息。床上的毯子或者被褥太暖和也会增加婴儿猝死综合征的概率。所以，美国儿科学会反对宝宝跟父母睡在一张床上，但是可以和父母睡在同一个房间。也有反对这一说法的专家，他们认为只要排除了安全隐患，宝宝与父母睡在一起确实是个不错的选择。

- 性冲动。不是开玩笑。但是除了在床上做爱，还有许多其他地方可以做。

- 哺乳。毫无疑问，对于一个哺乳期的妈妈来说，只要伸手就可以喂到奶，无须半夜爬起来跌跌撞撞摸到客厅给孩子喂奶，实在要方便很多。一些研究表明，这也许是鼓励妈妈给宝宝喂奶喂得更久一些的原因。但是问题出现了，爸爸会觉得（常常有这种感觉）自己已经被吃奶的娃娃所代替，所以不如到沙发上美美地睡上一觉。

父母与宝宝共床须知

- 不要受传统思想的约束。和宝宝睡在一起不是你觉得必须这么做，而是你和你的伴侣都想和宝宝睡在一起。

- 不要觉得不好意思。你不是软弱、粗心的人，对宝宝也不是过分溺爱。要知道成千上万称职的父母也是这样做的。

- 安全第一。要确保你家的床足够大，容得下每个人（不要水床——宝宝可能会滚到你和床垫中间）。床垫应该坚实，床必须靠墙，保证宝宝睡（总是仰睡）在靠墙的那一边，不然就要在床边加护栏。床上不要放羊毛围巾、毯子或松软的枕头，避免产生窒息的危险。

- 你若有以下几种情况，我建议你仔细考虑一下你们同睡的决定：肥胖、抽烟、酗酒或服安眠药之类，或者你是那种睡得很沉的人，担心一不留神就会压到宝宝的身上。
- 确保每个人都修剪了脚趾甲。
- 开始前就考虑好。一旦宝宝已经和你们一起睡了6~8个月，再想让宝宝和你们分床睡的话，这可不是一件易事。

宝宝睡眠作息时间

宝宝4个月大的时候可能已经养成了有规律的睡眠习惯。每个宝宝有她自己的睡眠时间，典型的特点就是：宝宝一天一共睡14个小时左右（这只是平均数，实际上是9~16个小时不等）。晚上睡8~10小时，运气好的话，白天睡4~5小时，可能会分2~3次进行。接下来的几个月，她白天会睡得更少，晚上会睡得更多。要留神她白天睡觉的时间。如果宝宝从白天睡到傍晚，就可能打乱晚上的睡眠规律。总不能让宝宝从下午4点睡到6点，到了7点又要她去睡吧。

父母与宝宝不共床须知

- 不要觉得愧疚。这样做并不意味着你自私、不称职。
- 没有足以让人信服的证据证明和宝宝一起睡会加速与宝宝培养感情的进程。
- 偶尔一两次例外（和宝宝睡在一起）没有问题，比如孩子受到惊吓或者孩子生病等。
- 如果你是出于安全考虑，你可以自己改装一个婴儿床放在你们的卧室：把婴儿床放到你们的床边或者放下婴儿床其中一边的护栏，然后把那一边跟你们的床拼在一起。

5

第5个月 工作与家庭

宝宝的状况

身体上

- 是的，这个月的大发现就是脚趾。就像宝宝曾花几个小时的时间扭动、吸吮他的手指一样，在这个阶段他也会对他的脚趾这样做。
- 他变得更加强壮，可以随意前后翻滚，还可以用腹部、手和膝盖支撑整个身子。身子一旦撑起来，他就摇头晃脑，好像在渴望什么重要的比赛开始似的。
- 你拉着他站立的时候，他会设法把头前倾并弯腰。一旦站住（只要你扶住他，他可以站得很直），他还会跺脚。
- 他几乎可以独自坐稳，坐着的时候能捡起一些物件。
- 他的手的动作变得更加协调。虽然伸手去抓东西的时候还不是特别灵活，但可以单手玩玩具，可以反手（比我们想象中的要难）以便更仔细地观察他捡起的物件，甚至还能拿稳自己的奶瓶。
- 进食与消化之间的间隔时间变长，也更加规律。

智力上

- 过去的4个月里，宝宝喜欢坐着，看着，等着你把东西放到他手里。但到了第5个月情况就变了。他对这个世界充满了好奇，很喜欢去抓各种东西。仔细观察，你会发现宝宝会来回打量自己的手和一个物体，并且伸出手试图抓住那个物体。你可能觉得这没什么，但对于宝宝来说，这可是一个重大的发现，他发现那些物体跟他自己是分开的。

- 宝宝用手晃动着物体，转动着他的手腕，这个动作可以教会孩子，一个东西从不同的角度看起来是不一样的，其实它的形状是不变的。

- 在有了这些重大发现后，你的宝宝只要一看到他熟悉的物体的一小部分就会很兴奋，他会设法移开挡在他面前的小障碍。慢慢地，宝宝还能预料到物体移动的方向，手里的玩具掉了，他会趴在地上去找，而不是跟以前一样呆呆地望着自己的手，但找了几秒钟后，如果没有找到的话，他就以为那个玩具不复存在了，也就不会再去找了。

- 神奇的是，宝宝还能预估速度和距离。在一项有趣的研究里，人们发现：如果宝宝听到了离他越来越近的声音，他就会往后仰，躲避他认为的威胁。

语言上

- 终于到了这个阶段：你的宝宝开始牙牙学语。除了可以发一些元音，还能发一些简单的辅音以及辅音和元音的混合音。

- 他发现自己的音量是可以调节的，所以会试着慢慢去控制自己的声音，从而学会发出尖叫声或者低沉的咕咕声。

- 他尽力学你说话，学你发出的声音，但是他发出的声音一点都不像真正的语言。

- 他很开心自己学会了聊天的新技能，所以一旦开始，他能说上二三十分钟。你不在他面前听他说，你也不用担心——他非常愿意对着他的各种玩具说话，甚至自言自语。

- 当别人叫他名字的时候，他可以理解并做出回应。

情感上／社交上

- 能够表达越来越多的情感：害怕、愤怒、厌恶以及喜欢。你抱着他的时候，他会很安静；一旦放下他，他会哇哇大哭。

- 他会表达自己的喜好，他有自己喜欢的玩具和喜欢的人。一旦有他不喜欢的东西出现在面前，他会推开。有时还会故意去模仿别人的表情和手势。
- 如果他发现你没有完全把注意力放在他的身上，不论你正在做什么，他都会大哭大叫。一旦他开始哭起来，你只要和他说话，他的眼泪往往就会止住。
- 他分得清熟人与陌生人，乐意与朋友交往。
- 但是，他不会意识到自己认识的朋友也是从陌生人开始的（至少，对他来说）。很多时候，他在新认识的人面前都有点慢热。所以如果你要是想在别人面前炫耀一下自己神奇的宝宝，他不一定会如你所愿。这是一个积极的发展趋势，下个月宝宝见到陌生人就不会焦虑了。
- 他可能花上一段时间自言自语或者抓一个最喜欢的玩具在手里来调节自己的情绪。

你的经历

信心危机：害怕做错事

不久以前，宝宝的要求还不难满足。可现在，他的需求越来越多，也越来越复杂，甚至有时候会让你觉得想要按照他的要求做出快速恰当的反应几乎是不可能的。事实确实如此。

要满足这么多要求，担心读不懂宝宝的“指令”做错事实属正常。当然，一个哭闹不止的宝宝会使这种感觉更糟（会让你觉得自己还不是一个合格的爸爸），宝宝脸上浮现不满意或敌对的表情（对你犯了严重错误的责备？），对你的自信心更是严重的打击。

想要克服这些困难，最好的办法就是多花时间陪宝宝。跟宝宝待得越久，你就会越理解他的“语言”，回应宝宝的时候你也会更加

自信。

另外，学会跟着直觉走。解决问题的办法不止一个，毋庸置疑，你肯定会选择一个好的办法。就算你做错了，也并不代表那会对宝宝产生长远的影响。毕竟，你的伴侣让宝宝靠在她肩膀上打嗝，并不意味着你不能（不应该）让他坐在你腿上打嗝。

坚持自己的立场也很重要。很多女性一直认为如果自己不是孩子的主要照料者，她们就是失败的妈妈。在某些情况下，这种想法会使她们把自己变成一个看门人，而不是共同承担养育子女的责任人。她们限制爸爸的参与到一定程度，就是她们不会觉得自己的地位会受到威胁。如果你感觉自己被忽略，应该立即跟你的伴侣沟通，可能她是无意为之。实际上，她也可能认为她是在“保护”你，使你不必应付一个号啕大哭的宝宝或者需要改变的宝宝。但无论怎样，结果都是一样：你没有花足够多的时间跟宝宝相处来培养自己的自信心（和能力）。

因此，多给你的伴侣一些时间，向她表明你也能像她一样照顾好宝宝。你非常想与她一样成为平等的参与者，你已准备好并且也能做好工作。别忘了温柔地提醒她，你需要她的支持。伊利诺伊大学儿童发展实验部的布伦特·麦可布莱德主任的研究表明，你的伴侣给你的支持与鼓励越多（无论是口头上还是行动上的）——她对你做事的方式批评得越少——你就会越多地投入时间照顾宝宝。其实，她对你有信心才是最重要的。

当然，如果你确实正在犯严重错误的话，一定要向别人求助。但如果你把时间都浪费在纠结跟担心忧虑上，那你就是真的有麻烦了。心理学家斯坦利·格林斯潘表示，过度忧虑会挫伤你的自信，到最后什么也做不了，甚至对宝宝采取一种放任的态度（那样的话，从扭曲的逻辑来说，至少你不会再犯错了）。毫无疑问，这会对宝宝的发展产生消极的影响，对身为父亲的你来说也不会产生好的结果。

最后，在你放弃之前想一想：如果你觉得你真的理解不了宝宝的意思，那你怎么能确认宝宝哭闹或者有奇怪的表情就是在做你认为的恐怖不好的事情呢？

打破工作与家庭的平衡

让我们从这个观点出发：没有诸如家庭和工作的平衡这种事。今天看似相当平衡的东西，过几周就会失去平衡。随着孩子的成长和其他条件的改变，你的时间分配也会发生变化。

正如前面一章（133~136 页）所提到的，大多数的男性都很看重家庭生活，且宣称愿意做出牺牲，花更多的时间陪孩子。但是到孩子出生 6 个月为止，95% 的爸爸都返回了全职工作。（同一时间，返回全职工作的妈妈仅占 37%，另外 22% 的妈妈只做兼职。）

在上一章，我们讨论过男性的言行不一。但据格伦・帕姆的调查来看，“权衡工作与家庭的轻重并非易事。”他说，“他们一边要继续从事全职的工作，一边要牺牲许多与朋友聚会、娱乐休闲和睡眠的时间来照顾宝宝。”很明显，有些事情使爸爸花在办公室的时间不可能减少。当然一种解释就是经济问题。鉴于普通工作女性要比普通工作男性赚得少，如果父母双方必须要有一个人牺牲自己的工作时间来照顾宝宝，大多数家庭都是选择让女方放弃工作来减少家里经济上的损失。还有一个很重要的原因就是，在我们的社会中，男性与女性对相关职业价值的态度是不一样的。

进入 21 世纪，我们仍然希望男性是家里的顶梁柱，他们爱家的方式就是努力赚钱，让家人过着衣食无忧的生活。跨世纪的人（出生在 1980 年后的人）正是这样认为的。在生宝宝以前，他们提倡男女平等，一旦孩子出生就沿用传统的思想，充当传统的角色。我们会在第 9 个月那一章详细讨论这一点。

作家詹姆斯・莱文说过，“在很多人看来，‘在职母亲’意味着冲突，但‘在职父亲’就完全没有冲突。”为什么父亲要把自己绑

在工作上，与家人待在一起的时间比较少呢？也许人类学家玛格丽特·米德给出了最有趣的解释：“发展中的社会需要男性离开家庭为社会尽责，绝不会允许年轻人刚进入社会就要回家照顾自己的宝宝。这是一个社会禁忌。因为他们知道，一旦出现这种情况，新生儿的父亲就会醉心于家庭，没有心思为社会尽责了。”我很理解她所说的。

做出改变

尽管你无法完全解决家庭与工作的矛盾，但有几种方法能让你跟家人相处的时间长一点，压力小一点，避免丢弃你的事业。

这要视你的工作而定，可能你根本不需要从周一到周五都过着朝九晚五、天天被经理监督的生活。根据人力资源管理协会的调查，约有60%的雇主都会制定弹性工作制，大约一半的公司会真正实施这一制度，大部分员工因此受益。（虽然还是难以满足80%~90%左右的在职父母申请更灵活的工作安排的要求，但这相对来说也算是个好消息。）

弹性工作制不止一种，人力资源专家巴巴拉·威柯林斯基和伊丽莎白·詹尼斯把弹性工作制分成了以下几种：

- 时间：上班时间和工作时间的长短。
- 地点：你上班的地点。
- 任务：你确切的工作内容。

下面我们了解一下弹性工作制的更多内容。

弹性工作制

弹性工作时间

- 工作时间长度固定，但对上下班的时间做出调整。比如：如果平常是朝九晚五，只要你能保证每天工作8小时，按照弹性工作制，你可以早上5点上班，下午1点下班。但这种安排要根据你和你同事的需要，并得到老板的同意。

- 压缩每周的上班时间。其基本理念就是：如果要请一天假，你就要把请假那天的工作时间通过在别的工作日加班的形式补起来。一般的工作时间安排就是：4 个 10 小时工作日或者在 9 天内每天加班 1 小时，每两周就可以请一天假。
- 交替工作周。每周工作 40 个小时，但可以周三到周日工作，周一到周二休息。
- 兼职工作。多于 20 个小时，少于 40 个小时的周工作时间。你需要知道公司让你自己每周工作多长时间你才不会失去自己的福利。
- 陪产假。假期分带薪假和不带薪假

弹性工作地点

- 在家工作。在家或家庭办公室完成全部工作。考虑在家上班的话，你要保证自己能够合理地安排时间，并且保持家里的工作环境相对安静，不会影响你的工作进度。如果你（像我一样）是个工作狂，你还必须注意恰当的休息时间。我曾无数次直到深夜才发现自己工作了一天都没进食，唯一出的一趟门就是到外面拿了份报纸。
- 远程办公。只要你不是建筑工人或零售商，这个方法就适合你。别高兴得太早，这并不意味着你和老板永远都见不到面。多数的远程办公人员一周只有一两天不在办公室。从你的角度看，远程办公确实可以让你跟你的家人相处的时间多一些。但你要是认为这样能帮你节省孩子的托管费、能让你一边工作还能一边照看孩子的话，那你就大错特错了。

除了方便，远程办公还有一大优势就是你工作的时候不必刮胡子，可以穿着短裤上班。当然，有利必有弊。主要的弊端就是缺少与人接触。你可能讨厌搭乘火车进城，或者对那个一起拼车的人有点恼火。但是远程办公几个月后，这些就会变成你的回忆。你可能会怀念与同事一起出去吃午饭，甚至只是在大厅相撞的日子。

- 远程办公中心。住在邻近的一些人可能也跟你一样选择灵活上班地点，你们可以共享一个工作区域。理想的情况就是你们的老板支付费用。其目的就是减少沟通的时间和交通延误等。
- 虚拟办公室。你需要准备在任何地方都能办公的工具，无论是在家里、咖啡屋、图书馆还是车后座。

弹性工作任务

- 分担工作任务。你和另一个人共同承担工作责任，多劳多得。你们很可能是在同一个办公室共用一张办公桌。常见的分工计划是这周工作两天，下周就工作三天，你搭档的工作时间则与你相反；或者是一个人上午工作，另一个人下午工作。不管怎么分，千万不要忘了和老板洽谈好你们的健康福利问题。很多雇主会减少这些福利，认为这些员工为非全职工作。
- 工作分工。自己分担工作任务的部分工作量，剩余部分交由别人完成。

其他一些选择

可以考虑其他两种弹性工作制。第一种需要有勇气，但相对比较保守，另一种只需要果敢坚毅。

- 成为你目前雇主的顾问，对你的职业生涯来说相当不错，你的工作时间就可以由你自己自由支配。还有很多税收优势，尤其是在家办公（后面还会详谈）。最起码，能够减少你在交通与通讯上的开支。但首先要跟会计商谈好。国税局会有一些“小测试”来判断你到底是员工还是顾问。如果你每天都去公司上班，并且配有秘书、享受公司福利，你就是雇员。还有要记住，一旦你成了顾问，那就说明你无法享受公司的福利。所以，一定要和那位你即将成为其公司顾问的老板协商好把那些福利所需的费用预留出来，按比率记入日薪或时薪里面。

- 以成绩为核心的工作环境。基本上只要你完成了工作，工作时间、地点和方式没有限制。老板特别通融并且相信你，这个方法才适用。同时，你自己要有条理，有较强的自主工作能力。

提建议

如果你恰好在一家没有提供弹性工作制的公司（有 40% 的公司没有提供）工作，也还是有希望的。根据美国人力资源管理协会的调查显示：公司设置弹性工作制的首要原因（大约 68% 的雇主给出

若你是雇主（或高层管理者）

弹性工作制越来越受欢迎，但大多数公司依然把它们看作是“女人的事情”，这意味着公司很少为爸爸们提供这种弹性工作制的福利。改变这种极端守旧的态度、帮助更多男人回归家庭的责任就落到了你的肩上。

- 调整你自己的工作日程。此时，许多男员工可能不愿意跟你提出改变自己的工作日程，因为他们害怕对自己的职业生涯不利。所以，如果你知道公司的某位员工刚当上了爸爸，请你首先向他提出工作日程变化的问题。他可能会对你心存感激呢。
- 适当做出改变。如果公司有充足的员工，你可为新手父母组织培训班和支援团队。员工不多的话，你可以考虑在公司或附近提供免费的（或有补贴的）儿童看护。同时，还可以鼓励员工考虑兼职、分担工作任务、弹性工作时间等。总之，公司的政策应该为员工及员工的孩子着想。
- 不要担心费用问题。实施了家庭优惠政策的公司发现，享受了福利的员工工作更加卖力，积极性更高，缺席、早退等现象也会随之减少。他们还能帮公司招揽优秀人才。

的理由）是："员工要求。"因此，这可能是先有要求才会被接受的事情之一。但在你走进老板办公室之前，首先要制定一份翔实可供执行的计划。即使你有幸进入一家提供弹性工作制的公司工作，你也需要一份计划。要做的事情如下：

- 认真与你的伴侣进行沟通，使工作安排尽量符合你们及你们的家庭需要。
- 尽可能地提出具体的工作天数、次数、工作地点以及你需要修改工作日程的具体时长。
- 和与你处境类似的同事一起跟老板接触。那样的话，就不会

推销利益

确实，提供弹性工作地点是非常值得做的事情，它能给公司带来具体、重大的利益，你的老板可能对此还不甚了解。你可以向老板一一做出解释。

- 弹性工作制能提高工作效率。据斯坦福大学的经济学家尼古拉斯·布鲁姆的研究：远程办公的工作人员比起一般的工作人员，其工作效率要高出13.5%。原因何在？布鲁姆表示，有三分之一的人是因为在家办公的工作环境更加安静。他说："办公室很嘈杂，容易让人分心。"另外三分之二的原因在于人们在家工作时投入的工作时间更长。他们起早贪黑，休息片刻便可重新投入工作，吃饭时也无须跑腿。
- 弹性工作制可以稳定工作队伍，减少人员流动。布鲁姆的研究表明：远程办公的工作人员的辞职率比普通工作人员的辞职率低50%。人员流动是一笔大开销。"雇佣和培训新员工需要费用，在新员工适应新的工作之前，公司的工作效率不会高。"在经济学家希瑟·鲍诗依和莎拉·简·格林看来，招聘和培训员工开支达到

有人说你“搞特殊”了。首先联系有孩子的爸爸和职场妈妈。

- 从老板的角度看问题。除非非营利机构，一般公司都是以营利为目的的。所以，你的老板所做的一切决定都会优先考虑公司的利益。因此，你需要向老板出具你完成任务的详细计划，你与公司多久联系一次，有紧急情况的话，公司老板和同事如何能及时找到你。你的老板和同事感觉越安全，他们给你提供的支持也会越多。

- 试工。如果你的老板有疑问，你可以提议试工一两个月。提出一些具体的指标，可以用来评估成功或失败。

- “推销利益”，更多信息见前页及本页。必要时可以把这一页多复印一些，散发给那些你觉得需要的人。

员工平均薪水的 20%。招聘和培训管理人员，费用将超过薪水的 200%。

- 弹性工作制有利于招贤纳士。很多公司发现提供弹性工作制有助于公司吸引顶尖人才。

- 弹性工作制有利于提高员工的工作积极性及忠诚度。当员工感觉到老板尊重他们的弹性工作需求时，他们的工作积极性会更高，不会装病请假，也更加乐意为公司的发展贡献自己的力量。

- 忠诚快乐的员工是敬业的员工，敬业的员工是能够为公司获得利润的员工。盖洛普最近对 49 个行业——192 家组织机构——49928 个工作单位，涉及 140 万员工进行了调查分析，目的是为了探究员工敬业和公司业绩之间的关系。结果显示：在员工敬业方面跻身前 25% 的公司，相比于排名最后的 25% 的公司，“他们的顾客满意度高 10%，盈利超过 22%，生产效率高 21%。”还有，前 25% 公司的人员流动率较低，员工缺勤较少（37%），安全事故较少（48%），市值缩水较少（28%），产品质量缺陷较少（41%）。这些数据最能说服你的老板。

协调工作与家庭的关系

不论你多想将生活与工作分开，两者之间总归会有一些让你始料未及的情况发生，但这也未必是件坏事。在长达近 40 年的对父亲的研究中，约翰·斯纳瑞发现，“与过去古板的工作与家庭关系大相径庭，在养育孩子和获得面包之间也许存在一种更积极的、互惠的关系。”

其他研究人员也有类似的发现。“在当爸爸之前，很多男性不会意识到家庭和工作生活需要不同的个人素质。”心理学家菲尔·科恩写道。但是在他们当了爸爸后，许多男人“发现了在工作和家庭中快速清楚地处理冲突、做出决定、进行沟通等的新能力……一些人更加清楚地意识到他们个人与工作的关系，更能使用一些管理技能来解决家庭问题”。

你和你的家庭

被卡在两个家庭之间

不论是对于你、你的新伴侣还是孩子来说，让你的新家和老家和平相处并非易事。当小点的孩子到来的时候，你以前的孩子有种被抛弃的感觉，甚至会产生嫉妒的心理。当你开始一个新的家庭时，如果你没有全天候地陪在他们身边，他们的这种感觉会愈发强烈。他们会觉得你的忠诚、你的爱（甚至你的金钱）都会花在你的新生儿，那个你一直陪在身边的人身上。他不得不与人共享原本属于他的那一切，由此而心生怨恨。他们会注意到你对这个令人讨厌的新生儿全心的投入，怨恨你们没有那样对待他。（不管事实是否如此，但孩子的感受却是真实的。）

离异家庭的小孩心里都会默默地希望自己的父母能够和好如初。但你若不是与他的母亲组建新的家庭，他们的希望就会破灭，孩子对以前那个家庭的爱也会发生改变。一方面，他们会（一如既往地）

深爱着他们的妈妈，另一方面，他们对宝宝和继母的爱也会自然地日渐加深。但是随着他们之间关系的不断深入，孩子们会因为感觉自己抛弃了母亲而心生愧疚——就好像是允许自己成为新家庭的一员，不得不停止对她的爱一样。这种感觉会使他们攻击你、你的宝宝和你的伴侣。在他们的心里，如果生活没有使他发生那么大的改变，一切都会很美好（至少不会比以前糟糕）。

这就是我生活的大致缩影。我与前妻的两个孩子长期与我待在一起，跟我的感情也很好，这对我们三个来说是再好不过了，但对我的现任妻子来说就不同了，因为她会感觉自己被忽视了。尽管我们有将近一半的时间待在一起，她也会不时地担心我没有足够的时间（和爱）去陪伴她和我俩的孩子。

尽管你以前有过做丈夫、做爸爸的经验，但想在现任妻子与孩子面前树立好丈夫、好爸爸的伟岸形象，对你来说仍非易事。这与平常做爸爸的情况不一样。通常的情形是，你结婚生子、抚养孩子长大、孩子结婚、你当爷爷，就这样。但如果你是一位“更新的爸爸”，你需要同时照顾两边的情绪。既要处理好与以前孩子的关系，又要与新家庭建立新的相处方式。

有时候，与两边相处很简单也很有趣。因为以前经历过，所以宝宝出生后，你的压力不会太大，心里也比较放松。但有时好像感觉两边总是会发生冲突。正如我之前所说，现任伴侣会把你这种优哉游哉的态度理解成缺乏兴趣或缺少激情。如果你多花点时间与新家庭相处，你前面的孩子就会感觉自己被抛弃，因而心生怨恨、嫉妒。这时你会感觉自己不是称职的爸爸而心里过意不去。然而，你若是与前面的孩子相处时间多，你的新家庭成员又会感觉受到了排挤。

凡事都有解决的办法。你要做的就是大多数人都渴望做却从来没有机会做的事情：换个角度看问题，换个方法解决问题。对你来说具有挑战性的事就是如何采取一种大家（包括你在内）都能接受的方式来处理好双方日常的矛盾，创建一个新的家庭单位，使你的大孩子们、新孩子和你的伴侣都能相处融洽。请注意，我不是说要大孩子融入新家庭或者说让新家庭成员融入老家庭中。因为这两种方法都会让其中一方感觉自己是次要的。相反，你的目的是要让双方都感觉到他们是大家庭中的一员，你对他们的爱并没有被分开，你与他们的相处都是平等对待。

事情不可能总是一帆风顺。总有一些压力想让你切断与你前面孩子的联系，不要屈服这些压力，孩子需要你，你也需要孩子，尽管你们不像你所期望的那样经常见面。

你和你的宝宝

嫉妒、情感丰富、有数学头脑？你没看错，这就是你的宝宝

不是只有大孩子才会嫉妒。宝宝到 5 个月大的时候就会出现这种苗头。是不是感觉不可思议？接着往下看：英国的研究人员里卡尔多·德拉基－洛伦茨曾访问过 24 位母亲，问她们当宝宝 5 个月大的时候，如果当着宝宝的面去抱或者去逗别的小孩，或者当着宝宝的面跟别人说话，宝宝的反应如何？结果有点差强人意：当看见妈妈与其他宝宝互动时，超过一半的宝宝都会闹脾气而且会哭。但是当妈妈与大人闲谈时，情况会好很多，只有近 10% 的宝宝会哭。（你可能没有太在意这些，但当你有时需要与其他小朋友接触时，要记得照顾好他的感受）

宝宝产生的复杂情绪可不止嫉妒一种。你有可能已经意识到自己的言行与情绪会对宝宝产生影响。当你情绪好的时候，他也会跟你一起开心。当你情绪不好的时候，你的宝宝哭的概率也会增加。英国研究人员艾琳娜·杰安古深入研究发现，当宝宝听到另一个宝宝因为疼痛或者不开心大哭的录音时，他们也会跟着哭起来。但要是听到比他大的孩子或是听到猴子的哭声则不会。（不必怀疑，猴子

不是只有大孩子才会嫉妒。宝宝到 5 个月大的时候就会出现这种苗头。是不是感觉不可思议？

不开心的时候确实是会哭的。）

耶鲁大学的研究人员保罗·布鲁姆安排几个五六个月大的宝宝看几出短的木偶剧。在一出木偶剧里，有一只狗想打开一个箱子，有两只泰迪熊前来帮忙——一只想帮小狗把盖子搬开，而另一只则生气地坐在箱子上。另一出说的是一只小猫跟两个兔子在玩球。当小猫把球滚到其中一只兔子面前时，它就把球滚回来，而另一只小兔子则抢完球就跑。看了几遍表演以后，宝宝们可以选择自己喜欢的角色（两只泰迪熊和两只小兔子中的一个）。有 80% 的宝宝选择了“表现好的”的角色。

现在来看看他们的数学天赋。研究人员凯伦·温（布鲁姆的伴侣）把几个 5 个月大的宝宝放在舞台前。（是不是感觉宝宝在剧院待了很久？真是让人羡慕。）然后在宝宝的注视下——先把一个米老鼠放到幕布后，过一会儿再放一个。拉开幕布时，宝宝以为会看到两个米老鼠。如果看到的不是两个，他们会盯着舞台看很久（比出现两个米老鼠时看着舞台的时间长），脸上还会露出不可思议的表情。

添加辅食的时间

在我小时候，大家都觉得尽早给宝宝添加辅食比较好，通常比现在提早5~6周。有一种说法就是，人们觉得，宝宝吃固体食物比喝牛奶睡得久（这么大的宝宝基本上不喝母乳了）。如今，相比宝宝晚上的睡眠时长（其实吃固体食物并不会影响宝宝的睡眠），人们更加关心宝宝的健康。而且大多数儿科医生都建议推迟给宝宝添加辅食的时间，如果是母乳喂养的话，最好推迟到宝宝6个月大的时候；如果是喂奶粉的话，最好到宝宝4个月大的时候。如果你或你的伴侣有食物过敏史，建议宝宝更大一点再添加辅食（更多信息见第176~177页）。

如果你想在宝宝4个月大或6个月大之前就添加辅食，请打消这个念头。原因如下：

- 不添辅食可保护宝宝免生疾病。在宝宝16周大之前添加辅食，会导致宝宝终生的体重问题。
- 给母乳喂养了4个月的宝宝添加辅食，患呼吸道疾病（肺炎、哮喘等）的风险增加四倍，给母乳喂养了6个月的宝宝添加辅食，耳部感染的风险增加两倍。
- 若是你、你的伴侣或是你家的大孩子三人中有一人患I型糖尿病（也称作青少年糖尿病），时机至关重要。最新的两项研究表明，处于风险中的宝宝，若在4个月之前或者是7个月之后吃了谷物类食物或含有麸质的其他食物，相比传统的在4~6个月大的时候添加辅食，罹患此病的概率会大大增加。
- 因为新生儿的消化系统还不成熟，在6个月之前还无法消化蛋白质、淀粉和脂肪。固体食物连同营养物质仅是通过消化系统，但并未被消化。

- 宝宝一不小心就会被呛到。
- 喂食固体食物会填饱宝宝的肚子，宝宝的喝奶量就会减少，这样有可能导致宝宝摄入的卡路里和营养成分不足。
- 6 个月之后添加辅食能够减少宝宝以后过敏的可能性。
- 母乳喂养或人工喂养宝宝，对父母来说是抱宝宝的绝佳机会。虽然你的伴侣在喂奶的时候，你不可能抱着宝宝。
- 母乳喂养不需要清洗任何东西，人工喂养只需要清洗奶瓶。如果添加辅食的话，你需要洗调羹、盘子、围嘴，还要清洗高脚凳，甚至要擦地板和附近的墙壁。

如果宝宝是早产儿，在添加辅食之前需要咨询儿科医生。你可在宝宝的调整年龄 6 个月大的时候开始添加辅食（见第 92 页）。（如果宝宝现在是 5 个月大，早产了 6 周，那么添加辅食的调整年龄才只有 3 个半月。）

以下是判断宝宝添加辅食的时机：

- 宝宝体重已经达到刚出生时的两倍（表明他已经吸收了充足的营养物质）。
- 宝宝体重严重不达标（表明他没有吸收充足的营养）。
- 平均每天喝奶量超过 32 盎司（约 900 克）。
- 宝宝在喝奶时咬乳头（你的伴侣的乳头或奶瓶的奶嘴）。
- 看到你吃东西的时候，宝宝会有意识地盯着你看，会吧唧自己的嘴巴，或流口水，有时候还会直接从你的盘子里面抓食物。
- 他可以自己坐稳或是靠着东西坐稳，脑袋不再乱晃。

记住，开始添加固体食物并不意味着就要断奶（见第 307~312 页断奶须知）。其实，即使宝宝开始吃固体食物，在接下来的几个月，宝宝的大部分营养物质还是来自于母乳或配方奶。

开始添加辅食

要让宝宝接受固体食物并非一朝一夕之事。刚开始的时候，宝宝把东西吃进去后很有可能会直接吐出来。慢慢地等宝宝习惯后就能一次喂满满的一勺了。然后，宝宝还需要一段时间来熟悉食物的味道和口感。接着他就会自己摸清楚嚼和吞的门路了。方法如下：

- 当宝宝不太累、不太饿、不太闹的时候，给他一次提供几种不同的新食物。

- 留出充足的时间。给宝宝喂一勺的食物可能要花上 10~15 分钟的时间。

- 确定宝宝稳稳地坐在宝宝高脚椅上；不要让宝宝坐在你的膝盖上。还有，记得给宝宝戴上围嘴，除非你喜欢洗衣服。

- 宝宝刚开始接触的固体食物应该是富含铁质的、单颗粒谷物（不包括麦圈）——米饭、燕麦片或是大麦片。刚开始的几天，在米粥或麦片粥里加一点母乳或配方奶（不包括牛奶）使之稀释成液体状，然后待宝宝适应后，慢慢地减少奶的用量，使用越来越浓稠的粥来喂宝宝。

- 当心便秘。大多数父母都是用米饭作为辅食，很多宝宝只要一吃米饭，马上就会便秘。如果出现这种情况，停止喂米饭，而要改喂水果泥直到便秘症状自行缓解。（解决便秘最有效的水果就是“五子”：梨子、李子、桃子、梅子和杏子。）等到宝宝的肠胃蠕动正常，慢慢减少水果的量，增加谷物的量（米饭除外）。让宝宝慢慢适应。

- 用塑料勺子喂食。宝宝吃饭的时候很可能会咬勺子，而平常的金属餐具都太硬了。准备一件易清洗的玩具，让宝宝吃饭的时候拿在手上玩。孩子几岁的时候，吃饭乱跑可是一件麻烦事。但如今，手上有玩具的话，他就不会从你手上抓抢勺子了。

- 不要用奶瓶来喂宝宝辅食。有的人把辅食装入奶瓶，在奶嘴上开一个大口子。（不要笑——很多人一直那么做。）目标就是要让宝宝学会使用勺子。

- 不要逼着宝宝吃东西。如果你喂他食物的时候，他把头转向一边、不张嘴，或者吃进去就吐出来，那就不要喂了。

- 在宝宝吃了谷类食物三天后，每次添加辅食时增加一种蔬菜，3~5 天后再换一种蔬菜。要确保宝宝既吃了黄色的蔬菜（胡萝卜、南瓜等），又吃了绿色的蔬菜（豆子、菠菜、节瓜等）。很多人都习惯把香蕉当作第一选择。但是香蕉过甜，宝宝可能喜欢上这个味道以后，对别的味道的食物就不感兴趣了。再者，香蕉也可能和米饭一样导致宝宝便秘。

- 食用蔬菜一周后，可以开始给宝宝喂柠檬酸水果（也是每次一种水果，3~5 天换一种）。宝宝一岁之后才能消化苹果，但这时可以给宝宝喂一些不含糖的苹果酱，再过几个月宝宝就可以吃橙子了（柠檬酸可能引起宝宝尿疹）。

- 不要给宝宝喝果汁（更多信息见第 38 页的理由）。如果实在没办法，记得按 1∶1 的比例兑水稀释。

- 不要在任何食物里面加盐加糖。宝宝不需要这两种东西。

- 尽量不要直接拿罐子喂宝宝，除非宝宝能吃完一整罐食物。因为宝宝嘴里的细菌会污染剩下的食物。

- 宝宝大约 7 个月大时，可以给他添加酸奶。酸奶含有丰富的蛋白质，而且可以和其他食物一起食用。虽然很多小孩都喜欢酸奶，但我的宝宝并不喜欢，我们就加一颗蓝莓（最喜欢的食物）哄着她喝。

- 接下来是面包和谷类食品（现在可食用麦圈），加一些肉末。

- 宝宝大约 9 个月大时，添加一些松脆的手抓食品。

食物过敏和食物不耐症是什么，怎样预防？

尽管有 25% 的美国父母声称自己的宝宝有过敏反应，实际上对食物真正过敏的三岁以下的宝宝不超过 5%。食物过敏是指进食某种食物后免疫系统对其蛋白质产生的排斥反应。最常见的过敏症状有鼻塞、哮喘、皮肤红疹（湿疹和荨麻疹）、流鼻涕或是咳嗽、呕吐、情绪相当不稳定等。相反的是，类似头痛、胀气、腹泻或是便秘等都是酶缺损所导致的食物不耐症的反应。

你可能会问：“都是不良反应，两者有什么区别？”两者的区别既关键又微妙。过敏反应大多开始于婴儿时期，然后随着接触过敏食物次数的增加，症状会变得越来越严重。食物不耐症则不然。幸运的是，大多数孩子除了会一直对花生和海鲜过敏外，对其他食物所产生的过敏反应会随年龄增长而消失（五岁以上的孩子，大约只有 2% 对食物真正过敏）。

儿科医生一致认为，处理食物过敏或食物不耐症的最好办法就是防患于未然。当然，完全阻止是不可能的。但是你可以采取以下措施：

- 宝宝大约一岁时，能吃的食物就很多了，但要切成小块。有的食物如葡萄、生胡萝卜、坚果、热狗，仍有噎住孩子的危险，要小心食用。
- 谨记：至少在宝宝一岁以前都不要给他吃蜂蜜、玉米等含甜味剂的食物。因为这些食物里面时常含有寄生虫，成人的消化系统已经成熟，可以消化，但宝宝还不行。

我想自己吃东西

当宝宝能自己吃东西时，他会用自己的方式给你提示，一般都是直接从你手中抢过勺子（速度之快出乎你的意料）或是压碎所有掉在自己小桌子上的食物。当这些情况发生的时候，你就要做好准

◎ 至少给宝宝母乳喂养 4~6 个月，不给宝宝添加辅食。

◎ 若是你的伴侣有食物过敏史，在哺乳期间，她应该减少或是完全不接触过敏食物（见 178 页）。

◎ 一次只给宝宝添加一种新食物。如果宝宝有不良反应，你马上就可以知道是什么食物引起的。

◎ 给宝宝添加了一种新食物后，过 3~5 天后，再给他添加另外一种。

◎ 如果宝宝有以上任何一种不良反应，应马上停止喂食并迅速联系儿科医生。医生可能会建议你 6 个月之内不要给宝宝吃那种食物，6 个月之后再吃，到那个时候，宝宝的体内应该已经产生抗体了。

◎ 如果没有家族过敏史，在给宝宝吃高风险过敏食物之前，比如牛奶、蛋白、鱼、坚果、海鲜或小麦等，先咨询一下医生的意见。一般的做法是等宝宝至少一岁以后再吃这些。但是，根据美国过敏、哮喘、免疫学学会的研究，延迟给宝宝吃那些过敏食物会给以后增加过敏和湿疹的风险。在给宝宝添加辅食前，一定要咨询医生。

备。在接下来的几周，宝宝会把各种各样的食物黏在他的鼻子、眼睛周围，黏在下巴下面，甚至黏到耳朵后、头发里面，并且会乐在其中。还好，他学会扔东西后不久就不会这样做了。

有一种方法可以免除一些清理的麻烦，那就是在宝宝的高脚椅下面放一块大塑料垫，旁边放一个大垃圾袋。但是不要高兴得太早，你的宝宝很快就会学会把勺子当成弹弓，然后把食物弹到塑料垫以外的地方。可是你对此也无能为力，你能做的就是让宝宝吃饭的时候远离地毯，避免穿上最好的衣服。可能你会考虑让宝宝吃饭的时候只垫个纸尿裤，反正他基本上每次吃完饭都要洗个澡，因此这样做你能省去一些洗衣服的麻烦。

最有隐患的食物（及原因）	适合食用此食物的年龄	较为安全的食物
※ 蜂蜜（可能含有寄生虫）	8~12个月	※ 米饭
※ 蛋白（过敏原）	1岁（蛋黄可在7~10个月大食用）	※ 燕麦
※ 小麦和酵母（过敏原）	6~12个月	※ 大麦
※ 牛奶和其他奶制品（过敏原）	12个月（低脂：2岁）	※ 胡萝卜
※ 鱼类（马鲛鱼含汞，金枪鱼、剑鱼等的刺可能会卡到宝宝）	6~12个月	※ 南瓜
※ 山核桃、胡桃和其他树坚果（过敏原）	咨询儿科医生	※ 杏子
※ 水生贝类动物（可能引发过敏反应）	1岁大（家庭成员有过敏史则2岁大时咨询医生）	※ 桃子
※ 花生和大豆、豆子等（过敏原＋卡喉风险，尤其是花生酱）	咨询医生	※ 梨子
※ 甜菜、菠菜、莴苣、小萝卜及其他根用蔬菜（含硝酸酯）	12个月（吃有机食品）	※ 苹果
※ 柑橘类水果（含酸，难消化）	6~12个月	※ 嫩羊肉
※ 浆果，蓝莓与蔓越莓除外（难消化）	6~12个月	※ 嫩牛肉
※ 番茄（含酸，难消化）	6~12个月	
※ 巧克力（含咖啡因＋难消化）	12个月	
※ 果汁（含糖＋肚子太饱）	从不食用（若能做到的话）	
※ 热狗，生胡萝卜（可能会噎住）	12个月	
※ 葡萄（可能会噎住）	12个月	
※ 爆米花，硬糖，橄榄（可能会噎住）	12个月	

自制还是购买？

罐装食品方便，但价格高——尤其是有机食品。便宜但稍显麻烦的方法就是自制食品。真的很简单。毕竟最主要的宝宝食材是蔬菜，你还可以一次多做几份。你只需要煮一些蔬菜、搅拌、捣烂，然后装到冰块托盘放进冰箱。宝宝什么时候要吃，就只要从冰箱里拿出来解冻加热就行了。如果你喜欢自己做的话，建议你学一学食

三项注意事项

1. 当你开始给宝宝喂食固体食物时，宝宝会做一系列令人难以置信的鬼脸——恐怖、害怕、厌恶、背叛等表情来表达他的喜好。不要太在意——他只是不太习惯新口味而已，并不是对你的厨艺不满。

2. 最初的几次，不要做得太多。因为很可能是这种情况：一勺食物反复喂很多遍，（你喂到宝宝嘴里，宝宝再吐出来沾到嘴边，你又把宝宝嘴边的食物放到勺子里再喂……）让人无可奈何。但记住喜剧演员戴夫·巴利曾说过的一句话："宝宝吃东西不是靠嘴巴，而是靠下巴。知道这点，你就省了好多烦心事。你就不会把食物塞进宝宝的嘴里，逼着他自己把食物抹到下巴上，就像许多不了解宝宝的爸爸做的那样。"解决办法：记得要有耐心，并且随时用相机拍下美好的时刻。

3. 多准备一些彩色的纸尿裤。宝宝有点像马一样——排出来的东西跟吃进去的东西差不多。我至今记得我第一个宝宝 6 个月大的时候，我喂她吃南瓜泥（临近感恩节，做南瓜派还剩下一些南瓜）。与往常一样，我喂她吐，而我也跟平常慈爱负责的父亲一样把宝宝吐出来的食物用手收拢起来吃掉。我们吃完后，我正要把女儿从宝宝椅里面抱出来，发现她的大腿内侧有一团南瓜泥，我顺手收起来送到自己嘴里。不幸的是，那并不是所谓的南瓜泥。到今天为止，我一看见橙色的派就有点心理阴影。

品粉碎的方法。

虽然自己做婴儿食品听起来是一种更健康的方式，但有时罐装食品会更受欢迎，因为味道淡一些。我的意思是：罐装的婴儿食物里面过去常常含有防腐剂、化学药品、色素、盐和一些垃圾食品。但是制造商现在已经规范了自己的行为，在标签上除了有婴儿图片，还有无添加剂的说明。罐装食品吃起来味道平淡，至少对于成年人的口味来说是这样。

自制婴儿食品的时候，你总是想加几滴橄榄油，放点辣椒、黄油和各种调料使味道好一点。味道确实不错——但不适合宝宝。宝宝适合吃口味淡一点的食物。那些作料，尤其是盐，吃了对宝宝不好。所以，等宝宝长大一点再给他加咖喱、黄油和糖等。当然，如果你打算吃宝宝剩下来的食物，倒是可以在宝宝吃完以后加点作料。

请注意：微波炉加热不太均匀，有的加热了，有的还是冷的。所以，使用微波炉加热的话，要保证食物搅拌均匀，在喂宝宝之前自己先尝一下。

6

第 6 个月 获得自信

宝宝的状况

身体上

- 到本月底，孩子也许就能自己呈“三脚架位”坐起来了（双脚张开，双手撑在地上以保持平衡）。如果仰倒在地，她还可以自己抓住你的手，重新坐稳。
- 她能随心所欲地前后翻滚，甚至还能爬行或蠕动（刚开始通常是往后移动）一小段距离。但你要做好心理准备——在你给她换尿片或穿衣服的时候，她可能也会动个不停。
- 她可能会双手双膝着地，花几个小时来回晃动，这里抬只手，那里抬条腿——都是为了爬行做准备。
- 她能拍手，拿两个物体相互碰撞。如果不是拿着东西相互碰撞，她就会把这些东西塞进嘴里。
- 现在她能看着这个物体，去拿另外一件物体，或许她还能在两只手之间来回传递物体。

智力上

- 有这么多的新东西要做要学，所以宝宝每天只睡 12 个小时，大部分时间都是在探索周围的环境，喜欢到处摸一摸、碰一碰、尝一尝、摇一摇。
- 宝宝已经对自己的名字有了认知。如果你叫她，她又不是太忙，她就会转过头来看你。

- 她逐渐意识到她和其他人、其他物体都是分离的，但是她还是会觉得她对自己所看到或接触到的事物有绝对的掌控权。她会从儿童椅上丢下玩具、餐盘、食物，就好像是在强调她的掌控权一样，她能让你捡起这些被丢弃的物品，这让她很享受整个过程。

- 孩子另一种证明自己完全掌控世界（尤其是掌控你们）的方法就是哭，以引起大家的关注，不管自己是否需要关注。这些行为都表明你的孩子做事会有所计划，还能预见自身行为的结果。

- 宝宝对事物开始产生立体概念。比如，她喜欢看人脸图像，但是如果你把这幅画倒过来或是把人脸各个部位换个位置，她会非常费解。如果她看到你的照片，却听到别人的声音，她也会感觉非常费解。

语言上

- 宝宝现在能在元音的基础上加上辅音，发出一些单音节“词”，比如爸、妈、啦、咖、啪。

- 特别擅长模仿声音，也会尽力模仿你语气里的抑扬顿挫——有时候还学得像模像样。

- 渐渐熟悉语言语境，能轻易分辨出你谈话时的声音与你所发出的其他声音之间的差别。比如，当你发出其他动物的声音时，她会笑。当然，她更喜欢听本国语言，而不是外国语言。

- 宝宝逐渐喜欢听其他声音，尤其是音乐。听到音乐，她会停下自己正在做的事情，仔细聆听。

情感上 / 社交上

- 本月之前，宝宝真的不会在意谁喂她、谁给她换尿片、谁和她玩、谁抱她，只要有人做就行。但是现在，对于 50%~80% 的孩子而言，谁能够满足他们的需要已经变得极其重要。你、你的伴侣，或是其他熟悉的人可能是现在唯一能靠近孩子还能让孩子不哭的人。

这是“陌生人焦虑”的开始。

- 她仍很擅长社交，看到人就微笑（只要你在附近）。看到镜子里的“其他”宝宝，她会微笑或大笑。
- 想让你抱她的时候，她会挥手。等你抱起她，她就会黏着你。如果你把玩具拿走或是不和她玩了，她就会哭。
- 此外，到了一个新环境，她仍会非常好奇，会花长达90分钟时间熟悉周围的环境。
- 她的情感变得越来越丰富。比如，如果你做了她不喜欢的事，诸如把她放在车座上或婴儿车上，或把她放在床上睡觉，她会表现出真的生气的样子。

你的经历

成 长

没有什么比做父亲更能使你意识到自己已经是一个成年人了。你也意识到，自己除了是个儿子，还是个父亲。这听起来似乎特别容易明白，但令人惊讶的是，很多男人总是不能完全理解这个概念。毕竟，我们一直都是把我们的父亲看作父亲，而把自己看作儿子。

有位朋友是这样跟我描述他身份转换的经历的：“一天，我穿衣服，我的胳膊伸进夹克的袖子里，伸出来的却是我父亲的手。”这种情况发生在你身上的时候，你就会明白。比如在你使用了某个你父亲经常用但你有20年没听过的短语，或者你突然发现自己在做你父亲曾经做过的事或说你父亲曾经说过的话，而你过去曾发誓自己做父母时绝对不会做这些事或者说这些话。不要觉得尴尬，我们都会如此。

感觉像父亲

大多数男性（以及女性）把父亲角色看作是给孩子灌输各种价值观以及教孩子各种技能的老师。除了有点偏颇，这种看法还是无可厚非的——虽然这会让婴儿和爸爸陷入一种困境。教学需要彼此交流、互动。如果学生是名婴儿，完全无助，基本上不能做出任何反应，教学就很难继续进行下去。结果就是，许多爸爸因为教学难以进行，而对父亲的角色就没有什么特别的感觉。

但是等到孩子 6 个月大的时候，她就能够和你交流了。你叫她，她会转过头来，你要是走进她的房间，她会非常兴奋。你和她摔跤，一起建塔，或挠她痒痒的时候，她会给你一个能融化钢铁的微笑——只给你的微笑。孩子的反应和“赞美”似乎并没有很多，但是无论你是否意识到，这些变化都会使你信心倍增，你相信孩子需要你，你在她的童年生活中扮演着非常重要的角色，对她影响极大。你终于开始觉得自己像位父亲了，这种感觉会随着你与孩子之间越来越频繁的互动而愈加强烈。

妒 忌

“当父亲时最具毁灭性及破坏性的感受就是妒忌，”马丁·格林伯格博士在《一位父亲的诞生》（*The Birth of a Father*）一书中如是说。当然爸爸有很多可妒忌的事，但问题是：你在妒忌谁（妒忌什么）？你是在妒忌你的伴侣能和孩子如此亲近，而且还能额外花时间和孩子待在一起？妒忌孩子得到了你伴侣太多的注意，占有你伴侣的时间比你还多？妒忌保姆在白天能够得到孩子的微笑和喜欢，而你却不在孩子身边？或许是妒忌孩子无忧无虑的生活，妒忌孩子不需要承担任何责任。答案当然是：妒忌以上所有人。

像大部分情感一样，有点妒忌其实并无大碍。但太过妒忌会让你处在一种竞争的状态，会对你的伴侣、临时保姆，甚至是孩子产生怨恨之心。你觉得自己需要伴侣给予更多关注或情感支持吗？你需要多和孩子单独相处吗？无论你在妒忌什么，也无论你在妒忌谁，你都要清晰表达出你的真实感受，同时也鼓励你的伴侣这样做。如果因为某些原因你无法和伴侣讨论，那就找一位男性朋友或亲戚说一说。到时你一定会惊奇地发现，其实妒忌很正常。妒忌带来的“潜在的毁灭性威胁，”格林伯格写道，“不在于你有妒忌之心，而在于你把妒忌之心隐藏在心底。”

获得自信

我已经不记得我的孩子童年时的每一天了，但有一天很特别——那就是我的大女儿满 6 个月的那天——我记得特别清楚。

这一天和其他任何一天没有什么不同。我喂她喝了一瓶牛奶，给她穿上衣服。她把奶吐在衣服上，我给她换了身衣服。五分钟之后，她突然拉了大便，弄得脖子上到处都是。我给她进行了清洗，第三次给她穿上衣服。一整天我好像给她换了五次尿片，又换了两身衣服，喂她喝了三次奶，她哭了四次，我哄了四次，开车出去办事的时候，抱她上车下车八次，哄睡两次，在此期间我还要设法洗衣服洗碗，甚至还要设法写写稿子。

总之，如果不是在这天快结束的时候发生的那件事，这一天根本不值得一提。当我坐在床上阅读的时候，我记得我当时正在想，“真是奇怪了，我居然能把这些事处理得井井有条。”事实上我的确做到了。到现在为止，你可能也是如此。几个月前让你惊慌失措的事情现在已经变得完全正常了。你已经明白了孩子的暗示，能预知他人无法预料的事，还有那些过去觉得无法做到的事，现在几乎都能够做到了。你可能还会觉得自己和孩子之间的关系比以前更加紧密了，感情也更融洽了。这是一种自信和安定的感觉，意味着你和你的孩子进入了社会学家和心理学家所提到的“蜜月期”。

这个时期的平静和顺利使你和你伴侣的关系更加融洽（但并非总是如此）。很多爸爸都说这段时期很多事都会变得“更简单”，他们还会真实体会到一家人的感觉。有关你和你伴侣之间的关系，我会在 312~313 页谈到。

你和你的宝宝

到处玩

当孩子能伸手抓东西，把东西塞进嘴里的时候，她会渐渐地热衷于玩，热衷于关注身边的物体（或者是她伸手可及的物体），探索周围的环境。

首先，可能最重要的意义在于，从某种程度上来说，孩子能从这些物体中明白她能控制它们（除非这些物体是猫，那她可要遭殃了）。当然，这种惊人的顿悟可能完全只是偶然：你把一个拨浪鼓放在她手里，抓住孩子手臂晃几下，她会注意到拨浪鼓会发出声音。但是在接下来的几个月，孩子会发现当她停止晃动的时候，拨浪鼓便不会发出声音，然后她就会再次晃动拨浪鼓——仅仅只是因为她想这样做——一遍又一遍地重复。

花时间和这个小家伙玩可比其他活动重要多了。

孩子会自己从各种物体中学到许多东西。如果你感兴趣，你还可以和她玩很多游戏，这些游戏不仅有趣，而且还能提高孩子对物体的理解和认知。不必多说你也知道，花时间和这个小家伙玩可比其他活动重要多了。所以，你就放开和孩子好好玩吧！

够东西游戏

为了鼓励孩子够东西并开阔她的视野，试着拿一些吸引人的玩具，在孩子头部上方、前方或左右两边移动，尽量放在她伸手能够拿到的地方。记住，这些玩具不是用来取笑或折磨孩子的，而是用来逗孩子开心的。你还可以加大难度，把玩具放在毯子或毛巾上，然后慢慢拉毯子，让她看清毯子是怎样向她靠近的。她会自己尝试吗？

触摸游戏

试试这种游戏：让孩子抓小玩具玩，但是不能让她看见玩具（让她在黑暗中抓着玩或是让她把手伸到纸袋子里抓着玩）。然后把这个玩具和其他几个她没玩过的玩具放在一起。大部分这么大的孩子都会找到自己熟悉的那个玩具。虽然这个游戏听起来很简单，但并非如此。这时候，你其实是在要求孩子同时使用两种感觉——触觉和视觉，通过感官来辨认她触摸到却没有看到的物体。如果孩子还辨认不出，没关系。再试几周。这种能力需要一定时间才能获得。

“如果……那么……”游戏

你可以通过很多方法加强孩子对因果关系的思考。玩拨浪鼓、打鼓、滚球、水花飞溅都不错。鼓起两腮，让你的孩子用手去“戳”它们。宝宝健身玩具也不错——尤其是拍打时会发出很多声音的那种。但是孩子要是试图利用健身玩具拉她站起来的话，你一定要阻止她。这些健身玩具适合坐着或躺着玩，但不够结实，无法支撑太重的体重。

物体性能游戏

大约六七个月大的时候，孩子会慢慢明白一个非常重要的事实，那就是物体离开了他们的视线还是客观存在的。

- 孩子认识客体的永久性需要经历几个阶段。如果你想知道具体是如何的，可以试试这样做：把玩具展示给孩子看，然后在她观看的时候，把玩具“藏到”枕头下。如果你问孩子玩具在哪儿，她可能会把枕头推到一边，“找到”玩具。但是之后如果你在孩子没注意的时候迅速转移玩具，把玩具藏到另一个地点，她会继续在第一个藏匿点找。
- 捉迷藏或其他藏匿与寻找的游戏有利于孩子形成对客体永久性的认识。捉迷藏最能让你的孩子明白：你走开后会回来。听起来可能不怎么样，但是当这种联系建立起来以后，她就会明白，当她需要你的时候，你会一直在她身边，能让她有所依靠，这也会更好地帮她面对分离的焦虑（见第 239 页）。

追踪游戏

在孩子的面前举着一个物体。你确定孩子看到了它，就松开手。

适合玩的玩具

- 积木
- 容易抓住的洋娃娃
- 实物：手机、电脑键盘、鞋子……
- 能发出各种声音并且质地不同的玩具
- 音乐类玩具
- 球类
- 硬板书

不适合玩的玩具

- 任何由泡沫制成的玩具——很容易被咬成碎片
- 任何足以诱人吞咽的玩具、零件可拆卸或是小到能穿过厕纸筒的玩具
- 任何可能夹到孩子的玩具
- 任何可能会产生电的玩具
- 有填充物的动物玩偶和其他有毛并且毛会脱落的玩具（那些有填充物但填充物不会外漏的玩具可以选择）
- 有绳子、丝带、皮筋的玩具——潜在的窒息危险
- 学步车（有可能不适合——见第 214 页）

大多数五六个月大的婴儿的目光都不会随落下的物体移动。但是在7个月大的时候，孩子就能预测到物体会落在哪儿。等你的孩子差不多学会这项种技能的时候，增加一点难度：使一些物体同时坠落，让孩子追踪。接着在她面前举一个氦气球，然后松手。她会朝下看，非常震惊地发现气球居然没有落地。她的脸上会浮现一种感觉被误导的非常有趣的表情——好像表明是你误导了她，你违背了物理定律。你让孩子拿着绑气球的线，然后让她自己试验。

另外还有一个很棒的游戏，这个游戏可以培养孩子追踪移动物体的能力，甚至物体有一会儿不在孩子的视野中也可以。把孩子放在高脚椅上，你就坐在桌子旁边面对着她。在孩子面前慢慢水平滚动几次小球。然后在你和孩子之间放一个麦片盒，还在原来的位置以同样的方式滚动小球，这次要故意让球在盒子后面停一两秒钟。大部分6个月大的孩子会向前看盒子的另一头，预料球会出现在那里。如果孩子还有兴趣，那就再玩一次，但是这一次，不是水平移动，而是垂直移动，把球从盒子顶部拿出来。

玩捉迷藏的时候，你也可以试试以上方法。你藏到门后，这样孩子就看不到你。然后稍微打开点门，伸出头。在同一个地点玩几次，伸出头的地点比孩子的预期高些或低些。大多数孩子总是觉得这个游戏非常好玩。

再说一遍，如果孩子对你这个游戏没有任何反应，不要担心。孩子的发育分不同水平，对你的孩子来说是“正常”水平，也许对于邻居家的孩子来说就比较快（或比较慢）。你还要记住，不要花很多钱买漂亮的玩具。我大女儿这么大的时候，她最喜欢的玩具中有一个是塑料碟擦洗垫。记得那时我带她去了纽约中央公园玩具王国——那里有无数漂亮玩具——我想她会挨个都玩一遍这些好东西。但是，她只想玩价格标签。（她现在已经长成了一个大孩子，每每想起那段经历，我都把它当作一个预告——她还是会花很多时间看价签……）

让孩子休息会儿

不要觉得你必须要一直逗孩子玩。这一切当然很有趣，可是虽然和你玩很重要，但给孩子留点时间让她自己玩对孩子的成长也很重要。不用担心，让她自己玩——只要你就在附近，能听到孩子在干什么，而且在孩子需要你的时候，你能马上有所回应就行——但这并不是说你可以不管孩子。其实，刚好相反。给孩子自己玩游戏的机会，或让她自己练习和你玩过的活动，是在帮孩子明白她也能自己满足自己的某些需求。这样做，你是在帮孩子建立自信，让她自己决定玩什么、玩多久。

你和你的伴侣

克服紧张

我之前提过，刚当上父母会让你们感觉彼此的关系不再那么紧张，彼此之间也更像家人了。当然，并不是每对伴侣都是如此，有些伴侣之间的关系还是显得很紧张，有时候这种紧张会被解读为对彼此关系的不满意（更多内容见 312~313 页）。如果你有这种感觉，就醒醒吧！

事实上，男性对伴侣关系的满意度在绝大部分情况下决定了他们对抚养孩子的参与度。满意度越高，参与度就越高，对爸爸身份也会越满意。满意度越低，关系越不稳定，参与度越低，而且参与的质量也会降低。

对了，你们婚姻的质量可瞒不住孩子，门儿都没有。例如，如果爸爸婚姻不如意，11 个月大的孩子在处于某种新情境（比如看见不熟悉的人）时，他是不大可能向爸爸求助的。

家庭事务

找到优质的育儿方法

大部分父母会本能地认为最理想的情况是，你们俩有一个或两个人留在家里带孩子最合适（而且很多研究也已经佐证了此种观点）。但是很多人无法采取传统的爸爸出去工作妈妈在家带孩子的方式，或不怎么传统的妈妈出去工作爸爸在家带孩子的方式，因为他们承受不起经济上的损失。所以，或迟或早，你需要考虑一些日托的形式。以下是一些各有利弊的日托形式，你可从中做出选择。

请不住家的保姆和临时保姆

请不住家的保姆可能对父母而言是最便利的选择。因为还是在自己家里，你不必担心孩子每天的行程安排，孩子也能待在自己熟悉的环境。此外，孩子还能得到更多面对面的照顾，因为是在家里，所以她也不会沾染很多病菌和疾病。

把孩子一个人留在陌生人身边真的很可怕，有可能会留下心理创伤，尤其是第一次。一方面，你会担心自己是否真的了解（能否信任）那个照顾孩子的人。你可能还会担心没人能像你和你的伴侣那样爱你的孩子，照顾你的孩子——我也曾有过这样的担心。另一方面，你可能会经历心理学家劳伦斯·库特纳所说的存在于父母和照顾孩子的人之间的“自然对立”。“作为父母，我们希望我们的孩子能和他们生命中的其他成年人亲近（但不要太亲近），”劳伦斯说道，“但我们又担心，如果我们的孩子和别人太亲近，在孩子眼中我们的位置好像被取代了。”幸好没人能够取代得了你——或你的爱。你应该知道，还有很多很会照顾孩子的人，他们也会带给孩子很不错的东西。

如果你请不住家的保姆的话，我强烈建议你要求她记录孩子的日常起居情况：睡觉（什么时候睡的以及睡了多久），喂奶（包括喂了多少），换尿片（什么时候，多少，尿量多少），还有总体的表现。这样听起来好像太注重细节了，但这样做的确是有益处的。比如知道孩子是否几天都没有大便、白天没有睡，或是知道孩子渐渐没了食欲，这些都极其重要。把这些细节记录下来能帮你慢慢梳理孩子的生活习惯。要是发生了一些不太可能发生的事——孩子身体不舒服——这时你要是能告诉儿科医生这些细节，那么对孩子的病情诊断将极有益处。

如果你是一个比较传统的男性，你可以自己在纸板上记录——把你想知道的每一项目列一栏，把时间增量以小时为单位写在一边。

放轻松点儿

为孩子寻找适合的日托环境十分重要，你和你的伴侣需要认真对待。当然，一直以来你听到的那些有关保姆或日托提供者的风言风语让你很担忧，她们本应该关心孩子，但是总有人看见她们打孩子或虐待孩子。这些事足以让所有人望而却步。

尽管这些事件发生的可能性极小，但是你还是要尽可能杜绝这些事件的发生。你可以采取以下措施：

◎ 雇用那些你了解并且信任的人。如果你有好朋友或亲戚夸赞某一个日托中心或某一个保姆/临时保姆，他们把他们自己的孩子交给这些人带过，你可予以考虑。但是你还是得和这个人见见面（或在托管中心了解对方情况），以确保她符合孩子和家庭的需要。

◎ 只考虑有执照的机构。经过州授权的机构都会经过背景调查。所以，你需要去你所在州的发证机关核实该机构的执照合法性，了解一下整个筛选过程是否彻底。

◎ 如果你是雇用个人，也经过机构去雇用。很多——但不是所有——

或者，你可以用许多婴儿追踪软件，这些软件会为你记录所有细节。

怎样找到不住家的保姆或临时保姆

寻找不住家保姆的最好办法就是：

- 口口相传。
- 代理机构，这些机构会根据候选者的经验、培训、参考意见进行筛选，有时候还会通过基本背景调查进行筛选。
- 网络搜索（www.SitterCity.com 和 www.Care.com）。

首先要做的是通过手机联系——这样能帮你排除明显无法接受

机构会筛选申请人。至少他们要有申请人的驾驶记录和犯罪背景调查。

- 自己做一些调查。有些州有一个做背景调查比较集中的地方——检察官、虐待儿童登记处、性犯罪者登记处——如果你不能自己去查，那就雇专门的调查公司为你做。你需要知道申请人的全名、社保号码、驾驶证号码。
- 准备一个小摄像头。摄像头有很多种选择。摄像头可放在显眼的位置，以便保姆能看到它，或是藏在时钟收音机、填充玩具动物或其他东西里面。有些摄像头是黑白的，有些是彩色的。有些摄像头有记录功能，方便过后观看，有些只是将图像发到你办公室的电脑、平板电脑或手机上。

你能做的最重要的事就是相信你的直觉。如果一个日托中心或某个人让你感觉奇怪——即使是奇怪，就算别人把它/她说得天花乱坠——那就别耽搁，寻找下一个对象。同样的，背景调查和电子监控也是如此。如果某个人不愿意合作，你也要放弃该人选。如果你找到的保姆让你怀疑到需要在家里安装监控器，也许你就应该重新找一个保姆。

的申请人（比如，只想工作一个月的人或你需要司机却没有驾照的人）。然后邀请那些通过了第一关的人亲自来见你、你的伴侣以及孩子。让孩子和未来的保姆待在一起几分钟，密切注意她们之间的互动。有些人会很小心地靠近孩子，在抱起孩子前能和孩子“对话”，让孩子安心，这些人了解并知道如何照顾孩子的感受。有些人会轻抚孩子的头发，然后开始一段“对话”，比起那些只会把孩子放在膝上木讷坐着的人，她们要好得多。

另外一种“考验”保姆的方法就是让她们给孩子换尿片。到时你就可以看这个申请人是否会微笑或唱歌或尝试一些其他方法让孩子觉得换尿片很有趣，或看她是否觉得孩子的排泄物很恶心。等她换完以后，看她是否会洗手。

等你把最终人选都列出来以后，一定要去做调查——至少要查核两个人（虽然有点尴尬，但非常重要）。询问每个人辞去前面工作的理由，她身上的优缺点是什么。同时，你还要询问这个你家未来保姆下面列出的一些问题。

等你最终做好决定以后，在你或你的伴侣返回工作之前先让她在你家里工作几天，这样你们就能更好地相互了解，当然，你也可以秘密监视对方。

问些什么

对于这个未来会在你家帮忙照顾孩子的人，你可以问以下一些问题。当然，你还可以问更多你关心的问题。

- 你照看孩子的时间有多长？
- 你以前照顾过多大的孩子？
- 你有没有接受过其他特殊培训（儿童早期发展、红十字会证书等）？
- 跟我们说说你童年的故事。

- 如果……（例如孩子做了一些需要不同程度予以约束的事）你会怎么做？
- 你什么时候会打孩子或掌掴孩子？（如果回答不是“从不打孩子”，换人。）
- 你会如何处理……？（列出一些紧急情况，比如头部受伤、血流不止，或手臂骨折等。）
- 你知道儿童心肺复苏术和儿童急救吗？（如果对方不知道，你可能要给对方报个班学学。红十字会经常有这种课。）
- 你最喜欢和孩子干什么？
- 你有驾照吗？有保险吗？
- 你哪天有空/哪天没空？我们工作的时候，如果出现紧急状况，你的时间灵活度如何？
- 你的母语是其他外国语吗？
- 孩子睡觉的时候，你能或愿意煮饭或做点轻松的家务吗？
- 你愿意配合我们做个背景调查吗？

其他需要谈及的重要事项

- 赔偿（去问问那些雇了保姆的朋友赔偿率为多少）和假期。
- 照顾一个以上孩子的意愿和能力。和周围邻居一起请一个保姆能为彼此省下一笔钱，同时也能让孩子多个玩伴。
- 候选保姆能发多少手机信息或上传多少脸书动态？
- 隐私问题：你愿意让你的孩子出现在别人的社交动态里吗？
- 抽烟吗？
- 总的工作职责：给孩子喂奶、洗澡、换尿片、换衣服、给孩子念书等，同时孩子睡觉的时候还要做一些其他琐事（轻松的家务活、煮饭）。
- 说英语的能力——出现紧急情况的时候最为重要（你肯定需

把孩子放在爷爷奶奶或外公外婆家

如果你的父母、岳父母或其他亲戚住在你家附近，他们可能会愿意帮你照顾孩子，方便，费用低，而且还会对孩子好。美国人口调查局发现，当父母工作时，五岁以下的孩子有23.7%都是由自己的爷爷奶奶/外公外婆照顾——而他们之中有一半是住在爷爷奶奶/外公外婆家里。另外有7.4%的学前儿童都是由其他亲戚照顾的。

如果你想让孩子的爷爷奶奶/外公外婆照顾，你一定要多多感谢他们，尊重他们为带孩子而腾出时间。虽然很多爷爷奶奶/外公外婆都很乐意陪自己的孙子孙女——有些老人觉得带小孩让他们觉得自己很积极，很年轻——但是他们仍然有权利享受自己的退休生活，做自己想做的事。但是，他们可能不太会跟你谈到这些，因为怕让你生气。所以，你要把这些事说出来，直接问他们是否觉得你要求得太多。

鼓励爷爷奶奶/外公外婆多陪陪自己的孙子孙女对每个人都有益处。莎拉·摩尔曼和她的同事在波士顿大学跟踪调查了几对祖孙，花了几乎20年时间，最后发现，有最亲密关系的人最不容易患抑郁症。另一个研究发现，每周花一天时间陪孙子孙女的奶奶或外婆在脑部功能和记忆力测试中的表现都有所提高。但是也不要过度强调它的作用。在同一个研究中，每周由爷爷奶奶/外公外婆带5天及以上的孩子“大脑反应速度明显减慢”，而且“记忆力也会有所下降”。

要候选保姆能和医生准确描述孩子情况或和911接线员解释清楚到底发生了什么）。

- 移民/绿卡身份（更多相关内容以及其他复杂的法律问题见下文）。
- 你可能想签份合同，里面列好照顾者的所有职责——这样彼此就不会有任何误解。
- 使用美国度量衡。这听起来好像有点傻，但是如果照顾者准备给你煮饭，你一定要确定她知道一茶匙的量和一汤匙的量之间的差别，以及一杯与一品脱之间的差别。我们曾经吃到过味道极怪的食物，但那时我们还不知道来自阿塞拜疆的保姆根本不知道这些差别。

住家保姆

家里住进一个照顾孩子的人就像是增加了一位家庭成员。整个筛选过程和找一个非住家保姆的程序是一样的，所以，你可以使用以上列举的问题来完成面试。做出选择后，前面几周先试试让保姆不住在家里，看看彼此相处得怎样，确保每个人都满意。

家庭托儿所

如果你不能让别人（不想或支付不起）来你家照顾孩子，接下来最好的选择就是把孩子放在别人家里让别人照顾。因为照顾者通常只需要照料两三个小孩（包括你的孩子），你的孩子会得到足够的关注，同时还能和其他孩子交往。因为照顾者是住在他/她自己家里，所以很少会换人，这样也会给你的孩子一种稳定感。

对于潜在的家庭日托提供者，一定要问清楚如果提供方出现假期及疾病问题，他们会提供哪种后备措施。是否会出现孩子无人照顾的情况，孩子是否会被交给你和你的孩子都熟悉的另一个成人来照顾？

团体日托

很多人——甚至是那些支付得起住家保姆工资的人——更愿意选择家外的日托中心。因为一般来说，对比你家或其他任何人家里，一个不错的日托中心的设备更为齐全，而且毫无疑问会给孩子提供更多更具刺激性的活动。但是你要记住，玩具店似的或有着风景优美的户外场地的日托中心并不一定就是质量的保证。

很多父母更倾向于团体日托，因为这种场所通常能为孩子们提供更多互相玩闹的机会。从长远来看，大部分育儿专家一致认为，和各种各样的孩子玩能帮助孩子更擅长与人交往，更加独立。其缺点自然在于孩子不会得到很多一对一的关注，因为你6个月大的孩子不会总是和同龄的孩子玩，成人与孩子的交流也就显得更重要。此外，和其他孩子互动通常也意味着会沾染到他们身上的病菌。对比在家（无论是你自己家或别人家）的孩子，团体日托的孩子更容易生病。

到哪儿寻找住家的或不住家的孩子照顾者

寻找不住家的孩子照顾者，最可能的方式是通过口口相传，或通过网上的广告，或当地的育儿报纸。也许最容易（最安全）的方法就是通过“儿童保育我知道”（childcareaware.org）来寻找，这是一个在全国开展的活动，用来帮助父母在自己的社区内找到令人信赖的儿童保育员。全国家庭儿童护理协会（nafcc.org）和全美幼儿教育协会（naeyc.org）也有可供搜索的儿童照顾提供者的数据库——此外，他们还提供合格鉴定服务。

无论你怎么寻找儿童照顾机构，你都必须自己亲自去调查。进行对比时，以上提到的机构建议你考虑以下方面：

关于照顾者

- 他们真的喜欢孩子吗？孩子喜欢他们吗？
- 他们会为了和孩子说话而跪下来和孩子保持同样高度吗？
- 他们到了你家以后孩子会热情地和他们打招呼吗？
- 即使很忙，孩子的需求是否也总能立刻得到满足？
- 照顾者接受过有关心肺复苏术、紧急救助或幼儿期发展方面的培训吗？
- 他们参加过继续教育项目吗？
- 这个项目能应对孩子不断变化的兴趣吗？
- 照顾者时刻准备好回答你的问题吗？

- 他们会告诉你孩子每天做什么吗？
- 赞同父母的观点吗？如果你想参与的话，有什么方法吗？
- 孩子照顾者的数量是否和孩子数量相符？每个州都有不同的标准。有的是 1∶3（即一带三），有的是 1∶6（即一带六）。以我同时照顾两个婴儿的经验来看，1∶3 已经很困难了，1∶6 简直要让人发疯。
- 国家儿童保健健康与安全资源中心（nrckids.org）建立了一个非常不错的网站，上面列出了每个州的最新标准。

关于设施

- 是否有执照？要求看看证书。
- 环境是否明亮且舒适？
- 外面有栅栏围着的游玩区域是否有很多安全设备？
- 照顾者能够随时看见整个户外活动场地吗？
- 有专门供孩子休息、安静地玩、活泼地玩的不同区域吗？
- 采取了什么预防措施以确保孩子只会被你选择的那个人接走？陌生人能接近该中心吗？
- 是否有完备的安全措施使孩子远离窗户、栅栏、厨具和器皿（刀、烤箱、烤炉、家用化学制品，等等）等危险物？

关于安排

- 每天玩的时间、听故事的时间以及睡觉的时间分配均衡吗？
- 这些活动对每个年龄段的孩子都适合吗？
- 给每一位孩子提供足够的玩具和学习材料吗？
- 玩具都干净、安全，孩子够得到吗？

其他事宜

- 你同意纪律规定吗？
- 你听到快乐孩子的声音了吗？

- 鼓励父母突然造访吗？
- 你的孩子在这里会快乐吗？

每个机构尽量拜访几次，做出最终决定以后，在未通知对方的情况下多次造访该机构——看看父母都不在的时候情况究竟怎么样。

需要引起怀疑的几件事

- 父母造访之前必须事先通知。造访前或来接孩子前需要打电话。
- 父母把孩子送下车后不许进入托管区。
- 几周后，孩子不开心。
- 几乎每天都会出现新的不熟悉的照顾者。
- 顺便造访时孩子们在看电视。
- 你谈到了一些担忧以后，没有得到认真的回复。

找到一个能照顾好孩子的人是一个很漫长也很痛苦的过程，而且在找到合适人选之前，不能放弃十分重要。不幸的是，大部分父母面对这些选择都会感到气馁，最终确定选择的并不是最佳人选。结果如何？大部分婴儿得不到特别的照顾。工作与家庭研究所最新研究发现，只有 8% 的儿童保育机构被认为“具有高质量”，40% 的机构评级为“达不到最低标准”。最糟糕的是，10%~20% 的孩子“得到的照顾极差，结果甚至会损害他们的健康发展”。所以，一定要小心谨慎。

7

第7个月 全新的爱

宝宝的状况

身体上

- 已经坐得很稳了，不需要用手支撑来保持平衡。相反，他能够并且愿意伸手去拿东西。

- 能够通过腹部用力自己坐起来。

- 开始爬行，至少有段时间，宝宝是爬着往后退的，对此你不要觉得惊讶。或者不是爬，而是一只手撑在身体后面，一只脚放在身体前面，屁股蹭地四处挪动。

- 如果你用手撑着孩子腋下使他站直，他的脚部能承受住他自身的一定重量，他会跺脚，上下蹦跶。

- 孩子现在能像你一样使用自己的拇指和食指，而且还能自信地迅速拿起他想要的东西。他仍比较喜欢互相碰撞能发出声音的东西，当然，还有能放进嘴里的东西。

- 现在孩子开始长牙了，如果你的伴侣还在给孩子喂奶，你会听到她多次提起孩子长牙的事。

智力上

- 随着孩子智力的发育，他的能力也会相应得到提升。他能辨认出你渐渐靠近的脚步声，甚至在你进入他房间前就变得十分高兴。

- 如果面前有一堆堆形状不一的积木，他会一块一块地捡起，然后把它们分别整理、排列好，一块一块地进行比较。

• 虽然手上还不能抓住足够多的物体，但是孩子还是会因为能够捡起和抓住物体而非常兴奋，这是他刚学到的本领。他会花很多时间把物体上下颠倒地从每个角度都检查一遍。如果他一只手拿着一块积木，他会伸出手拿第二块积木，眼睛看着第三块积木——所有这些都是同时进行的。

• 孩子现在开始明白，自己看不到物体的时候，物体依旧存在。如果他掉了什么东西，他不再认为它已经永远消失了。相反，他会四处寻找，或专注地盯着东西消失的地方，希望它还会再回来。但是，如果 5~10 秒内它还没有出现，他就会忘记它。

语言上

• 几个月前，孩子（通过练习）能发出任何人类能发出的声音。但是，因为他把所有的时间都用来模仿你的声音，而正在忘记如何发出一些你不能发出的声音（比如那些卷舌音，或住在丛林里的非洲人发出的吸气音）。

• 但是，说英语的时候，你的孩子不再是发出单音节的喃喃自语般的声音，而是多音节的声音（bababababa，mamamama，dadadada……）。他能调整声调、音量、语速，并积极尝试和你对话，在你停止说话的时候发声，等你给他回应。

• 孩子被动的语言能力也在进步。他现在听到别人叫他的名字会转过头来，能理解一些词的意思。

情感上 / 社交上

• 虽然他很喜欢实物，但其实他更喜欢社交互动和一对一的活动，比如追赶、打闹游戏。

• 他现在能分辨成人与儿童之间的差别，可能还特别喜欢和同龄人玩（其实是有同龄人在旁边）。

- 他能分辨出声音里带有的积极或消极情绪，以及人们面部开心或难过的表情，并做出不同反应。也就是说，你对待孩子的方式会大大影响孩子的行为。如果你因为他所做的事而变得很生气或很害怕，他会感觉到自己让你难过了，可能会号啕大哭。同时，你的微笑，你的鼓励，都能让他马上不再难过，或哭声渐渐停息。
- 他现在面对陌生人还是会觉得害羞、紧张，可能会觉得浑身不自在，如果你离开了，他真的会不安。
- 继续模仿你做的一切，现在喜欢吮吸手指，或是喜欢抱着自己的奶瓶或水杯。

你的经历

全新而别致的爱

几乎每位作家迟早都会尝试着竭尽所能来描述爱。就绝大部分人而言，结果总是功亏一篑。问题就在于爱分很多种。比如说，我对妻子的爱完全不同于我对姐妹们的爱，同样也不同于我对父母的爱。这几种爱甚至与我对孩子的爱都大不一样。

我经常用巧妙的字眼来描述我对孩子的爱，但偶尔，我的感受却完全不同——这种感觉有时候把我自己都吓到了。

事情是这样的：有时候我正看着我的一个女儿（三个中的任意一个）在公园里玩，她漂亮而天真的脸庞满是喜悦。突然，莫名其妙地，我开始想象如果有什么不好的事情发生在她身上，我会是怎样的感受。要是她摔倒或扭到了脖子怎么办？要是她被车撞了怎么办？要是她得重病夭折了怎么办？这些事情都有可能发生。每当我想到这些事情时，接下来的一整天我都会闷闷不乐。

还有更多。有时候我还会想得更远，我不知道如果有人，任何人，想去伤害或绑架或杀害我其中的一个孩子，我会怎么办。在那一瞬间，我的脑子里一想到这件事，我的心跳就开始突然加速，我都能听到心跳的声音，呼吸也开始急促起来，我用力咬紧牙关，握紧拳头。除了在武术课上，30 年来我还从未打过别人，而在那一瞬间，当我的思想开始天马行空的时候，我意识到我很有可能会毫不犹豫地赤手空拳杀掉那个害我女儿的人。

感觉被孤立

我大女儿还很小的时候，她和照顾她的保姆每周都会花上几个上午的时间待在托特兰。托特兰是附近的一个公园，那里已经变成了儿童照顾者和孩子们的天堂。大部分情况下，我会在下午到公园接孩子，我会在那里停留一个小时左右，看着我的孩子和其他孩子玩耍。

作为一位照看孩子的爸爸，在公园里我偶尔也会遇到另一位爸爸，我们会彼此点头、微笑，或是彼此露出略显怀疑的神色。

而其他照顾者——几乎都是女性——则成群结队地聚在一起聊天、分享育儿信息、学习育儿经验。新人——只要是女性——很快就会受到这些群体的欢迎。但是，除了和其中几位女性有过点头之交，我总像个局外人，她们从来都不会真正欢迎我。

偶尔另一位爸爸会带着孩子来到这里，我们会彼此点头、微笑，或是彼此露出略显怀疑的神色。作为爸爸，我们可能有很多共同之处，而且我敢肯定，我们还有共同的担忧，本可以互相学习，互相促进。但是，我们没有这样做。相反，我们坐的地方相距有9米远。就算我们彼此有交谈，那也是关于足球或其他一些非常肤浅的东西。我们两人都不想靠近彼此，因为害怕显得寒酸、无知、不够爷们儿。真是俩傻蛋啊！

在过去的几年里，这种情况已经有所改变——虽然只是改变了一点点。因为爸爸的角色不再需要藏着掖着了，留在家里的奶爸也变得越来越普遍，当代的父亲正在迈着试探性的脚步朝着各自的方向前行。但是无论过程如何，新生代的爸爸还是会回避彼此，而因此错失了建立友谊和互相学习的机会，他们本可以通过交谈学到很多育儿的经验。结果是，许多爸爸感觉自己被孤立。他们有很多担心、忧虑，以及他们不能完全说清楚的其他感受，他们能说清楚的就是，他们没有可以倾诉的对象。父亲，有时候看起来真的很孤独。

和其他男人团结起来

作为父亲，克服孤立感或孤独感最好的方法之一就是加入爸爸团。甚至在加利福尼亚这样的地方都有很多爸爸支持团，用来满足已经加入了各种不同团体的人们的需求。虽然加入爸爸团听起来有点冒险，但是冒这种风险是很值得的。

我曾经带过很多新手爸爸团，他们总是如出一辙，一开始都是讨论运动、政治，或其他与育儿完全无关的事。然后，几乎是偶然的，某人谈到有关孩子的事，话匣子才由此打开。谈到爸爸的经历

以及各种建议，大家都滔滔不绝。很多男性发现他们并不是如自己所想的那样孤独。团体会议时间往往比预计的时间要长得多。

加入（被吸收/创建）爸爸支持团使爸爸们受益匪浅：

- 揭示秘密。女性会从其他女性那儿得来很多有关育儿方面的建议（以及其他建议）：去哪儿买最好的旧童装，下雨天该带孩子去哪儿，生病时吃什么药合适，怎么安慰啼哭的孩子，去哪儿雇用临时保姆。加入爸爸团以后，你会惊讶地发现自己居然知道这么多，你居然还能帮助其他男性。
- 路线图。虽然我已经听过无数次这样的话——男性从来不会询问方向，但是在育儿方面，他们确实需要有人为他们指明方向。参与爸爸团的好处之一在于能够立即意识到自己不是唯一有点迷失的那个人。幸运的是，爸爸团的每一位爸爸都会得到一些有益的指导。即使得不到指导，大家一起面对困难总比一个人面对要好。
- 安全。我发现妈妈在场时，爸爸团运作就不会很顺利。只和男性谈论彼此正在经历的（已经经历或将会经历的）敏感话题要方便些。
- 娱乐。有些爸爸把育儿看作是他们人生优先考虑的事情，和他们一起聚会非常有意思。爸爸们有时候会带着孩子在公园相聚，有时候会独自前往某人家里或酒吧相聚。

如果你想和其他爸爸聚在一起，爸爸团到处都有，可能离你家不远处就有，还可能不止一个。如果你情愿自己组建爸爸团，找其他爸爸加入你的团队可不是件容易事。但是，如果你把话放出去了，肯定会有人回应的。你可以通过以下途径寻找新手爸爸（或已当过爸爸的人）：

- 上网寻找，网址是：www.meetup.com 以及类似的网址。
- 你常去的教堂或犹太教堂。

- 孩子出生的医院，你伴侣的妇产科医生那儿，或孩子的儿科医生那儿。
- 图书馆、学校、日托中心。
- 妈妈团带头人。

即使你还没准备好面对面与人交谈，或对此不感兴趣，或者说你就是不喜欢加入某个团体（我们之中大多数都不喜欢），平时经常和其他爸爸们交流依旧很重要——如果你是居家型奶爸或独自一人抚养孩子，那就更重要了。所以，把网络空间的匿名优势充分利用起来，在推特、脸书、Instagram、谷歌等处搜索关键词“新手爸爸”“博客老爸”，以及其他最能形容你寻找目标的术语或主题。一旦把“男性壮阳”、色情网站和那些想卖给你数以千计的推特粉丝或脸书粉丝的骗子清除在外之后，你就有方向了。无论是亲自见面还是网上见面，大量研究表明，总体上来说，和其他男性聚在一起的爸爸更加快乐。所以，不要假充英雄，不要把每件与爸爸育儿有关的事都由自己来处理。你不可能都处理好的。一意孤行只会伤害孩子，伤害自己。

你和你的宝宝

纪律简介

“纪律是你能为孩子做的第二最重要的事，”儿科医师贝里·布雷泽尔顿说，“第一是爱。”对此我毫不怀疑，布雷泽尔顿绝对正确。但是，在我们进行深入探究之前，先说清楚一件事：纪律并不意味着“惩罚”；它意味着“教导”和“设定限制”。其目的在于帮助你的孩子学会控制冲动。但是，对于这个年龄的孩子来说，要学会控制冲动几乎是不可能的。原因如下：

第一，你的孩子还无法区分想要和需要之间的差别。第二，他根本不知道自己做错了（甚至不知道“对”和“错”意味着什么）。你靠过去亲他的时候，他戳你的眼睛、用头撞你，或者撞倒鱼缸，他这样做并不是想惹事。最后，这么大的孩子记忆的时间很短暂。所以，等你管教他的时候，他已经忘了自己做了什么让你如此生气的事。但是现在孩子变得更好动了，那么他不经意的错误行为就很有可能变得极其危险。所以，现在是时候开始给孩子一些限制了。不需要严格的限制——只需要一些基本的准则让孩子渐渐习惯就好。

这个时候，你必须严格遵循两点严格的纪律和限制设定：在家里做好防护措施，避免伤到孩子，减少危险（更多信息见212~220页），或分散孩子的注意力和利用孩子的短时记忆。这个年龄的孩子像猫一样：如果他抓起你无意间留在地上的无价之宝例如凡·高的画作，你要对着孩子微笑，一只手拿给他泰迪熊，另一只手拿走画作；如果他冲向旁边人来人往的大街，抱起他，让他转个方向。他很有可能根本就没注意到。就算注意到了，他也只会失望几秒钟。

孩子，跟我谈谈，给个信号

你曾经多少次期盼孩子能够告诉你他在想什么？其实，只需要一种非常简单的方法就能知道孩子的想法：教他手势语。

几十年前，研究人员就发现有听力缺陷的父母教孩子使用手势语，学会的孩子不到9个月大时就能和人交流了。那些父母听力正常的孩子通常一岁以后才会讲很多话。仔细想想，教孩子用手交流的确挺带劲。毕竟，孩子对自己双手的掌控强过对舌头和口腔的掌控。

除了能教孩子一种早一点的交流方式，手势还能提高孩子的运动技能，增加孩子的词汇量，加强孩子的语言能力，减少孩子发怒和沮丧的次数，甚至与智力提高也有一定联系。和孩子的手势交流对你也有益处。当你明白孩子的需要时，处理起来就会更加得心应手，你（以及你的伴侣）也不会太沮丧。如果你感觉轻松，一切尽在掌控之中，育儿也会变得更容易、更有趣。而这些都会使你与孩子的关系更加亲密。

手势语有两大体系。二者有相似之处，但也有很大的不同：

- 约瑟夫·加西亚的“你家宝宝手势语”全部以美国手势语（ASL）为基础。大部分孩子学到的这种手势语基本都是凭直觉获得的，比如手指触摸嘴唇代表吃东西，拇指勾在一起、双手扇动代表蝴蝶。其他动作有点难理解（用拇指摸前额代表爸爸，摸下颚代表妈妈）或者有些手势对孩子的小手来说太难（手握拳，拇指放在食指和中指之间代表厕所，或是举起你的手代表 5，弯下中指和无名指指代飞机）。加西亚的理念在于如果你准备教孩子一种语言，最好还是选择有实际意义的。了解 ASL 的孩子能在任何地方与会手势语的孩子（或任何年龄段的耳聋人士）交流。往长远想，ASL 满足了越来越多大学在入学时对语言技能的要求。
- 琳达·亚奎多洛以及苏珊·古德温的“宝宝手势语”也是基于 ASL，但是更灵活。他们的理念是，因为你的孩子使用手势语的时间不会太长，所以最好将手势语尽量简化，方便学习。所以，他们鼓励父母修改 ASL，只要他们觉得合适，可以创造自己的手势语。这样，孩子与家庭成员以外的人交流就有一点困难。但是，你和孩子之间的大部分手势语还是很容易解读的。

这两种体系都很不错，会为你和孩子创造一个绝佳的交流机会。但是我个人更喜欢“宝宝手势语”一些，因为其灵活性比较吸引我。如果你选择这种手势语，尽量多使用 ASL 里的手势语，必要时再进行修改。

但是，如果你更喜欢系统化的方法，或者家里有耳聋患者，可以选择“你家宝宝手势语”。尽管如上所说，有些手势语并不是非常清晰易懂，但是如果用得多的话，也就不难理解了。

开始学习手势语的时间及方式

一般来说，如果孩子至少有6个月大，会指着某物提要求（凯蒂猫在哪儿？）、你准备离开时挥手再见，这时就可以学习手势语了。开始先教一些最普通的手语（最多四种或五种）。我和我的妻子教我们最小的女儿手势语是从牛奶、食物、更多、小猫开始的。重复使用是关键，所以一有机会就做这些手势，说这些单词。如果你正在喂孩子吃东西，问他是否想要更多。如果你正在用奶瓶给他喂奶，告诉孩子他将会喝到牛奶。

尽量让每一个和孩子有正常接触的人使用手势语。她看到越多的人使用手势语，包括临时保姆、爷爷奶奶/外公外婆，尤其是哥哥姐姐——孩子就学得越快。

最重要的是要有耐心——还要有趣。你可能一两个月内都得不到孩子的任何回应。但是，不要放弃。不要教给孩子新的手势语，直到你看到孩子开始模仿你教他的手势语或他们开始自己发起对话，此时尽可能快地增加孩子能接受的新的手势语。

孩子的牙齿

尽管你的伴侣怀孕4个月的时候，宝宝的小牙床已开始形成，但要到宝宝出生6个月或7个月的时候，才开始长牙（牙科术语中叫作“出牙”）。很多孩子3个月大的时候就开始长牙，但有些孩子一岁时还没长牙也不足为奇。可以确定的是：无论孩子什么时候长牙，接踵而来的就是长牙垢。是的，就是牙医用牙凿从你的牙齿上凿下来的那种东西，你可能每年都要请牙医给你凿几次。

现在带孩子去看牙医还有点早——等到孩子初次出牙6个月后去看牙医比较好——但是可以用毛巾或小块纱布清洗孩子的每颗牙齿，每天洗几次。如果你觉得有点冒险，可以试试非常柔软的牙刷。无论哪种方法，至少在一年之内不要使用牙膏，甚至让孩子远离任何管状牙膏更长时间。牙膏带有有毒物质，大剂量牙膏甚至会致命。

在孩子一岁的时候，使用软毛刷刷牙。目前还没必要使用牙线。

乳牙在孩子 6 岁或 7 岁的时候会开始脱落。因为会换牙，所以就算孩子长有蛀齿（牙齿出现黄点或白点）或虫牙，许多父母都不以为然。事实上并非如此。孩子的乳牙长出来是有原因的：为最终长出来的成人牙齿留出空间。它们还会帮助咀嚼、说话、下颌骨发育。如果你的孩子牙齿长蛀牙或必须拔牙，孩子吃东西、说话就会比较困难，而且还会使得换牙后的牙齿变形。

长　牙

孩子长牙齿要注意两大事项。首先，孩子长牙的正确顺序是：首先长出两颗下门牙，然后两颗上门牙，之后是两边的牙齿。大多数孩子到一岁时长有 8 颗门牙，长齐总共 20 颗牙齿要到两岁的时候。

第二，长牙齿通常对于孩子或周围其他人来说都不是件愉快的事。虽然有些牙齿长出来没有造成任何困扰，但大部分孩子多少还是在牙齿从牙龈长出来的前后几天感到有些许不适。孩子的牙龈可能会酸痛或比较脆弱，孩子可能更容易生气，睡不着觉。如果孩子在夜里正要入睡时开始长牙，那就真的倒霉了。他会咬牙切齿，希望能缓解一些压力。为了擦干孩子的口水，你则要准备一个水桶。无论你听到过什么，没有确凿证据可以证明头痛、腹泻或发烧等症状与长牙齿有关。唯一例外的是皮疹，孩子下颚底部和胸部上方出现皮疹，这通常是由于口水流到孩子下颚但无法完全弄干而引起的。幼儿用的润肤霜或你伴侣使用的护乳药膏可以用来解决这个问题。

所幸，长牙齿的不适不会持续很久，而且相对来说也容易解决。大部分孩子使用儿童版对乙酰氨基酚（泰诺）或布洛芬（雅维）后反应极好，但是只有在孩子的儿科医生建议使用时才能使用。如果医生建议使用，你要问需要滴多少滴，不要浪费时间把药涂到孩子的牙龈上——这样没用（虽然涂药水对牙龈形成的按摩会有点帮助）。磨牙圈也有用，尤其是那种凹凸不平、充水且可冰冻的。磨牙

橡皮奶嘴的安全

一般来说，你给孩子橡皮奶嘴无可厚非。很多孩子需要吮吸，母乳喂养或他把自己的（甚至是你的）手指塞进嘴里吮吸也无法满足宝宝的需求。橡皮奶嘴能用来安慰大多数孩子（如果你家孩子没有这种爱好，不要强迫），它们能帮助消除坐飞机带给内耳的压力（以及打哈欠或吞咽时带给内耳的压力），也许还能减少孩子患婴儿猝死综合征的风险，尤其是在孩子睡觉的时候（见107~109页）。另一方面，如果你的孩子非常依赖橡皮奶嘴，如果它从孩子嘴里掉落，他可能会在半夜哭醒。

你不必担心的一件事是橡皮奶嘴会影响即将在孩子脸上出现的美丽笑容。大部分牙医认为吮吸橡皮奶嘴在孩子四岁前都不是问题。

但是，吮吸拇指就有点麻烦。首先，因为拇指大小和孩子的嘴型不一致，而橡皮奶嘴却是一致的。吮吸拇指很有可能损伤孩子的牙齿（尽管这在孩子五岁之前并不是一个严重的问题）。如果孩子总爱吮吸拇指，有可能会影响孩子的说话方式。最后就是，大部分引发疾病的病菌都是通过我们的手进入体内的。还需要我多说吗？

饼干、冰冻的毛巾以及硬面包圈也有用（如果你使用的是硬面包圈，1个月内你都会发现家里到处都是脆面包屑）。

开启家庭儿童保护模式

一旦孩子意识到自己能到处移动，他人生的使命似乎就是寻找——使你不得不猛地冲向——家里最危险、最能危及生命的东西。所以，如果你还没有开启家庭儿童保护模式，最好现在就开始吧！

从趴下你的身体开始，用孩子的视角看世界。那些电灯线、音响线看起来是不是很好玩，你想不想去拽拽、嚼嚼，或缠在自己脖子上呢？那些通风口是不是看起来像是在乞求你用金属棒戳戳？窗以下是使用橡皮奶嘴时要注意的重要指南：

- 绝对绝对不要把橡皮奶嘴绑在孩子脖子上，或者用绳子把橡皮奶嘴缠在孩子身上——这可能导致孩子严重窒息。同时，不要用胶带把橡皮奶嘴固定在孩子嘴边（我确实认识这样做的一个女人，当时我几乎都要向儿童保护局举报她）。如果你对一天从地上捡橡皮奶嘴38次感到厌烦的话，那就去买个手持的捡东西的夹子吧。
- 购买可放入洗碗机安全清洗的、有机硅材料制作的整体橡皮奶嘴（购买数量在一个以上，有质量保证的）。
- 护罩（在孩子嘴巴外的部分）要留几个口子使口水流出来。
- 检查奶嘴是否有洞，是否撕裂，或其他用过的痕迹。如果发现有任何情况，马上换个奶嘴——你肯定不想让孩子把橡皮奶嘴咬碎吞下。
- 不要把糖或任何其他东西放在奶嘴上来贿赂孩子。同时，从长远来看，不要把红辣椒、胡椒粉或任何类似的东西放在奶嘴上让孩子吮吸来戒掉吮吸奶嘴的习惯。

帘上的绳索是不是看起来很适合在上面荡秋千？警惕这些引人注意的电线、绳索以及盖住通风口还只是刚刚开始，让我们从最基础的地方开始吧！

值得注意的所有地方

- 把所有贵重物品移到孩子够不着的地方。再怎么尽早教孩子不去触碰这些物品都不为过，但是不要期待这个年龄段的孩子会顺从你的意思。
- 用螺栓固定书架和其他靠在墙上的立柜（如果你住在多发地震区，就更加重要了）。把位于自己头顶的东西扯下来是孩子吓坏父

学步车

我小时候用过学步车，我的大女儿二女儿也用过。人们可能会觉得被称作学步车的东西应该有助于孩子走路。结果却是，研究表明使用学步车的孩子比没使用过学步车的孩子要晚学会走路 1 个月。其他研究表明，使用学步车会延缓孩子的身心发展。也就是说，学步车存在实际危险。

80% 涉及学步车的事故都是从楼梯上摔下来，大部分孩子都会伤到头部。对学步车的另一普遍投诉就是孩子真的能在学步车内加速，在房子里跑得飞快，撞到家里能看得到的所有物品——对孩子来说很好玩（在他们受伤前），但对你来说就不好玩了。

我的建议？远离学步车（让人惊讶的是，学步车还在销售），即使大部分的“安全”学步车替代品依然存在，除非孩子的儿科医生特地叫你去买一辆。一旦条件成熟，孩子自然而然就学会走路了。

母的诸多方式之一。

- 不要把重物挂在婴儿车上——车子会翻倒。
- 为暖气片做好特殊防护，不要把取暖器、电风扇放在地板上。
- 在楼梯的两端都安装安全门。几个月后，你可以把底部的安全门往上移几个台阶，用不是很冒险的方式让孩子练习攀爬。
- 把热水器温度调到摄氏 49 度，这样能减少孩子烫伤的可能性。
- 购买一个灭火器，在每间卧室装上烟雾报警器及一氧化碳报警器。
- 如果你家是两层的楼房（或是多层），考虑买一个逃生软梯。
- 参加急救课及心脏复苏课程的学习，通常由当地红十字会、基督教青年会或医院提供这种课程。
- 准备一个急救箱（具体内容见 219 页）。

● 经常清空垃圾篮，尤其在你刚清扫完玻璃碎片或其他危险物品之时。

● 保持地面整洁。硬币、回形针、猫砂（及里面的东西）、狗粮、落灰的玩具及其他孩子能拿得到的东西对孩子来说都很好玩。

厨房特别注意事项

理想的情况就是让孩子完全远离厨房——这样也不能保证百分之百安全。至少你要在厨房每个进口处安装一扇门，你不在厨房的时候，避免孩子进去。但是你在厨房的话，一定要记住这些：

● 每扇门安装安全锁。大部分锁都会让门稍微打开一点——刚好放下孩子的手指——所以，你要确保你买的锁不会让门完全关闭。

● 把不易打碎的锅盆储存在没有上锁的橱柜里，鼓励孩子拿着这些东西玩一玩。

● 儿童座椅应该很结实，座椅上的托盘固定，有系住孩子胯部的带子使孩子滑不下来。

● 儿童座椅远离墙壁。他结实的手臂能把自己推离墙壁，翻倒椅子。孩子坐在椅子上的时候，千万不能允许他站起来。

● 小心熨斗和熨衣板。熨斗线是一件危险的东西，熨衣板很容易弄翻。

● 买一把炉灶锁和一些盖子，盖住火炉旋钮，锁住炉灶。

● 条件允许的话，炉具上装一个节能盘，锅把手要朝向火炉后部。

● 任何人做饭时都不要让孩子进厨房。因为很容易绊倒孩子，很容易把某些东西滴或溅到孩子身上，或意外碰到孩子身上。

● 做饭时绝对不要抱着孩子。告诉孩子蒸汽是什么，或水是怎么烧开的似乎是个不错的主意，但是冒泡的意大利面酱或热油飞溅的话，会伤到孩子。

● 把捕鼠器和捕虫器放在孩子够不到的地方。最好在孩子熟睡后把它们拿出来，然后在孩子起床前把捕到的动物送到动物标本剥制师那儿。

- 尽量使用塑料盘、食物托盘——玻璃制品容易破碎，至少在我家是这样的，无论我打扫得多干净，碎片似乎几周后又会出现。
- 把刀插进槽型刀具架内或放回抽屉，而不是放在灶台边缘。
- 把离你家最近的中毒控制中心以及儿科医生的电话号码贴在固定电话旁边，如果你家有固话的话。如果没有固话，一定要把这些电话在你的手机上设置成快速拨号。

室外的阳光

阳光和新鲜空气会让你和孩子都身心愉悦。但是记住：无论你感觉晒黑的皮肤看起来多么酷，对于孩子而言，就不是那么回事了。孩子的皮肤比我们的嫩，更容易晒伤——尤其是浅色皮肤的孩子。长大后得皮肤癌与童年时期的皮肤严重晒伤有关。因此，如果你计划出门，这些是你必须要记住的。更多信息见第 126~128 页。

- 不要被多云天气或有风天气欺骗。紫外线还是会穿过云层，像热天一样晒伤孩子的皮肤的。在高纬度区以及靠近水、雪或沙的地方要特别注意，这些区域会反射并增强阳光的照射。
- 晴天时使用“土拨鼠测试”的方法，如果你的影子比你的身高长，适宜出门（结合本节的其他注意事项）。如果你的影子比你的身高短，不要出门，待在家里吧！
- 尽可能多地保护皮肤。给孩子戴上帽子、戴上防紫外线的太阳镜，给孩子穿长裤、长袖衣服。衣物最好是紧密的机制面料（把布料放在太阳底下很难透光的那种），尤其是棉质面料。
- 裸露的皮肤都要涂上防晒霜。出门前半小时给孩子涂上防晒霜（防晒指数 15/30），之后每 60~90 分钟涂一次。出门后尽量让孩子待在阴凉处。提前几天让孩子试用防晒霜，在孩子后背或手臂上涂上少量防晒霜。如果涂抹处发红或有疼痛感，孩子可能过敏，那就换个品牌。

- 树立好榜样。让孩子看着你戴帽子、涂防晒霜。

- 如果孩子确实晒伤了，马上给医生打电话——如果有水泡就要尽快打。医生可能会给你宝贝牌乙酰氨基酚（泰诺）或布洛芬（雅维）用来止痛，可能还会建议使用0.5%的外用类固醇软膏。不要给孩子服用阿司匹林。晒伤会导致脱水，所以你只要保证孩子不缺水就行。晒伤区域敷上清凉的毛巾，涂上水性乳液或芦荟乳液。远离石油化工产品以及任何含有苯佐卡因的东西，无论你妈妈怎么说都不要把黄油涂抹在孩子伤口上。最后，远离阳光，直到孩子晒伤处完全愈合。

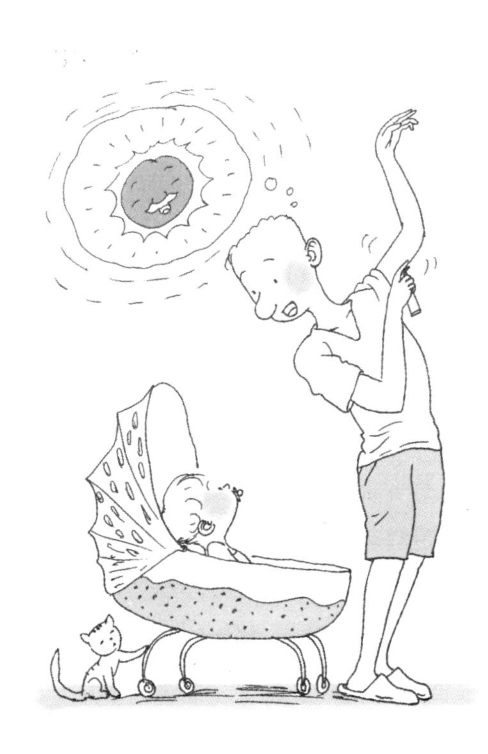

无论你感觉晒黑的皮肤看起来多么酷，对于孩子而言，就不是那么回事了。

客厅的特别注意事项

- 按照宝宝的身高在所有滑动玻璃门及大窗户上贴上贴纸。
- 不要把你养的植物放在地上：有 700 多种植物，如果吃了其中一种都会导致疾病或死亡，包括象山谷的百合、鸢尾花、一品红等普通植物。
- 把矮桌椅、壁炉灶台的每个角落、边缘处都加上护垫。
- 确保壁炉罩不会被孩子拉下来，工具不会被撞倒。
- 家具放置在远离窗户的地方。孩子会攀爬任何能爬的东西，可能会从玻璃窗上掉下去。
- 在所有窗户上安装保护门或护栏，这样孩子就不会从开着的窗户上掉下去了。

卧室 / 婴儿室的特别注意事项

- 不要使用家用的或老旧的婴儿床。它们不符合现今的安全标准。四角有突出木柱的婴儿床最危险。
- 婴儿床板条或板块之间的距离不能超过 6 厘米。超过这个距离，你的孩子就可能会把他的头伸进去。相信我，他一定会的。
- 把婴儿床上的风铃或悬挂的玩具都拿掉。大部分 5 个月大的孩子能自己爬起来，把自己和丝线缠在一起（甚至让自己窒息）。
- 婴儿床至少要离百叶窗、窗帘、挂绳或带丝带的墙上装饰物 2 英尺（约 0.6 米）远。
- 所有的玩具都要能清洗，都要大得塞不进孩子的嘴里、鼻子里或耳朵里，都要足够软得不会戳伤孩子的眼睛。严禁有带子或可拆分零件的玩具。
- 玩具箱箱盖打开后要能停住不动（这样就不会夹到孩子的小手指）。不要把玩具箱塞满。目前有三个或四个玩具就够了——多了孩子应付不过来。如果有很多玩具，轮流放进玩具箱后再拿出来玩。
- 不要一直开着梳妆台的抽屉。从孩子的视角来看，它们很像楼梯。

- 尽量少把东西放在婴儿床上：被单、一件小而软的玩具就可以了。这个年龄段的孩子不需要枕头，而且他们会爬上大玩具或填充动物，利用它们爬出婴儿床。
- 千万不要把孩子放在换尿布台上。

急救箱必备物品

你可能想在家里和车上分别准备一个急救包。

- 布织绷带
- 退热净（泰诺）液体和药片
- 止血带
- 止血贴
- 抗生素软膏
- 抗菌护肤液
- 消毒膏
- 蝴蝶型创可贴
- 清洁冰棒棍（用来夹东西）
- 清洁伤口的清洗剂
- 棉球（如果可以的话先消毒）
- 棉布吊带
- 一次性湿纸巾（独立包装）
- 一次性即冻冰袋
- 紧急电话号码
- 纱布卷或纱布垫（如果可以最好消毒）
- 温和洁肤皂
- 吐根糖浆（必要时能引发呕吐）
- 镊子（以防需要捏取碎片等物）
- 一双洁净的（外科用）手套
- 顶部呈圆形的剪刀
- 4×4 英寸（约 11×11 厘米）消过毒的创可贴

在家里备好急救手册也是个好点子。

浴室的特别注意事项

- 可能的话，安装一道只允许成人进去的小门。
- 安装厕所防护装置。
- 浴室和淋浴室的门要一直关着。

- 千万不要在浴室、水槽，甚至是水桶里装水。溺水是导致年幼孩子意外死亡的第三大普遍原因，而婴儿能在 2~5 厘米几乎没水的情况下溺亡。
- 把药物和化妆品放置在高处。
- 确保没有任何物品可供孩子爬上去拿到医药箱。
- 剃刀和电吹风不要插在插头处，要放到孩子拿不到的地方。
- 家用电器绝对不能靠近浴缸。
- 使用浴垫或吸附式安全条减少在浴缸摔跤的风险。

车内的特殊注意事项

- 儿童安全座椅应该安置在车后座中间（远离任何气囊），在孩子一岁之后体重达到 9 千克之前要后向安装。如果车子没有后排座，而你一定要搭载孩子时，关闭离孩子最近的气囊。
- 不要凭冲动购买二手安全座椅，除非你百分之一百一十确定它没有被制造商召回过，没有丢失任何部件，所有的指导说明都在，而且从未出现过任何意外。
- 对儿童安全座椅做一次安全检查。根据美国国家公路交通安全管理局的说法，80% 的婴儿车座都没有安装正确（尽管有 90% 的人认为他们安装得很好）。很多高速公路加油站、消防部门或警察局免费提供检查。
- 将车洁理干净。在意外中，任何随意摆放的物品都会成为危险的抛射体。

第8个月 永恒运动

宝宝的状况

身体上

- 在这一阶段，你的孩子只要是醒着就无时无刻不在运动。她是一个天赋异禀的爬行者，会在你周围爬几个小时也不累。
- 已经掌握了爬行技术，现在正致力于使自己站直了。
- 她正努力让自己半站半蹲，随后又让自己倒下。这样持续几周后，最终她会凭着自己的力量完全站起来。
- 如果冒一点险的话，她可能会松开一只手或者倚靠在别的物体上，甚至两只手都松开。无论她使用哪一种方法，她都会惊喜地发现自己并没有倒下。孩子是先学会伸直关节，然后才学会弯腿。
- 现在，她会用“钳抓法”来捡东西了，会被小物件所吸引，因为她越来越敏捷了。
- 如果她手里拿着娃娃又看见了新玩意儿，她就会丢掉手中的娃娃而捡起那个新玩意儿。甚至保留手中的娃娃，用另一只手去捡第二件物品。
- 她可以自己吃东西了，抓奶瓶或杯子的技能日渐熟练。
- 每天的运动量太大，几乎筋疲力尽，所以她可能一睡就是10~12个小时。

智力上

• 大量的运动让孩子在她的行动过程中有了探索与发现的欲望。她会爬进抽屉或橱柜里，并用惊人的速度清空它们。

• 她的运动也让她能更好地熟悉到那些迄今为止一直远远观望的物体。比如，你的孩子在地板上四处爬着，有时会停在椅子底下，然后从各种角度仔细观察它。儿童心理学家塞尔玛·富兰伯格说："在离开椅子底下前，他会停下来研究某只椅子的脚，感受它的圆滑，再用他的两颗小门牙啃一啃，来品尝一下味道与质地。在与椅子周旋的这些天或者接下来的几周里，他会发现他所接触到的这些不同轮廓的东西，都是同一物体的几个不同侧面，我们称这个物体为椅子。"

• 慢慢地，她会认识到即使有一些她看不见的物体，它们也依然存在。她会积极地寻找被你藏起来的玩具娃娃。

• 她已经和你一起玩了一会儿"猎物游戏"——扔出东西又让你捡回来——看到这么多的东西"摔倒"，她可能开始担心如果自己摔倒了会发生什么事。因此，她可能会非常害怕待在楼梯的上部或其他地势较高的地方。

• 现在，孩子能够每只手举起一件不同的物体，她将会花很长的时间来比较她身体两边的能力。

语言上

• 她现在几乎说个不停，并在尽力使用你的语调和表达方式。

• 她也可以用不同的声音表达她变换的情绪。

• 她继续专注于双音节"单词"，b，p 和 m 是她最喜欢的辅音。很快，你就会听到她发出"da–da"的音。

• 她的名字不是她唯一知道的声音，在听见其他熟悉的声音，比如汽车靠近、电话响铃、电视声响或冰箱开启时，她也会扭头做出反应。

情感上 / 社交上

- 白天有如此频繁的活动，孩子可能会觉得她自己连打盹儿的时间都没有了。睡眠缺乏、身体疲惫使她无法去做更多她想要去做的事，她有点沮丧，烦躁不安。
- 她心情好的时候，十分想和别人交谈。她可能会爬进某个谈话队伍的中间，坐正，然后开始聊天。
- 她会对着镜子里的自己微笑，想要你抱她起来时会举起双手。
- 对于认识的人，她通常笑脸相迎，但对于陌生人她会担心甚至害怕。所以，处在陌生的环境中或者与陌生人在一起又感觉你将离开她时，她会变得比以往更黏人。

你的经历

学会灵活变通与耐心应对

在我的大女儿出生前，我就是个极其在意时间的人。我通常会在约定的时间与地点准时赴约，我也要求别人这么做。但如你所知，一次简单的出行所要做的计划，例如带着婴儿去超市，也不比登上珠峰所做的准备要少。因此，准时到达目的地也变得不太可能了。

一段时间后，我终于明白，既要当好一名父亲又要当好“准时先生”已不大可能。接受了这一事实后，对于别人的迟到我也变得特别宽容。有趣的是，我对于时间观念的态度转变也影响到了我生活的其他方面，而你也很有可能经历这样的改变。

除了学会放松一点之外，在我的研究中，大多数的奶爸说，当了六七个月的父亲之后，他们会变得更加能接受自己和其他人的缺陷。他们认识到应急方案的价值，一定要准备一个备选方案以防原计划落空。他们认为照顾孩子让他们更多地了解其他人的需求和观点，更有同情心，也会在感情和情绪上与别人产生共鸣。

当然，并不是每一个人都发现这种改变很容易就被接受。对于一些新手爸爸来说，任何偏离正常轨道或缺乏连续性的事情，都会令人十分困惑。

想想自己参与了多少——和其中的意义

做一名“参与其中”的爸爸对不同人来说有着不同的意义。通常最普遍的含义包括：

- 做孩子的老师、道德导师与人生楷模。
- 在生理与心理上能在第一时间成为她的依靠。
- 与孩子一起动手做事（喂食、洗澡、换衣、读书、玩耍、跑腿儿、表达情感等）。
- 在育儿方面与伴侣承担同样的责任。
- 不要做一个只知道让孩子“等爸爸回家”的纪律执行者。
- 在经济上满足需求，在家庭安全方面提供保护。

这本书可能会给你留下这样一个印象，做一个有参与有担当的父亲每时每刻都让人觉得不可思议、妙不可言、难以置信。事实上，并不是这样。虽然这可能是你所做过的最伟大的事情，但也可能是最令人灰心丧气的事情了。它为成长与欢乐提供了机会，但也干扰到了其他人。本书第 226~228 页对成为一名参与其中的爸爸所带来的收获及付出的代价做出了总结，部分来自于父亲研究者罗伯·帕科维茨的工作以及我对于数以百计新手爸爸的访谈。

流逝的时光难以弥补

没有什么比坐在办公室一整天更让你想念孩子的了。回家后，你就试图弥补失去的时间，在（你或孩子）睡前，尽可能多地安排许多积极的亲子活动。这是一个相当苛刻的要求，而且你能够弥补的唯一方法就是“充分操控、强势逼人、高度兴奋”，精神病专家斯坦利·格林斯潘这样说道。所以，在和孩子挠痒痒、摔跤或者玩耍前，最好花几分钟和她一起阅读或拥抱一会儿，安静地再次熟悉一下对方——即便在孩子 8 个月的时候，对她而言离开你一天也是很长很长的一段时间了。这样做会让你俩的感觉都很好。

除了想念，在办公室漫长的远离她的一天也会让你感到内疚。一点内疚也许是件好事，但太多的父母会让他们的内疚失去控制，最终会（在情感上）疏离他们的孩子。

虽然没有确切的方法弥补失去的时间，但找到过分控制与疏远孩子的折中方法是非常重要的。最佳方法就是要保证一旦与孩子在一起，你就要百分百地投入。手机静音、退出推特和脸书、关掉电

没有什么比坐在办公室一整天更让你想念孩子的了。

收 获

- 满足感。看着孩子不断长大，你会发现你的教导对他们的人生产生了影响，而你也从他们的成就中获得了喜悦。
- 自豪感。你是个能干称职的爸爸。你明白自己所做的都是正确的，并且通过投资在孩子的成长中，你也获得了一些有价值的东西。无论别人是否夸你是一个好爸爸，或者你的孩子有多棒，你都会感受到这种自豪感。
- 收获爱。从某种意义上来说，这是你作为一个参与其中的父亲所得到的补偿。你的孩子需要你、爱你、仰慕你、感激你（至少在他们成为青少年前），这种感觉太美妙了。
- 个人成长。变得成熟、自律，成为孩子的榜样，表达更多的情感。
- 感性变化/自我拓展。你不再野心勃勃、咄咄逼人，而是把更多的精力投入在家庭中。为孩子们做事是非常令人心满意足的经历。

视、脏盘子先堆在水槽里、晚点吃饭等——这些事情都可以在孩子睡觉后再去完成。

环境可能不允许你改变与家人相处的时间，但一旦你有了任何可选择的机会，去看看161~168页的工作和家庭之间的平衡。没有父亲希望在他临死前，时间都被花在了工作上。

你和你的宝宝

阅 读

孩子八九个月大的时候，父母不断给他们阅读书籍的孩子可以预测和熟悉书中的一些行为，还会模仿阅读者的手势和声音。所以在这个时期，应尽可能多地给孩子阅读，说说书上不曾描述的内容，

- 传宗接代——传递你的名字、你的历史。你的孩子就是你的遗产。
- 乐趣横生。你的孩子让你有了各种理由去阐释快乐，去再次从孩子的角度体验生活，去做如果没有小孩你从不会做的事情（去公园或动物园，收集棒球卡片，或是在公共场合说“大便”）。
- 不断学习。为了跟上孩子成长的步伐，你会学习和培养各种以往没有过的技能和兴趣。你可能会重新学习一些早就抛到脑后的科目，或者进入一些你从未涉足的领域。
- 人生追求。有了孩子使你相对平淡的日子有了意义，为人生的道路指明了方向。即便不是如此，它也会使你重新评估和认识你已有的优点，并再接再厉，不断奋斗。
- 给婚姻一剂强心针。有些男人认为有了孩子使他们的婚姻锦上添花，使父亲和母亲的注意力聚焦在生活上，一起分享孩子成功的喜悦。
- 安全感。养儿防老（哈！）。

问问辨别类的问题。如果可以的话，多给你的孩子展示书中物体在真实生活中的样子。

10 个月左右的时候，孩子会乐意坐下来翻书了，可能一次两三页。不要介意她是否真的在认真“阅读”，她对书本的构造有了许多了解与感觉。由于她与书本最明显的互动就是用力去撕咬它们，你大概也会在书里发现牙印或者缺角。她会把你倒着放在面前的书摆正，会纠正你读错的地方。

11 个月大的时候，孩子应该可以跟上每页的情节了。在这个年龄段，她就会开始要求你给她读一些特定的故事，或者重读一些你已经读过的故事。纸板书、布板书和书皮坚实的书都非常适合她。

当她一岁的时候，她就能一页一页地翻书看了。她会辨认出你

代 价

- 时间。对一些男人来说，时间意味着自由和专注于自我的机会。陪伴孩子意味着你要放弃自我支配时间的自由，放弃带来快乐的娱乐活动（当然也有积极的方面：当我女儿开始学习空手道时，我又燃起了对武术的兴趣）。当你们分开时，你会长时间想念他们。
- 牺牲。为了成为更称职的家庭支柱，你可能不得不推迟实现目标和梦想的计划，或放缓事业发展的步子，或推迟接受继续教育的时间。在年纪轻轻就当上爸爸的男人中，这种趋势越来越普遍。
- 花销。对于年轻的爸爸们，这也是一个越来越普遍的问题。近年来，培养小孩的成本越来越高。在某种程度上，你会千方百计赚钱养孩子。在这个章节中我们会详谈这个问题。
- 婚姻亲密度。与伴侣单独相处的时间少了。身体上和情感上的亲密甚至讨论要事的时间都会减少。
- 精力。刚有孩子时，爸爸的睡眠质量有所下降。在与孩子追逐玩耍后又感觉精力流失，之后在担忧孩子的健康、用药、饮酒、性、交友与成绩中睡眠变得更差。
- 潜能。想要做好一名父亲所花的时间和精力，本来可以用来去完成一本书的写作，拍摄一部电影，描绘一幅作品，发明治愈癌症的方法，或者开发最终杀手级应用软件……
- 孩子长大后变得不太需要你。你生活的意义很大程度上来自于你与孩子的关系和被爱与被需要的感觉。一旦这种关系发生变化或变得紧张，就像你的孩子长大后要寻求独立，你可能会因为失去这种意义而感到悲伤。
- 分身乏术。你对时间和精力的需求都让你觉得自己没办法同时做好一个称职的爸爸、真诚的朋友、有爱的伴侣和尽责的员工。

当爸也得懂科技

如果你不能尽可能多地如你所愿多花时间陪孩子，或是为无法分担伴侣的家务而感到一丝愧疚的话，你也许会发现，随着技术的发展，好多问题都可以解决。例如：

- 如果你不在家，你可使用任意一款视频聊天软件为宝宝读故事。
- 如果你不在家，为了确保家里安全，安装视频监控，连接你的手机或平板电脑实施远程监控。
- 不论白天黑夜，都要时刻关注孩子所做的任何事情。有许多小仪器可用来测量孩子的脉搏、体温、呼吸、运动等等。有可系在孩子脚踝或连体衣上的小装备（如脚链，可掌握孩子在屋内的动静）。
- 关心孩子在车内的安全？有一种儿童安全座椅，在发生事故时，可以自动打开安全气囊，保护孩子不受你在车内随手乱放的杂物的伤害。
- 确保孩子的健康。有一种能检测孩子尿液并将检测信息发往公司做分析的尿片，旨在提醒你孩子有没有脱水或发生尿道感染。
- 为了帮助你的伴侣，可以购买一个一键式开关的电动推车。（如果婴儿坐在里面，它不会自动折叠。）
- 不知道孩子为什么哭？有很多应用软件能帮你分析孩子的哭声，并告诉你她哭的原因。
- 让你的伴侣、保姆或者日托照顾者将孩子的午睡、进食和换尿布的动态更新在应用软件里，方便你随时随地查看。或者，要他们给你发送宝宝的即时搞笑视频剪辑。

所有这些听起来都很酷，不是吗？但你要知道的是：所有这些小发明都无法取代一个真实的你。所以尽量只在必需的时候使用它们，因为依赖科技并没有亲自参与重要（除非你在部队服役或在长途旅行，别无选择）。噢，如果你的伴侣看到你耍小聪明而不陪孩子也不会高兴的。

让她辨认的图片，甚至你要她学动物的叫声，她也会发出正确的叫声。在孩子每次尝试说话的时候——包括学动物的叫声，你一定都要给出积极的回应。

正如你可能已经注意到的，阅读为你和你的孩子提供了一个很好的身体接触的机会。我发现最好的姿势（近似于依偎姿势）是把婴儿放在你的大腿上，用你的双臂环抱着她，你捧着书在两人的面前，她偎在你的怀里，你越过她的肩膀来阅读。

至于接下来几个月的阅读，可以试着找一些有明快色彩的绘本，插图界限明确，又比较大，故事简单，上下文不太复杂。歌唱类、手指游戏、宝宝图册在小孩子中都非常受欢迎。要记住，最重要的是你如何阅读，而非你所读的内容。因为孩子更喜欢的是押韵的文字而不是不押韵的文字，鹅妈妈的故事和其他童谣都非常不错。不用强迫自己去完完整整地读完每一本书。另外，除了朗读孩子目前最喜欢的书（只要她还有兴趣，你就要一直读下去），你也可以在本书附录的“宝宝书籍”里找到一些合适的书籍。

当你在给宝宝读书的时候，要注意人们是如何描绘父亲的。你可能会发现，他们并没有像妈妈一样总是和孩子在一起，即使在一起，也不像妈妈和孩子那样亲密。这是我20世纪90年代初开始研究儿童文学中所描绘的父亲时得出的结论，多年来，许多研究者做了类似的研究，得出了类似的结论。随着孩子年龄的增长，性别差异会越来越明显。

应对陌生人焦虑症

大约在孩子七八个月大的时候，你可能会注意到孩子在面对陌生人时，行为上有了明显的改变。仅仅在几周前，你可以将她随意抱给其他人，她也会对那人笑脸相迎。但现在，如果一个陌生人，甚至是一个见过几次面的人靠近她的时候，她就会哭着紧紧地黏着你。

他说，她说

还记得五个盲人摸象的故事吗？每个人都仅仅是接触到了大象不同的部位——腿、尾巴、耳朵、鼻子和躯干——然后就信誓旦旦地告诉别人大象的样子（一棵树的树干、一条绳子、一把扇子、一条蛇、一堵墙）。这个故事的寓意在于，两个（或更多的）人看待完全相同的同一物体与情形，得出的结论却可能完全不同。

同样的道理适用于夫妻双方评价丈夫参与家务的程度。女人倾向于把她们伴侣所做的事与她们作比较。因为大多数爸爸投入的时间较少，因而使女人感觉不愉快，并且超负荷忙碌。而另一方面，男人倾向于将他们所做的与他们的父辈甚至街上的那些家伙作比较。当他们作为家中主要或者唯一的顶梁柱时，男人们都会为他们自己和他们的付出而感到分外自豪。与盲人摸象不同的是，这里产生偏差的原因并不是因为失明。相反的，是由于男人女人使用了不同的“衡量标准”，父亲研究者杰伊·贝尔斯基如是说。

你的孩子第一次产生了恐惧感——陌生人焦虑症。孩子正开始理解你（和其他的监护者）与她自己分别是独立的人类个体。这是一个吓人的想法，她只是害怕她不是很喜欢的那个人会把你——还有你提供的所有商品和服务通通带走。50%~80% 的孩子都会被陌生人焦虑症所影响。在孩子七八个月大时，这种情绪表现得特别明显，但有时要到孩子一岁的时候才会如此。它可以一直持续几个星期到 6 个月不等。

如果你的孩子的气质是逃避的，适应性差的，或是低反应阈的话，她会更容易在陌生人面前感到焦虑（可见 140~149 页“宝宝的气质”部分）。而如果她的气质是易接近的，适应性好，或者在婴儿早期就接触了大量的新面孔，那她就不大可能受到陌生人的影响。

大约在孩子七八个月大的时候，如果一个陌生人，甚至是一个见过几次面的人靠近她，她就会哭着紧紧地粘着你。

这里有一些小技巧可用来帮助你的孩子（和你自己）缓解陌生人焦虑症：

- 如果你想举办朋友聚会，尽可能选在自己家中进行，而非其他场所。在熟悉的环境里孩子的情绪不会有太大波动。
- 无论什么时候进入一个新环境，或者可能有许多陌生人的地方，紧紧抱住你的孩子。
- 到达一个新地点，不要把孩子给她不认识的人抱。让她黏你一会儿，让她把你当作她的避风港。
- 告诉朋友、亲戚和陌生人，不要因为孩子的羞涩、哭喊或者尖叫而感到恼怒，孩子所表达的排斥并不是因为他们而起的。告诉他们像接近野生动物那样靠近孩子：慢慢地、小心地、面带微笑、轻声细语，最好能带上一个玩具。

- 对孩子耐心些。不要对她们施加任何压力去接近陌生人，甚至要求她对陌生人好一点。如果她哭或者黏着你，也不要批评她。
- 如果你要把孩子交给一个新保姆照看，在你离开前，叫他或她至少提前 20 分钟到达。这将（很有希望）让孩子和保姆在几分钟时间内——有你在旁边——互相了解。
- 当你在工作而你的伴侣在家带孩子时，你需要理解孩子有可能把你当作陌生人看待。不要太感情用事。你只要按照以上的步骤，耐心地接近孩子就可以。如果你是在家照顾孩子的爸爸，就学着理解你的伴侣在遇见这种情况发生时所产生的可怕感觉。

家庭事务

金 钱

毫无疑问的是，金钱是夫妻吵架的两大问题之一。财务方面的争吵在当上爸妈的早期特别常见，这一期间，父母双方还都没有稳定下来。有许多促成因金钱而争吵的原因，下面是一些比较常见的：

- 缺乏沟通。老实说，你和你的伴侣有没有商量过婴儿出生后她需要请多长时间的假？是否商量过下一步的家庭财务计划？许多夫妻由于害怕争吵而不断延迟（甚至根本避开）沟通讨论这一过程。如果你们还未商讨过这些问题，现在还不算晚。现在由于沟通产生小摩擦，也好过闷不作声而到后来大发雷霆。
- 灰心。那些忙于家务而耽搁了事业的女性可能会抱怨她们收入（以及相关权利）的减少。由于承受着“家庭顶梁柱”的压力，同样的情况对于男性而言可能会更棘手。

• 你的童年。你的成长经历对于你培养孩子的方式，不论好坏，都有着巨大的影响。如果你从小家境贫寒，那么除过生活必需品方面的开销你都会觉得多余。如果你的父母曾经挥金如土，你大概也会给你的孩子买成堆的礼物。或者，由于担心宠坏孩子，你可能会矫枉过正大大缩减购买礼物的开支。但不管你的金钱观怎样，如果你伴侣的金钱观同你的有较大的差异，就需要多多留神。

• 消费习惯的差异。你喜欢穿大品牌、下馆子；而你的伴侣希望你穿普通品牌的衣服，中午吃家里带的盒饭。她在 Instagram 或脸书上烧掉大量的数据流量上传孩子的每一个成长细节或下载她朋友孩子的每一个生活细节，而你只希望她能开始使用 wifi。

• 观念的差异。你的伴侣爱买半价商品，而在你看来，购买半价商品费时费力，意义不大。

• 性别差异。涉及金钱时，有一种老观念总是在人们头脑中作祟，父亲比母亲更倾向于关注家庭积蓄与长期经济规划。母亲更倾向于注重孩子的穿着打扮，这有可能因为她们明白孩子的穿着会体现妈妈的能干。问题在于，她们可能会把你不愿意给孩子买衣服的行为当作你不够爱孩子（同时，延伸到你也不够爱她）。

• 缺乏灵活性。你可能注意到了，成为一位母亲对女性来说是很有趣的事情（更多信息见第 115~116 页）。重点就在于，即便你已经做好了计划，同时留有余地，事情——和人——还是会发生变化。

避免金钱争端，或者至少不要因为钱而过不去

如果你和你的伴侣已经或是有可能为了金钱而争吵，那么希望下面这些建议能对你们有帮助：

• 面对现实。养育一个孩子会对你们的财务产生重大影响。食物、衣服、医疗开销、日托或者学前教育费用都会急剧增加（最近的研究表明，从孩子出生到高中毕业，需要花费 25 万美元以上）。

如果你有一个残障孩子，或者要赡养年迈的父母，你的经济负担会更重。

- 制定预算（有许多好的财务管理软件，其中首推 Quicken）。掌握每一笔款项的进出——特别是你的现金支出。现金往往很容易从你的手指缝里溜掉，但加起来数目还真不小。拍下每一张收据并把它们输进预算中。
- 定期开会讨论财务状况。倾听对方的意见，并且记住无论你们之间有什么分歧，都要以家庭的利益为重。不要责怪对方或大喊大叫，在讨论中不要使用诸如“你总是”和“你从不”等具有杀伤力的词。
- 重新安排你优先考虑的事项。优先考虑生活必需品——食物、衣服、住所，首先付清你的高息信用卡。如果仍有剩余，那么为冰激凌蛋筒、假期、夏令营和私立学校教育作好打算，可能还要计划存点钱在中年危机出现时换辆保时捷（他们不仅有跑车，还出 SUV）。
- 货比三家。15 分钟的网上购物可能为你节省 15% 的花销或更多。
- 谈判与妥协。你放弃了品牌服装，午餐是自带的便当；她则在家捯饬社交媒体。记住，除了节省，还有很多缩减开支的方法。当你可以在当地旧货店花几块钱买到一条非常合身的二手裤子的时候，为什么要全价买一条孩子几个月后就穿不了的裤子呢？
- 制定计划。设定切实可行的存钱目标，并确保你购买了充足的保险。

当我们谈到金钱的时候，我强烈建议你也做到以下几点：

- 最大额度缴存 401k 养老保险计划和其他退休保险计划。社会保险非常有可能不能支持你所有的退休后花费，尤其当你的孩子在 25 岁时搬回家住时。所以，缴存每一分合法允许缴存的钱吧。

• 尽可能多地使用灵活消费账户。如果你的（或是你伴侣的）老板为你们提供了一个灵活消费账户，那你就可以用税前工资支付大量的儿童保健和医疗费用。向人力资源部和/或理财顾问确认一下灵活消费额度最多是多少?

• 开始为孩子上大学存款。一些州有预付学费计划，就是按照目前的费率来支付孩子的大学学费。或者开一个 529 大学储蓄计划账户。你存入账户的钱只要是用来支付大学学费、书籍、食宿和其他费用，则账户收益免税。这笔钱可以用于高中毕业后的所有教育机构，包括州立和私立大学、社区大学，甚至职业院校。更多关于 529 大学储蓄计划的信息可登录大学储蓄计划网 www.Collegesavings.org/.

• 为你的孩子申请一个社保账号。没有这个账号你就不能开立一个 529 账户，也许更重要的是，你就不能为孩子申请抵扣项目或申报儿童税收抵免。

9

第9个月 启智积木

宝宝的状况

身体上

- 你的孩子似乎从过去两个月的飞速成长中恢复过来，这个月他可能不会增加太多的新技能。相反，他会花时间来巩固已学到的技能。
- 到这个月底，这位自信满满的“爬行者”会嘟囔着爬遍整个房间，一只手抓一块积木或其他玩具。他也许学会了倒着爬，还能自己爬上一段楼梯。坐着的时候，他能随意扭动身躯而不会跌倒。
- 他很容易就能自己站起来，如果扶着你的手的话，还能站上几秒钟。他能沿着家具和墙壁（侧抬步）行走，做完这些后，他能轻易地弯曲膝盖坐下。
- 现在，他能够使用单根的手指了。他发现房子里有许多洞和裂缝，并且大小正好能容下他的食指。
- 这个月最大（也是最重要）的进步就是孩子的协调能力发展到足以用两三块积木垒砌成一座“塔”（随即会被他推倒）。

智力上

- 在前面的几个月，你的孩子在学到一项新技能后，会无数次地重复它。而此刻，对于他已经知道如何做的事情，他会开始尝试用新的方法来做。比如说，他不再重复地将勺子从儿童高脚椅上丢

下来，而是换成了先扔勺子，然后把碗从另一边扔下去，最后从肩上扔出他的杯子。当然，除了确认万有引力定律仍然有效外，他这么做的原因就是想知道你能不厌其烦地为他捡多少次东西。

- 他开始渐渐认识到世界上有些事情不是他能解决的，比如，他会带给你一个需要上发条的玩具让你帮他上发条。

- 他勉强开始改变他“我看不见就是不存在”的态度。他会去寻找你藏起来的玩具，但如果你把同一个玩具藏到不同的地方，他还是会去第一次藏玩具的地方寻找。在他的脑海中，他视线之外的东西可以存在，但只在一个特定的地方。

- 他开始认识到行为及其后果间的联系。如果他看见你披上外套，他就会开始哭，因为他知道你要外出了。

- 他的记忆力越来越好，就算你在他做事的中途打断他，几分钟后他仍能回到原来的事情。

语言上

- 在咿呀学语的过程中，他会用独特的“声音”来识别某些对象（火车的呜呜声、牛哞哞的叫声）。

- 除了他自己的名字，你的孩子现在能理解更多的词和词组并做出相应的回应，像“不”和“宝贝在哪儿？”。他还能听懂（甚至遵守）一些简单的命令，比如“把管子递给我”。

- 即使他离清晰地表达还差那么几个月，但他现在已经很好地掌握了母语的韵律与声音。一位德国研究者发现，即便在这么小的年纪，宝宝们对于母语的语言结构也十分敏感，可以在听到一连串语句后将其分解为更小的描述单位。

情感上／社交上

- 孩子很爱玩。他会大喊大叫来吸引你的注意力。他喜欢逗你笑，而且会做很多能得到你积极回应的事情。他也是一个厉害的模仿者，他会重复类似“哇哦”的短语，然后模仿你的面部表情和动作，比如吹蜡烛、咳嗽、打喷嚏，或是假装用勺子吃东西、拿杯子喝水。

- 他会用手指，或者叽里咕噜、尖叫、跳来跳去的方式让你明白他想要的是什么具体东西。

- 他的喜好变得更加明显，他会推开不想要的东西（或是不想见到的人）。

- 对于这个他正在发现的新世界可能会有些害怕，如果你想把他单独留下的话，他会比平常更黏你甚至大声啼哭。这正是分离焦虑症的开端（与过去几个月的陌生人焦虑症不同）。他也会开始害怕一些从来没有招惹过他的东西，像真空吸尘器、狗或者沐浴器。当我大女儿 8 个月大的时候，在坑洼地面颠簸飞速行驶的汽车都会让她兴奋不已。但就在几周后，路面上细微的变化都会让她哭得歇斯底里。

你的经历

对宝宝依恋的感觉

孩子一天天长大，反应变得越来越灵敏，你们之间的互动也变得越来越频繁，你对他的依赖和感情也会随之加深。但最大的问题就是，“你的孩子什么时候对你有同样的感觉呢？”

答案是在他们 6~9 个月大的时候。到那个时候，他的智力已经发展到能把你和满足他的需要和需求联系起来，当你不在他身边时，他的大脑里会呈现你的形象。

这并不意味着你们从一开始就彼此依恋。相反，依恋并不是一夜之间产生的；它是一个渐进的过程，需要几个月的发展时间，而且越早建立越好。但是如果你和孩子之间并没有建立起固定的依恋关系（比如你服役后刚回到家），也绝不意味着太迟了不能建立。

正如你所想象的，与孩子形成持久又安全的依恋关系，最成功

的策略就是花时间和孩子在一起，做任何可以一起做的事情，从平平淡淡到令人兴奋。你对孩子的反应与回应对你们之间最终形成的依恋关系有很大的影响。

依恋理论最早是由研究者约翰·鲍尔比和玛丽·安斯沃思在20世纪50年代提出的，他们对近百家的父母与孩子之间的关系进行了仔细的研究。鲍尔比和安斯沃思发现依恋关系有两种基本类型：安全型依恋，这类孩子自信父母会对他们的需求做出适当的回应；不安全型依恋，则是指孩子总是担心父母无法满足自己的需求。他们进一步把不安全型依恋细分为：逃避型依恋和矛盾型依恋（更多信息见第242~243页图表）。

基于观察婴儿出生后最初几个月的生活所收集的信息，鲍尔比和安斯沃思能够非常准确地预测出这些婴儿在成长过程中表现出的具体行为模式。鲍尔比和安斯沃思理论的提出虽然已经过去了50年，但是现在依然行之有效。

父子相连

虽然当今主要的依恋研究都集中于母子之间，但是许多研究者也开始研究父子之间的依恋关系。他们的发现确认了积极、负责的父亲心中多年来就已经明白的道理——父子之间的紧密联系与母子之间的紧密联系同等重要。实际上，通过检验父子关系的研究，超过80%的结论表明，父亲的参与和孩子的幸福之间有密切的联系。以下是专家总结的与父亲有紧密依恋关系，且在成长过程中受到来自父亲良好教育的孩子的特点：

- 他们在智力和运动发展测试中得分较高。
- 他们更有安全感，更有信心，对探索身边的世界更有兴趣。
- 他们更独立、外向、自信，乐于尝试新鲜事物。
- 他们能更好地应对与父母短暂的分离，也不会因此变得很沮丧。

父子之间的紧密联系与母子之间的紧密联系同等重要。父亲的参与和孩子的幸福之间有密切的联系。

- 他们更坚持不懈，而且有更强的解决问题的能力。
- 早产宝宝，他们的爸爸如果高度参与，那么在他们三岁的时候，他们的智商高过那些爸爸不怎么参与的宝宝。
- 他们会有更丰富的经验，发展更全面。
- 他们更富有社会责任感。
- 他们更有语言和数学天赋，在学校会取得更好的成绩，参加更多的课外活动，而且辍学的可能性较小，也就更有可能读大学。
- 他们很少被传统性别观念所束缚（比如“女孩子不擅长数学”）。

依恋基础

依恋关系	12个月大孩子
安全型依恋 （大约三分之二的孩子和父母是安全型依恋关系，但不能保证他们在成长过程中不会有任何问题）	※ 相信在需要父母的时候，父母就会出现在身边。 ※ 知道可以依靠父母对自己疼痛或饥饿的回应，尝试和父母互动。 ※ 乐于以父母为基础探索周围的世界。 ※ 哭得不多，被抱起后容易放下。
逃避型依恋 （六分之一）	※ 可能会拒绝与父母的身体接触。 ※ 没有把父母作为安全的避风港。 ※ 不期望得到别人的关心。 ※ 不论多么希望被人抱或被人爱，但从不在行动上有所表示。
矛盾型依恋 （六分之一）	※ 爱哭，但并不知道哭能不能得到回应。 ※ 害怕在物质上与情感上被抛弃。 ※ 忧心、焦虑、容易心烦。 ※ 黏着父母、老师和其他成年人。 ※ 倾向于不成熟而且精神涣散。

• 他们情感真挚，且能设身处地地为他人着想。

• 女孩子进入青春期晚，不大可能过早涉及活跃的性生活或者当上未婚妈妈。

• 他们更受同龄人欢迎，很少存在行为上的问题。

同时，还有许多影响父子依恋关系的因素。我和研究人员格伦·帕姆两人都对这个问题做了调查，认为主要障碍如下：

• 公务缠身的父亲发现在周末与孩子“重新建立依恋关系”费

学步孩子	父母
※ 独立、信赖他人。 ※ 早早学会对待别人的方式。 ※ 易于接受别人重塑他们的行为方式。 ※ 与各种年龄段的人相处自如。 ※ 成为社交领袖。 ※ 好奇，热爱学习。	※ 一直慎重地对孩子的需求做出回应。 ※ 孩子哭时能领悟他的意思，饿时喂他吃东西，想要抱他的时候抱他。
※ 好奇心不是很强。 ※ 总是疑心重重。 ※ 可能自私、有野心、工于心计。 ※ 朋友很少。	※ 否认他们的（和别人的）情感和需求。 ※ 认为孩子越早独立越好。 ※ 不愿意搂抱孩子，孩子哭时也不明白他的意思。 ※ 情感上冷淡。
※ 缺乏自信。 ※ 难以控制自己的脾气。 ※ 情感上反应激烈或者抑制自己的情感。 ※ 通常适应能力弱。	※ 在育儿方面充满矛盾与不确定性。 ※ 通常过分自我。 ※ 希望在孩子身上得到自己从未在父母身上得到的爱，结果可能互相都得不到爱。

时费力。不足为奇的是，研究表明：保持可行的工作与家庭平衡可促进父子之间的依恋关系。

- 虽然是少部分但他们的数量也不容忽视，这些父亲认为自己的岳父母过分溺爱他们已成年的女儿，对自己的家庭妨碍得太多。
- 大多数父亲在与孩子的关系中都感到有些紧张，因为他们感觉自己被母子间的紧密关系排除在外，或者因为为了和孩子建立密切关系不得不和自己的伴侣竞争。甚至有一些家伙认为女人天生就是当妈妈的料。

以防你感到孤单……

世上没有一种动物的雌性是不产卵的。但是没有雄性精子使它们受精，产的卵也没有多大价值。在多数情况下，一旦产卵后，雄爸爸和雌妈妈都不会留下来等着他们的宝宝破壳而出，也不会见到他们的宝宝。但是有时产下的蛋需要更多的专心照顾，否则它们会腐烂变质。在这种情况下，父母中的一方或是双方就要留下来细心地照顾它们。以下是许多动物物种中的几个实例，充分说明了雄爸爸在孵化、养育、保护和教育他们的宝宝过程中起着重要的作用：

雄三刺鱼（棘鱼的一种）在遇见伴侣很久之前，就开始用藻类植物搭建迷人的小房子。房子建完后，他就在房前游荡，向偶然经过的第一条雌三刺鱼进行挑逗。如果雌鱼感兴趣，那么雄鱼则会邀请她进入房内。然而并不那么浪漫的是，他在雌鱼产完卵后就要求她离开，雌鱼一离开，他就迅速使那些卵受精。接下来的几周，雄鱼守卫着他的巢穴，保持屋内良好的通风，修复破损的部位。在宝宝孵化出来之前，雄三刺鱼寸步不离他的巢穴，甚至也不进食。

就像棘鱼一样，雄田鳖会竭尽全力去吸引异性。如果感兴趣，雌鳖就会爬到他的背上产下上百个卵，并用一种特殊的胶粘物使每一个卵都粘在雄鳖的背上。在接下来的两周里，雄爸爸则要全权为了卵的安全与健康负责。卵全部孵化后，小宝宝也会一直跟在爸爸身旁，直到它们感觉有充足的信心后才各自游开。

不像棘鱼，丽体鱼不需要巢穴。雌性一产完卵，雄性就把这些卵吃到自己嘴里。由于父亲的嘴里被填得实在太满，他在宝宝孵化出来前都无法进食，这有时需要两周的时间。在宝宝出生且能游泳后，爸爸仍然把他们含在嘴里以保护他们。在宝宝们想要进食，呼吸新鲜空气或者只是想玩耍的时候，他就会把他们吐出来。当游戏时间结束（或是有潜伏的危险），他就会把他们再吸回去。

青蛙以负责任的老爸著称。当毒镖青蛙的卵孵化后，蝌蚪们爬到爸爸背上，用吸盘一样的嘴巴吸住，让爸爸带着他们穿越丛林。达尔文青蛙则做得更细致。当那小小的、胶状物包裹的卵要孵化时，这个未来爸爸会用舌头把它们卷进身体内一个特殊的袋子中。卵孵化后，小蝌蚪们一直待在父亲的育儿袋内，直到尾巴脱落才从父亲的嘴里跳出来。

在鸟类和哺乳动物中，共同养育的比率很高。比如说雄性和雌性的鹅、海鸥、鸽子、啄木鸟和其他种类的鸟，都会共同合作筑巢、孵蛋（坐在蛋上为蛋保温），在小鸟出生后共同喂养和保护他们。加利福尼亚雄鼠采用了类似的方法，他们负责把食物带进巢穴，然后和孩子们挤在一起达到保温的效果（小鼠们出生时无法调控自身体温）。这些鼠类与人类父母起码有两点是相似的。第一，普遍一夫一妻制。第二，一个积极参与其中的父亲的存在对孩子产生很大的影响：小崽崽体重越大，则越早能使用听觉和视觉功能，同时他们也比那些与父亲分开的小崽崽存活率更高。

动物爸爸，就像他们的人类兄弟一样，会做出令人难以置信的牺牲来保护和供养他们的家庭。雄性喧鸻假装自己有一只折断的翅膀，以此保护卵和幼鸟免遭天敌的入侵。“受伤”的鸟在地上扑棱着，粗粝地叫着好像即将死掉，以此来分散天敌的注意力并引诱他们离开巢穴。居住在沙漠中的几种鸟类，比如沙鸡，一天可飞数十英里到水源地，他们让自己浸在水中，然后把水带回来给它们极其口渴的鸟宝宝喝。

帝企鹅也许是给人留下最深刻印象的动物父亲。当配偶出去觅食时，企鹅先生则孵化他们的蛋，他会把蛋放在自己的脚背上，使蛋远离冰冻的地面。2个月的时间里，他一直都不进食——只是站在那保护着蛋。小企鹅孵出来后，爸爸把自己从食管分泌的乳白色液体喂给他们吃。直到企鹅妈妈回来时——爸爸的体重减轻了将近23磅（10千克多），现在它可以抓点东西吃了，顺便在极地度过一个短暂的假期。

- 你与伴侣的关系越融洽，她对你养育孩子的能力越相信，父子间的依恋关系就会越稳定。

- 在离婚案件中，原配双方的婚姻质量预示着父子之间未来的关系。

- 如果你和孩子的母亲未婚（或不打算和她结婚），你可能会听到这样一种说法：对孩子而言，拥有一个主要的依恋对象是多么重要，而这个对象通常就是妈妈。这个荒谬的理论经常被用来证明限制父亲与孩子建立联系是正确的。“在儿童发展的重要过程中，并没有什么根据能说明父亲或母亲的作用是主要的还是次要的，”心理学家理查德·沃夏克说，“与父母双方的关系增加了至少建立一种安全的依恋关系的概率。”研究者琳达·尼尔森补充道，当父母不在一起的时候，“仍与他们双方都保持安全的依恋关系的孩子与在完整家庭中成长的孩子并无二致”。

- 一些爸爸认为与孩子很难形成亲密的关系，因为他们不知道怎样适当地安慰孩子。有许多这样的父亲往往只在孩子断奶后才能与他们形成较为亲密的依恋关系。

- 年龄。因为年轻一点的爸爸通常在他们的事业和人际关系上没有那么稳定，所以比起年龄稍大一些的爸爸（超过35岁），他们与孩子相处的时间较少。

- 气质。不论你有多爱你的孩子，你会发现与“难缠”气质的孩子相比，气质“温和”的小孩更容易与你建立依恋关系。（第140~149页有关气质的信息）

- 收入。未婚或失业的父亲有时因为辜负了社会的“好爸爸”形象感到十分羞愧而退缩。千万不要！

你和你的宝宝

四处玩耍……再来

对于刚满七八个月的孩子来说，他满足于盯着屋内某样东西，然后等着你拿来给他。但现在，他已经行动自如，他将尽力去弥补失去的时间。他对周围的事情充满了好奇，没有什么障碍能横亘在他的面前，阻止他去摸、去挤、去咬或是去抓任何东西。（如果你的孩子看起来没那么好奇，告诉你的儿科医生。但如果你偶尔看到他在凝视着天空发呆，也不用太紧张。这个年龄段的孩子，20% 醒着的时间都沉浸在视觉信息中，儿科医生伯顿·怀特说道。）

虽然我们的社会对玩耍的评价几乎没有对诸如喂食或换尿布等的亲子活动那样高，但是玩耍在孩子的发展中至关重要。“许多没有太多玩耍机会的孩子，或者很少和别人一起玩耍的孩子，通常存在智力发展停滞不前或智力缺陷的问题。”发展心理学家布鲁诺·贝塔汉姆这样写道。

你的主要目标之一应该是让孩子接触到各种各样、不断丰富的玩耍环境。但更重要的也许是你对玩耍的基本定位。“不论父母怎样看待玩耍，赋予它怎样的意义，或是怎样的缺乏兴趣，孩子们从来都离不开它。”贝塔汉姆说道。“只有当父母不仅给予玩耍以尊重、宽容，而且自己也对玩耍产生兴趣时，才能给孩子玩耍的经历提供一个稳定的基础，在这个稳定的基础上，孩子才能发展与父母的联系，从而进一步发展与世界的联系。”

大脑开发者

下面这些游戏与练习能够激发孩子同时使用多项不同技能（比如看、听、想、记）的能力：

- 找来两个外观相似但功能不同的玩具（比如一个需要挤捏才能出声，另一个需要摇晃）。让你的孩子玩一玩其中一个，然后交换。看看他有没有被弄糊涂？在浴缸里，你还可以给孩子表演一下，杯子空着时可以漂浮着的，但当你把同一个杯子装满水时，它就会沉下去。

- 按铃、挤捏玩具或摇拨浪鼓。当孩子想弄清楚是什么在发出声音时，你可以把玩具放进一堆他熟悉的东西里。他会找出发声的玩具吗？或者他会受到其他玩具的干扰吗？

- 更多“躲猫猫”的游戏。几个月前你发现，如果你把一个玩具藏在枕头或毛巾下面，孩子会推开这些障碍物继而“找到”玩具。现在他又长大了一些，经验更加丰富，你就可以加大难度，把有趣的玩具藏在三四条毛巾下面。当他掀开第一条毛巾却没有发现期待的东西时，他脸上的表情可是非常有趣的。到他一岁的时候，他才不会被多余的障碍物所困扰，才不会忘记最开始想要寻找的东西。

- 模仿和假扮游戏。当孩子模仿我们时，他们总想弄明白我们是谁，我们在做什么。“当孩子模仿大哥哥或大姐姐或大朋友时，他们不仅是尽力去理解他们，而且他们还想明白年龄大是什么样子。”贝塔汉姆这样写道。比如说玩积木时，可以给孩子一些小人、小车、卡车和动物之类的玩具，这样孩子就能够玩假扮游戏了。

- 给他展示功能多样的物体。比如信封，可以被撕碎，也可以拿来装东西。

- 鼓励他使用工具。比如系一根绳子在他够不到的玩具上，他会爬过去拿到玩具吗？还是会用绳子将它拉近？当你说明怎样去做后他又会怎么做呢？提醒一句：一旦孩子掌握了这项刺激的取物新技能，你就得小心低悬的桌布和其他悬挂的物品了。

- 鼓励探索。有好奇心、得到很多时间与机会去探索的孩子，最终他们在学校会表现得更出色。

主要肌肉群练习

过了一段时间后，你的孩子终于发现他已经能掌控他的双脚了。

接下来的几个月，他会通过学习走路越来越多地使用双脚。当然，他会独立完成这些，但帮助他锻炼肌肉和协调能力的过程会成为你俩极大的乐趣：

- 在他脚边放一些玩具看看他是否会踢它们。
- 把球滚到孩子够不到的地方让他爬过去拿。
- 在有监管的情况下让他爬楼梯非常不错。但注意要待在旁边并特别小心。
- 现在是教孩子向下爬楼梯的好时机。一定要亲自示范，一天带着他爬几个来回。
- 玩交替追逐游戏。你追他，他追你。最后，“奖”他一个大大的拥抱，如果他不反抗，再和他来一次摔跤。这类游戏除了有趣，也可以教给孩子很多有价值的东西：当你离开后，你总会回来。这种观念在他心中越牢固，他就越不会受分离焦虑症的影响（见第239页）。另外，比起没做过什么身体对抗类游戏的孩子来说，小时候与爸爸玩过摔跤的孩子长大后会有更完善的社交技能。
- 做一些（轻柔的）婴儿弹跳练习。把孩子仰放在一个大的健身球上，按压孩子的身躯直到健身球变凹陷后让他弹起来。如果你认为这样太冒险，抓住孩子的腿让让球前后滚动一下。密切关注宝宝的反应，他能从狂笑立刻转为大哭。并且千万小心不要做可能会折断孩子脖子的任何事。

让眼睛与小手协调

这里有许多你与孩子用来刺激手眼协调能力的活动：

- 智力玩具。最适合这个年龄段孩子的玩具是木制玩具，每件都有一个单独的孔，还有一个便于提起的小提手。
- 嵌套和堆叠玩具。这些玩具可以提高平稳放置物体的技能。
- 可以挤压、撕裂或是弄皱的东西——声音越大越好。

差异万岁！

正如我们之前讨论过的，爸爸与妈妈带孩子玩耍的风格有差异但又互补：爸爸更倾向于体能游戏，妈妈和孩子玩这类游戏的机会则相对少些。除了这一点，还有一些你现在需要明白的男女差异。

爸爸倾向于鼓励孩子为自己做事，更多地去冒险，去体验这些行为的后果。相反，妈妈则倾向于不想使他们的孩子失望，对他们呵护备至，不鼓励去冒险。（记住这里我谈论的是倾向，事实上有许多人并不是这样。）

为了了解这些差异是如何表现的，可以假设一下，你的孩子正在搭建一个塔，这个塔马上就要倒下，你可能就会让塔倒下，希望孩子能从中吸取教训。你的伴侣可能在塔摇晃的时候使它稳住，不让它倒下来。当孩子大一点开始学会爬树时，你的伴侣可能会告诉他小心些不要摔下来，而你可能会鼓励他看看到底能爬多高。

许多研究者发现，父母不同的育儿风格对孩子产生了重大的影响。

- 把绳子缠绕在孩子手指间或是把他两根手指粘贴在一起。他能自己“挣脱”吗？
- 在你的浴缸里准备些能喷水或吐水的玩具。
- 购买一些可以在浴缸或是沙盒里用的玩具，这些玩具能够用来倒水或倒沙子玩。量杯和汤勺是不错的选择。
- 购物时让孩子帮你把商品放进购物车内。
- 如果你勇敢，就让孩子在遥控器上给电视换台吧。
- 玩拍手掌游戏。

试验后果

不同行动产生不同后果，再怎么强调这样的观点都不为过。以下是一些适合 9~12 个月孩子做的事情：

“有迹象表明，在父亲高度负责的家庭中成长的孩子，智力更容易受到激发。”研究者诺马·雷丁写道，“我们认为这种影响是由于父亲有一种独特的与孩子互动的方式；他们比母亲更倾向于与孩子玩身体对抗性的、刺激的、不被陈规陋俗所束缚的游戏。”

妈妈与爸爸在对待男孩女孩时的态度也有很大不同。比起女儿，爸爸通常与儿子交流得更多，与儿子打闹得更多，抱儿子或让儿子依偎在他身边的可能性更小一些。他们更可能鼓励和支持儿子对独立的追求。表现出来就是，爸爸在回应烦躁不安的女儿时会比回应烦躁不安的儿子更迅速一点，或者抱起跌倒的女婴比男婴要快。母亲在平等对待儿子女儿上做得更好。不过，在相同的情形下，还是会区别对待。

有趣的是，当谈到性别角色时，父母的意见相当统一：他们都会给女孩穿蓝色或粉色的衣服，鼓励她去玩布娃娃或是小卡车。但他们从不会给男孩穿粉色衣服。在男孩玩男孩经常玩的玩具时会给予他们更积极的反应，男孩玩女孩经常玩的玩具时则不然。

- 玩偶匣——特别是那种有四五个门的，每个门都需要推、扭、戳或其他动作才能打开。它对训练手眼协调能力也有帮助。但是要小心刚开始玩的时候，一些宝宝可能会被吓到。
- 球类大受欢迎。它们滚来滚去，蹦上蹦下，还能撞倒别的物

爬行

虽然你迫不及待地想看到孩子走路，但是耐心点吧。爬行（包括各种类型的向前运动，比如滑行、蠕动或是用一条腿“划着”向前）是一个重要的发展阶段，你应该尽可能多地鼓励孩子去爬。有证据表明，爬行和日后孩子精通数学与科学有联系。不会爬的孩子明显在那些领域表现平平。

高科技宝宝？还没到时候

网络上充斥着五六个月的宝宝刷着平板的可爱小视频。我与其他人一样热爱科技，但我强烈建议你的孩子适当远离科技产品。

首先，越来越多的孩子对积木或是其他小玩具失去了兴趣，因为他们对电脑和智能手机越来越上瘾（比起堆积木或是捡小玩具，刷屏不需要很灵敏的协调性）。

第二，屏幕不是孩子的朋友。美国儿科学会建议两岁前的孩子最好不要待在屏幕前（电视、手机、电脑）。这是有据可依的。尤其看电视会妨碍亲子间的互动，还会降低认知能力。特别注意一些教育片，比如《小爱因斯坦》和《小莫扎特》，它们总是抛出一些冠冕堂皇的言论。事实就是，孩子们观看这些节目（单向沟通代替面对面的来回互动）的时间越多，他们的词汇量越少。

当然，零屏幕接触的规定无法百分百实现——你可能需要打个电话或是洗个澡。如果你认为孩子在婴儿床、护栏内或是其他安全的地方不能自娱自乐，稍稍玩一下手机或看一下电视也无妨，但要确保时间真的非常非常短。

体。为了孩子的安全（也为了不要打碎你精美的碟子），一定要使用软球。

- 壶、锅、木琴或是任何孩子可以敲打的东西。他会了解到敲打不同的物体会发出不同的声音，并且物体的软硬程度不同，敲打出的声音也不同。
- 门（和任何有铰链的东西）。假若你在那儿，一定要确保每一个人不会被夹疼。书本这类物品也适用同样的原理。

孩子见到的世界越大，他对周遭事物的兴趣就越大，而对你就没有那么感兴趣了。为什么呢？毕竟你总会待在他身边，而令人喜

启智积木

现在确实有许多尖端的高科技（和昂贵的）玩具或游戏声称自己对孩子心理生理的发展都有很重要的作用。有些的确是这样，而有些则不尽然。但有一种玩具，它并不高端，也非高科技，价格便宜，却是每个孩子成长的必需品，它就是：积木。理由如下：

- ◎ 它们帮助孩子发展手眼协调能力与抓放能力。
- ◎ 它们教给孩子所有有关图案、大小、分类（大对大、小对小）、重力、平衡和结构等方面的知识。这些有关数学和物理的简短教程会为孩子之后对世界发展的认知打下基础。

有一种玩具，它并不高端，也非高科技，价格便宜，却是每个孩子成长的必需品，它就是：积木。

◎ 它们教给孩子良好的思维技能。“从心理学角度来看，”爱因斯坦写道，“在语言或是其他与他人沟通的手势语言与逻辑结构产生任何联系之前，玩这种可组合的玩具似乎是创造性思维的基本特征。”

◎ 它们能帮助孩子理解他能掌控的事物之间的区别，比如他想用哪块积木或是他想搭多高。或者帮助他理解他不能掌控的事物之间的区别，例如，总是会使他搭建的塔楼倒塌的万有引力定律。

◎ 它们教给孩子坚持。用积木搭建一座塔楼或其他任何东西，对孩子来说可能是一段极痛苦、令人灰心的经历。但在这个过程中，他会明白，如果他能长久一直坚持做某件事情，他最终一定会成功。

爱的新玩具在他有机会抓到它之前可能会消失。

在孩子心目中失去头等地位看起来挺伤自尊的，特别是你正被一个填充动物玩具或是玩具汽车所代替。但不要噘嘴，采取一个更具闯劲的“如果不能打败他们，就加入他们”的积极态度：如果你没法让孩子保持和你一起玩的兴趣，那就用一个玩具去吸引他的注意。但不要着急：等到宝宝失去兴趣的时候再用这个办法。之前替代旧东西的新东西，孩子不论玩什么（或是和谁玩）都会逐渐失去兴趣。而且最重要的是，记住你不需要每时每刻都吸引住宝宝。他也需要一些空闲，独自玩玩或仅仅发发呆。真的！

家庭事务

劳动分工

大约 90% 的新手父母在孩子出生后感到压力倍增。最大的压力就是家里的劳动分工，要做的事情大幅度增加。我们在上一章谈到的金钱，则屈居第二。

噢，一个婴儿到底要带来多少工作要做?

在孩子出生前，你和你的伴侣可能会预想过有了孩子后，你俩要做的家务可能会大增。但我敢打赌，现在的情形一定超乎你们的预料。心理学家杰伊·贝尔斯基发现，对于大多数新手父母来说，一天洗一次或两次碗会增加至四次，一周洗一次衣服会增加至四五次，一周购物一次变成三次，荤菜准备从一天两次到四次，大扫除从一周一次变成了一天一次。

而那只是你的生活中和宝宝无关的领域。而真正涉及与孩子相关的事宜，看起来就有些开始失控了。“一个婴儿平均每天要换六七次尿片，洗两三次澡，每晚要安抚他两三次，每天则多达五次。”贝尔斯基写道。另外，因为孩子的无能为力，令你几乎每时每刻都有事做，不论是在去银行的路上还是早晨穿衣，所花的时间要比平常的时间增加五倍。

贝尔斯基研究中的一位女士总结道，她生育前估计的工作量与

成与败

不论孩子在做什么，你都应当赞赏他所做的努力和他获得的成就。孩子们需要知道尽力去做和真的正在做一样重要。如果你仅仅只对他成功完成了某个项目感到高兴并对此表示赞赏的话，那他可能会由于害怕失败而不敢冒险或尝试新生事物。

生育后实际工作量的差别，在本质上就好像是“在电视中观看的龙卷风和真正遭遇掀开你屋顶的龙卷风”一样。

谁来做这些?

另一件你与你的伴侣在孩子出生前或许商量好的事情就是共同承担照顾婴儿的责任。如果是这样的话，你们就和大约95%的人

的看法一样，认为男女应该平均分担照顾孩子的责任。何乐而不为呢？家务分担越平等，夫妻间的婚姻幸福感就越强，就会感觉更幸福。好吧，那只是一种传统的说法。是否幸福主要取决于你如何定义“更幸福”。

多项调查表明，处于“平等”关系中的夫妻比起那些遵从“传统”家务和育儿安排的夫妻，性生活会更少。当传统角色调换后，这就意味着爸爸担起更多做家务的重任，性生活就更少了。就像研究者菲尔和卡洛琳·考恩所指出的，那就能解释为什么大多数夫妻，尽管他们意愿良好，但是都不知不觉地各自充当起传统角色，即：母亲做女人该做的工作，父亲做男人该做的工作。

此时，我们需要定义另一个词：平等。要做到平等，每项工作都需要均分吗？你和你的伴侣给孩子换相同数量的尿布吗？安抚相同的次数吗？去杂货店的次数一样吗？给孩子喂奶的次数也一样吗？做饭次数也一样？

在我看来，答案很简单：不。我们应该追求对称而不是平均。换句话说，你和你的伴侣为家庭的利益分别付出了多少时间？如果做一餐饭需要一个半小时，那么花同样时间给孩子洗澡、给他喂饭、帮他穿睡衣、给他读故事、抱他上床，是不是大体上也就可以了呢？又或者一方在办公室工作了 10 小时，另一方在家照顾孩子（同样辛苦）10 小时，谁对家庭的贡献更大？

在一方比另一方持续投入的时间要少的情况下，问题就会出现。这并不公平，所以你需要赶快重建一个平等关系（不是平均）。

众所周知，女性对家庭付出更多，对吗？

每隔几个月左右，都会有新的研究做出新的发现，宣称：即便女性大幅增加在外工作时间，男性增加做家务的时间，女性仍旧比男性工作的时间要长。像这样的头条已经很常见：“女性仍在做大部分家务”和“美国母亲筋疲力尽，照顾孩子与做家务事情超多”。虽

工作类型	父母平均工作时间（小时 / 周）		双收入家庭中父母平均工作时间（小时 / 周）	
	父亲	母亲	父亲	母亲
有偿工作	37	21	42	31
家务	10	18	9	16
看管小孩	7	14	7	12
总计	54	53	58	59

然严格说来是正确的（女性确实在照看小孩和家务上花了更多的时间），但当你读了实际文章与相关研究后（遗憾的是参与研究的人员不够），你会发现一个完全不同的情况。

以下数据来自皮尤研究中心 2013 年发表在《现代亲子》上的调查报告：

其他来源，如美国劳工统计局的时间使用调查，显示了几乎相同的情况：母亲做更多的家务，照顾孩子更多，父亲则在赚钱养家方面花时间更多，当你把他们的时间加起来，完全相等。这种情况在慢慢地改变。越来越多的女性出外工作，薪水要比她们的伴侣更高。同时，家庭妇男的数量也在逐渐增加。

尽管如此，对于谁应该是主要养家糊口的人，男性和女性的态度仍然偏向于赞成传统的性别角色。即使是现在的年轻父母也不例外（即使女性比男性更主张平等）。最近，由本特利大学妇女与贸易中心针对千禧年生人（1980 年后出生）所展开的一项关于女性与工作的调查显示：

- 68% 的男性希望他们是主要养家糊口的人，35% 的女性也是这样期望自己的配偶或伴侣的。

- 25% 的男性希望他们的伴侣能带来一半的家庭收入，44% 的女性希望双方做出相等的贡献。

数据在 80 后父母中显得更加不忍卒读：

- 71% 的父亲希望提供大部分家庭收入，46% 的母亲希望他们的伴侣成为主要挣钱的人。
- 20% 的父亲和 32% 的母亲希望双方做出相同的贡献。

10

第 10 个月 身份塑造

孩子的状况

身体上

- 除非你的孩子十分好动，那么这个月她在运动技能方面才会有很大进步。但是不用担心，孩子只是在真正迈向独立的第一步之前好好享受这难得的片刻时光。
- 孩子能轻易爬着坐起来，甚至还能自己站立。站立的话，几乎不需要任何支撑，甚至还能独自站立几秒钟。
- 她能到处“巡游”（扶着东西侧身走），如果你抓着她的双手，她会一直走下去。
- 她正在成为一个越来越有信心的爬行者，毫不惧怕地在长沙发和椅子上爬上爬下。上楼梯已经没有问题，但是爬下来依然富有挑战性。
- 她现在非常擅长操控自己的双手。她能一只手抓两件物体，她尽量把大部分食物送进自己的嘴里。手眼协调能力越来越让人佩服，她会停下来捡起和检查她爬行或巡游时见到的每一个小颗粒。
- 她开始发现她身体两边的使用作用可以不同。她甚至会展示早期的偏手性（左撇子还是右撇子）。比如，她会用一只手捡起并操控玩具，另一只手握住玩具。
- 如果两只手抓满了东西，她为了捡起第三样物品，可能会放下其中一样物品。

- 虽然她抓东西的时候非常优雅，但是放开时却显得非常笨拙。

智力上

- 尽管她还不完全相信她看不见的东西客观存在，但是她现在开始非常怀疑了。如果你和别人离开几分钟，她因为记得你的模样，不会太过不安。在这个月，她会寻找你藏起来的玩具。如果看见你把玩具藏到另一个地方，她会在你藏玩具的那个地方寻找。

- 她现在明白不同规格的物体要不同对待。她会用手指接触小物体，但是会用双手接触大物体。

- 她也会产生这种想法：物体会因为几种原因而存在（它们有属性以及功能）。比如，纸能用来嚼碎、弄皱、撕碎。蜡笔能被握住，能拿来吃，最重要的是，能用来在某物上涂涂画画。这种能力会让孩子把物质分作两类（“我能嚼的东西”以及“大到放不进嘴里的东西”）——这种认知会让孩子对她的人生产生掌控感和预见性。

- 随着孩子记忆力越来越好，她做事开始越来越坚持。现在无论她正在干什么你都很难让她分心，如果你把她的注意力转移到另一件事上，只要你停止干扰，她就会马上继续刚才的活动。

- 现在孩子能进行符号思维（把她能看到的和不能看到的相结合）。比如，几个月以前，你的孩子在医院看见护士时可能会哭，因为她把护士和打针看作是一体的。现在她能在大街上就认出医院，只要你把车开进医院停车场她就会哭起来。

语言上

- 虽然她叫“爸爸”和“妈妈”已有一小段时间，但是她其实不知道这些词是什么意思。但是现在“爸爸”“妈妈”“再见”“不”，以及其他词汇都有了确切的意义，她会故意说这些话。她甚至会选一个词，一整天一遍又一遍地重复。（如果她还没这样做，不要担心。有些孩子要在一岁后才开始说话。）她还发现，她能使用一定的声音来吸引你的注意力，她可能会故意咳嗽、打喷嚏、突然尖叫、大口喘气，只是为了能得到你的回应。

- 现在她能理解她听到的大部分话，可能还能在“辨认孩子身体部位”（“你的肚脐眼在哪儿？”）的游戏里表现不错（但是如果你想让她在你的朋友面前露一手的话，她可能不会如你所愿）。
- 她还能把词和手势联系起来：摇头就是“不”，挥手就是“拜拜”。
- 她会全神贯注地听成人谈话，还会经常插几句自己的“话”。

情感上 / 社交上

- 经过一整天的爬行、巡游、探索和咿呀学语之后，到了晚上，孩子就会乖乖依偎在你的怀里。现在孩子注意力保持的时间比过去要长得多，她甚至想要听比以前更多的故事。
- 通过蹦跶弹跳，她的模仿能力越来越强。现在她会努力模仿你所做的一切动作：在自来水中搓手，从浴室出来口里说着“哇，呵！”身上会发抖，还可以使用电话通话。
- 孩子哭的时候（和几个月之前相比，孩子哭得少多了），与其说是想让你立马跑到她身边，倒不如说是出于害怕——害怕面对陌生环境或陌生事物，害怕和你分开。
- 孩子变得越来越能感受到你的情绪，而且也能更好地表达自己的感受。如果你很开心，她也会很开心。但是如果你责骂她，她会噘着嘴不高兴。如果你做一些她不喜欢的事时，她会真的生气。如果你让她独自一人待很久（只有她自己知道到底有多长时间），她可能会“惩罚”你，她会一边缠着你一边放声大哭。

你的经历

感觉不可替代

你当爸爸已经快一年的时间了，正如我们对前几个月所做的简要讨论（184~185 页），你现在应该很满意自己当爸爸的能力。如果足够幸运，你的伴侣和亲朋好友应该一直都在说你是一位很棒的父亲。但是对于你来说，有一个人的评价可能要比其他人的评价都让你更为留意，这个人就是：你的孩子。

作为一位成年男性，你可能觉得你的自我价值不需要由一个才半米来高，而且还不会说话或走路的小家伙来评价。然而事实确实如此，除了感觉被孩子需要，世界上再没有什么事能让你感觉更好、更有力量，或者感觉被爱得更多。你感觉到你是不可替代的，你的生活因为父亲的角色而有了意义，这种良好的自我感觉会使你创造奇迹。

满足感

如果在工作上，你的老板和同事需要你并欣赏你，你会觉得自我价值得到了体现，获得了安全感。那么在家里，作为父亲而被需要并得到欣赏也会产生同样的结果。事实上，在研究者布鲁斯·卓贝克的研究以及我采访过的男性中，有将近一半男性认为父亲的角色“使他们活得更有奔头，感觉人生更为圆满”。

对于有些人来说，成为一名父亲是他们梦寐以求的成就，也是他们长远目标的实现。有位男士说道，“我终于感觉自己有了归属感，正在做着自己想做的事。”当上爸爸的时间还不到一年，很多奶爸就几乎记不起自己曾经没有孩子的状态是怎样的。父亲这个角色好像已经渗透进他们生活的方方面面。

一种被忽略的全新感觉，或者宝宝爸爸先生

成为父亲会在很多方面刷新你的个人身份。再没有一件事像有

对于有些人来说，成为一名父亲是他们梦寐以求的成就，也是他们长远目标的实现。

个孩子一样，能让你意识到自己已经是成年人了。而且你也意识到，除了儿子这个角色，你还是一位父亲。似乎听起来再明白不过了，但是如果你知道有多少男性难以接受这个概念，你一定会惊讶不已。毕竟我们一直都是把我们的父亲看作父亲，把我们自己看作儿子。

同时，也只有当爸爸这件事能让你再次重温自己的童年时光，并让你释放出自成年以来抑制住的种种天真行为。有了孩子你就有了低声软语说话、傻笑、做鬼脸以及在地板上爬来爬去说“我要拉臭臭”和“我要尿尿”这些话的绝佳机会。从某种意义上讲，这是天性的解放。

奇怪的是，并不是你遇到的每个人都会使用“父亲”这个名词来证实你的身份。不知多少次我在中午带孩子出去时，总有人会说诸如此类的话，“嘿！帮别人看孩子啊？”（我总想回吼一声，“才没有呢，笨蛋！我是在照顾自己的孩子！”）我遇到的父亲都有和我类似的经历。很多人只看到“男人”，看不到“父亲”。

有时候他们甚至看不到“男人”——你仅仅只是宝宝爸爸先生，一个抱着孩子的隐形人。人们喜欢走过来和孩子“说话”，而孩子还小，几乎听不懂他们所说的话，更别说做出回应。他们直接看着孩子，问孩子“你多大啦？”“小可爱，你叫什么名字啊？”“你从哪儿买来的这件漂亮衣服啊？”，或是问我最喜欢对我 10 个月大的小女儿问的问题，“你从哪儿弄的这么漂亮的红头发？”等等此类问题。他们可能会用同样的方式来问一只小猫“是否饿了”这样的问题。而且如果你回答了，他们似乎真的受到了惊吓，感觉就像突然才看到你似的。

然而其他人——大部分是单身女性——可能会看到“父亲”，但是她们也会看到一个“性情中人或未来伴侣”。很显然，很多女性认为和孩子玩得十分欢快的男性非常有魅力。带着孩子遛狗的男性更有男人味。如果你是单身爸爸，这可能会有点意思。如果你已婚，那就要小心了。

你和你的宝宝

带孩子听音乐

到孩子开始咿呀学语的时候为止，她已经哼唱了几个月的音乐——开心地哼唱，还会根据你的音量高低和节奏快慢进行调整。你们大声高歌或低声吟唱，组成了一个小小的“二重唱”组合。

对于孩子而言，哼唱音乐和喃喃细语几乎没什么区别。但是对于大多数父母而言，二者的区别极大。即使父母只是得到一丁点儿线索知道他们的宝宝开始理解语言了，他们就会让孩子立马停止哼唱，转而专注于只培养他们的语言能力。儿童音乐中心的总裁

当爸爸也得有天赋

睾丸较小的父亲一般来说比睾丸较大的父亲更容易投入到照顾孩子的行列中，看着孩子照片时反应也更大。至少这是在亚特兰大艾莫里大学工作的研究人员得出的结论。

这项研究突出了詹姆士·罗林的研究成果，詹姆士·罗林是一位人类学家，他试图找出一些爸爸比另外一些爸爸更专注于孩子的原因。所以，他和他的团队对 70 位男性的大脑和睾丸进行磁共振成像扫描。这些人都有一到两岁的孩子。他们将扫描结果与爸爸的投入程度调查进行比较——调查表格由爸爸和妈妈填写。他们还检测了男性的睾丸素水平，发现给孩子更多关注的男性睾丸素水平较低。睾丸大小与精子的数量也有密切联系：睾丸越大，精子数越多。所以这组专家团队推测，有更多精子的男性想要尽他可能四处留下自己的精子。这样一来他们就很少有时间照顾孩子并对照顾孩子感兴趣。

男性睾丸与对自己孩子的投入度之间的联系已经广为人知了——至少其他灵长类动物是这样的。研究发现不怎么关心自己后代的非洲雄性黑猩猩的睾丸比人类男性的睾丸大两倍。但是对自己的孩子保护意识极强的大猩猩的睾丸则较小。

肯·吉尔马丁说，“结果是，通常孩子这种唱歌能力的发展便会延缓，甚至完全衰退。”

即使你和你的伴侣没有任何特殊的音乐才能，你们也没有理由不去激发孩子的音乐潜力。现在，在你坚持认为你不能靠音乐为生之前，请记住：“潜力”和“成就”不是一回事。不幸的是，太多父母都无法对二者做出区分。

根据音乐教育研究者埃德温·戈登的研究，每个孩子天生就有一些音乐天赋：68% 的孩子拥有普通的音乐才能，16% 高于普通水平，

16% 低于普通水平。“正如每个孩子都有智力一样，”他说，“每个孩子都有音乐才能。”

孩子音乐的资质是好是坏，抑或对音乐无动于衷，都大大取决于你为孩子提供的环境。即使你是乐盲，只能在洗澡时哼着跑调的歌，但是你也很有可能给孩子提供一个丰富的音乐氛围——在这个过程中你自己也可能十分享受。方法如下：

- 在孩子 3 个月大的时候你就已经在培养孩子的音乐才能（见第 123~124 页），那就继续让孩子接触各种不同风格的音乐。但是现在试着选择那些在旋律、节奏以及力度（响亮 / 柔和）上不断变化的唱片。吉尔马丁说，孩子 10 个月大的时候，他们注意力集中的时间还是很短，而这些对比使孩子的兴趣更容易保持长久。
- 永远不要强迫孩子听音乐。你的目的不是教她（就像你不用教她怎么说话、爬行或走路一样），而是为了指导并鼓励孩子，让她得到自然的发展。
- 如果孩子似乎没有在专心听音乐，你也不要关掉音乐。“毫无疑问的是，不管孩子专心还是不专心，实际上他们听到的音乐一样多。”戈登博士如是说。
- 避免给孩子听有词的歌曲。因为孩子的语言技能正在飞速发展，因此她可能会把更多注意力放到歌词而不是音乐上。
- 给孩子唱歌。无论何时、何地你都可以唱。不要担心是否走调——你的孩子不会在意。就像上面说的，使用一些类似嗒滴嗒这样无意义的音节来代替真正的歌词。
- 听你喜欢的音乐。你的孩子会密切关注你对音乐的反应，如果你已经选择了一首“对宝宝有益”但是你不喜欢的歌曲，孩子也会听出来。
- 观察孩子对音乐的反应。孩子现在的动作比几个月前灵活多了。孩子胳膊和腿的运动似乎（在成人看来，不管怎样）和音乐没有关系，但是它们其实会随着音乐律动。

- 保持耐心。“学习音乐的过程和学习语言的过程极其相似，”戈登和他的同事理查德·格鲁诺及克里斯多夫·阿扎拉写道。以下就是他们确认的学习步骤：

  - 听。从出生开始（甚至出生之前），你就吸收了韵律以及语言的音调变化——在没人期待你做出反应的情况下。
  - 模仿。刚开始不是很顺利，但是即使别人听不懂你说的一个“字”，还是会鼓励你继续喃喃自语。
  - 思考（理解）。等你慢慢熟练使用语言，你就能渐渐将人们口中说出的杂乱的声音转化成有意义的词和词组。
  - 即兴创作。你组成自己的词和词组，有时别人还真能理解你的意思。
  - 阅读和写作。经历以上步骤至少五年后才能进行这一步。

不要打乱顺序——顺序是固定的。如果你的父母坚持在你会说话之前教你阅读，你可能永远也学不会说话与阅读。

谈谈说话

孩子不能坚持到谈话结束并非意味着你应该停止和她说话。其实，你和她说得越多，孩子学得越多。

- 鼓励和拓展。如果你的孩子说“爸－爸”，不要到此为止，要用完整的句子来做出回应，比如，“你想喝牛奶？”或“是的，那是绵羊。”具体取决于你认为的孩子的真实意思。
- 识别。询问孩子，“你的肚子在哪里？”如果她指着肚子或拍了拍肚子，你要表扬她并问另一个问题。如果她没有回答，你就给孩子指出来（“这是你的肚子！”），再问另外一个问题。你也要识别出孩子感兴趣的东西并和孩子对这些东西加以讨论。
- 谈论差异。指着孩子的手指，然后指着你自己的手指，指着孩子的鼻子，然后指着大象的鼻子。告诉孩子她的为什么小些，你和大象的为什么大些。

- 随时解释。如果你在给孩子喂吃的东西，就谈谈食物、颜色、味道，以及她的脸有多脏。如果你们在户外，谈谈交通、天气、树木、建筑工地。记住，你每天接触到的大部分东西都是你熟悉的东西。但是对于孩子来说，所有这些都是崭新的。

- 不要说教。用一种随意的谈话方式，使用完整的句子和对孩子来说有点新颖的词汇。

- 尽量少说“不”和“不要”。虽然很难做到，但是必须尽力。首先，它们的意思很广。如果你对孩子说“不”和“不要”，孩子可能不明白你究竟不许她做什么。她所理解的意思是你对她不满意。经常说“不”和“不要”会挫伤孩子的创造力和探索精神。相反，你可以给孩子一些详细信息：“刀子很锋利，不适合宝宝。”或“把妈妈的发夹插到电源插座上不安全哦！”当然，你家的电源插座肯定已经安全地掩盖严实了，你肯定明白我的意思。

- 阅读。让故事和书成为孩子日常所需不可或缺的一部分。

- 坚持使用手势语。如果你在几个月前就已开始这样做了，现在也不要停止。如果你还未开始，那么现在开始也不迟。致力于口语和手势语一点也不矛盾。其实，学会手势语的孩子比不会手势语的孩子的词汇量要丰富。

你在塑造孩子性别身份中的作用

人人都知道小女孩是糖，是香料，是所有一切美好的东西，而小男孩是青蛙，是蜗牛，是小狗尾巴，对吗？好吧，尽管有这么多的刻板印象，但事实的核心在于：男孩和女孩是不同的，而这些差异并不仅在于身体的构造不同。其实，在孩子出生前，这种差异就已经存在于孩子的大脑中了。孩子出生后，这种结构上的区别就会成为其行为差异的基础。以下是我们知道的信息：

- 出生后的几周内，男孩有点儿倾向于发脾气，比女孩哭得多一点，睡得少一点。原因之一可能在于妈妈生男孩比生女孩花的时间要长出将近 100 分钟——可能是因为男孩往往在体格上更重、更高些。额外的生产时间常常会导致产伤增加，致使产妇服药，这些或许可以用来解释男孩和女孩行为上的差异。
- 女孩比男孩对人、脸以及洋娃娃（看起来像人，有脸）更感兴趣。男孩更喜欢移动的物体（比如卡车），似乎更喜欢看着一堆物体，而不是单个物体。
- 男孩不太挑食，而且对于触摸和痛苦也不太敏感。
- 女孩比男孩更能忍受更高音量和更小的声音，但是女孩比男孩更容易受到噪音的干扰。男孩有一只起支配作用的耳朵，这就意味着他们的一只耳朵听到的东西比另一只耳朵听到的东西要少，而且在嘈杂背景下提取声音的能力也不如女孩。有些研究者推测这种现象可以解释父母为什么会有这样的看法，即男孩对于口头要求总是比女孩做出的反应少。
- 男孩更喜欢到处乱跑。和女孩相比，他们在婴儿车里更易于坐立不安，总想爬高一点，或爬远一点，还喜欢四处逛逛。现在这种差异还很难发现，但是几个月后，等你带着孩子去公园，你可能就会注意到最吵闹最不安分的一定是男孩，而最安静的一定是女孩。
- 女孩可能更善解人意一些。试着想象一下：一个孩子、一件新玩具和一位家长，三者相距的距离相等。大多数这个年龄的孩子可能都会向家长求助，看看该怎么办。如果家长露出开心的笑脸，男孩和女孩都会走向玩具。但是，如果家长表情有点吓人，女孩则会在原地不动，而男孩不管怎样依然会走向玩具。
- 女孩开始说话的时间比男孩早，词汇量也较丰富。但是到两岁的时候，男孩会达到相同的水平。
- 和女孩相比，男孩表露出害怕的时间更晚，而且他们不大可能被嘈杂的声音吓到。

无论区别有多少，在前 18 个月，男孩和女孩之间的生理差异非常小，在此期间孩子都还只穿着尿片，大部分成人分辨不出是男孩还是女孩。但是，这并不影响我们分别对待他们。这就引起了一个极具争议的问题：我们在男孩和女孩行为上看到的差异是真实存在的吗，或者只是我们的一种想象？

美国康奈尔大学的研究人员约翰和桑德拉·德莱给 200 名成人播放了一段一个 9 个月大的孩子玩各种玩具的录像。其中一半的人认为这个孩子是男孩，而另一半认为这是一个女孩。虽然每个人看的都是同一段录像，但是这两组人对孩子行为的描述居然完全不同。“男孩”组竟一致性地认为孩子看到弹簧人时惊讶的反应是生气，而“女孩”组则认为是害怕。

那些想象出来的差异会影响成人与孩子互动的方式吗？有可能。比如，妈妈看到哭泣的女孩比看到哭泣的男孩反应更快，给女孩喂奶的时间也比较久。如果女孩脾气古怪，妈妈通常会增加对女孩的疼爱，总是会抱着、哄着她。但是如果男孩脾气古怪的话，她们就不怎么管他。从长远来看，这种行为会造成一些严重的后果。比如，一项研究发现，被搂抱多的男孩比被搂抱少的男孩的智商更高。

我们分别对待男孩和女孩，可能无意之中加深了原有的对性别的刻板印象。例如，父母会对女儿交流的欲望做出积极的反应，而对儿子类似需求的反应则比较消极，因此“确认”女孩比男孩更爱说话。如果儿子参加体育游戏，父母会给予积极反应，如果女儿也是如此，父母则会给予消极反应，因此“确认”男孩比女孩更爱体育运动。所以，男孩玩卡车、女孩玩洋娃娃是因为他们想这样做，还是因为他们的父母希望他们这么做？想想你准备下次送给孩子的礼物吧！

所以关键问题在于：为什么我们要区别对待男孩和女孩？有些研究者说父母仅仅只是在重复他们童年时的社交方式。另外一些人

男孩的事

有趣的是，我们对性别的许多看法和偏见都是在孩子出生之前就开始产生的。“父母说他们不在乎自己的孩子是男是女，只要孩子健康就行。”性别研究者卡罗尔・比尔说，“但是事实却是，夫妻对孩子的性别有一定的偏好。”这种偏好通常倾向于生男孩；这是男性和女性表达的共同想法，而且这个事实 60 多年来从未被打破。1947 年的盖洛普民意调查发现，40% 的美国人表示如果他们只能有一个孩子，他们更想要男孩，而 25% 的更想要女孩。在 2011 年，百分比分别为 40% 和 28%。

父亲更喜欢男孩是因为他们觉得和男孩待在一起更自在，或是因为他们觉得男孩能续香火。妈妈更喜欢男孩是因为她们知道——直觉或其他原因——这对她们的丈夫意味着什么。“男婴往往能让父亲对家庭更负责，”比尔说，“男婴的父亲去育婴室的次数更多，在里面待的时间也比女婴爸爸待的时间更长。”

这些偏好能对家庭中的每个人产生重大影响。生下女孩的夫妻通常会再生几个孩子，因为他们还想生个男孩。但是先生下男孩的夫妻最终家庭成员则会比较少。有些专家猜测出现这种现象的部分原因在于人们认为男孩比较“难怀上”。而在瑞典斯德哥尔摩的两个研究人员发现，如果孩子（男孩或女孩）的性别为期望的性别，男性通常会更满足于他们的父亲角色。

同时，有证据表明，比起那些性别刚好是父母期待的孩子，生出来性别不是父母所期待的孩子童年时往往和他们的父母关系比较糟糕。这对于那些想要男孩却生下女孩的父母来说更是如此。最后有趣（又可怕）的是，根据经济学家恩里克・莫雷帝和戈登・达尔的说法，生下女儿的夫妻尤其头胎是女儿的夫妻比头胎是儿子的夫妻“明显地更有可能”离婚。莫雷帝和达尔还发现，未婚的准夫妻如果知道怀的是儿子则更有可能结婚。

说这些差距是植根于生理上的。“男孩和女孩真的会让我们做出不同反应，”心理治疗师迈克·古利昂说，“最初的、出自内心的本能反应告诉我们要如何对待他们。因为男孩更高，更壮，我们和他们玩的时候可以更粗鲁些。因为女孩更安静，喜欢面对面的接触，所以我们会花更多时间和她们说话。”

无论这是社交原因还是生理原因，最起码的一点就是：男孩和女孩不同。但是要特别小心：生理原因并不决定命运。承认男孩和女孩不一样并不意味着一种性别比另一种性别更好或更差、更聪明或更愚笨。

这一节的主旨在于让你明白陷入性别的固定模式有多容易。当然，你可能还是会区别对待男孩和女孩，这很正常。但是，希望你在对待他们的过程中要灵活应变，这样就能避免产生比较大的问题，也给你的孩子一个较为丰富多彩的童年经历。如果你只允许你的女儿温柔、可爱，你的儿子粗鲁、混沌，你可能就真的会使孩子的生理差异成为决定孩子命运的因素。

如果你有儿子，应鼓励他尽可能多地和你交流。不要阻止他哭或玩洋娃娃，告诉他求助不是一件坏事（不是怯懦的表现）。如果你有女儿，和她摔跤，鼓励她玩有身体碰触的游戏，告诉她自信和独立并不说明她就不是淑女。

但是无论你有儿子还是女儿，确保你不是在逼孩子接受一种不适合她性格或气质的行为方式。关键在于，如果你给男孩芭比娃娃，有些男孩会把她的头扯下来，把她的腿当作双筒猎枪，而有些女孩无论去哪儿都想穿蕾丝。

你和你的伴侣

交 流

新手爸妈通常会陷入的陷阱之一就是他们停止——或至少改变

无论你有儿子还是女儿，确保你不是在逼孩子接受一种不适合她性格或气质的行为方式。如果你给男孩芭比娃娃，有些男孩会把她的头扯下来，把她的腿当作双筒猎枪。

了——他们往常交流的方式。这种变化有一半是永久性的改变，会影响夫妻间的关系。怎样产生影响的呢？我在第 312~313 页会提供更多信息。这里，我先提供研究者杰伊·贝斯基以及其他人发现的引发这种问题的几个因素：

- 贝斯基说，“新生儿会剥夺夫妻曾经用来解决差异的许多机制。”比如，你们过去常常因为谁应该做家务发生矛盾，你们可能已经找家政人员解决了问题。但是孩子出生后，紧张的经济条件不允许请清洁工，这就意味着你们必须处理曾经无关痛痒的诸如谁应该做什么之类的问题。
- 身不由己。在宝宝出生前，如果想去看一部电影或只是坐着聊聊天，你可以无所顾忌。但是现在，作为父母，还想像从前一样只能是个奢求。如果想出门，你们必须提前找保姆来照顾宝宝，确保孩子不会饿着，还要在约定的时间之内回家。

- 身体疲惫。即使你和你的伴侣一起待在家里，你们也很有可能因为太疲倦而无法清醒地谈完一次话。
- 增加亲密程度的活动（比如性、出去和朋友玩等）越来越少。
- 在孩子身上花了如此多的时间、金钱和精力，以至于你和你的伴侣没有同样多的机会去追求个人的爱好和外面的活动。你们几乎没有什么新事物可以谈论，你们可能还会失去（至少会失去一部分）倾听和理解彼此的能力。
- 期望改变。你的伴侣花在孩子身上的时间就是她不能花在你身上的时间。她可能会觉得当个伟大的妈妈压力很大，而你认为她不能像过去那样满足你的情感需求而在她面前不断叨叨则让她压力更大。

11

第 11 个月 飞机、火车和汽车

宝宝的状况

身体上

- 孩子现在伸腿张手就能自己站立起来，甚至能从蹲位到站位，然后再从站立到蹲下去捡东西。
- 不需任何支撑，他也能站立着，而且还会同时做两个动作，比如站立和挥手。
- 能扒着栏杆上楼梯，走路时只需抓住你的一只手。
- 他喜欢粗鲁点的游戏——摔跤、在地上打滚、被抱着倒挂、在你的膝盖上蹦跳。
- 会拍手，能翻书，但是还不能准确无误地翻到他想要翻到的那一页。
- 能够很好地使用汤勺，但是更喜欢用手抓。
- 能握住蜡笔，只要他能接触到的表面，无一幸免地都会被他乱涂乱画一番。但是什么时候松开握住的物体以及如何松开物体还有点困难。

智力上

- 这个月的某一天，刚学会站立的孩子斜靠在椅子边上，竟然意外地使椅子移动了一点点。他立刻明白是他自己使椅子移动起来的，然后他一次又一次地尝试着移动椅子。事实上，在接下来的几天（这个月），他都会推着椅子在房间到处走。

● 模仿能力在这个月达到了新的高度。不仅仅喜欢模仿具体的动作，而且能够模仿某些内容，甚至是一系列的动作。他能把东西藏起来，让你去找，喂你吃东西，尝试自己刷牙、穿衣。

● 他会在这个月花很多时间把小物品放进大容器内，学习大与小、"内"与"外"、容纳与被容纳的区别。

● 孩子正在扩充自己对于象征意义的理解。书对于他来说极具吸引力，但是他不知道它们是怎么制成的。他会戳书上的图片，看得见书中的东西却无法得到，这让他觉得很有趣。

● 虽然他一直以为自己在满世界跑，但逐渐发现他的身体具有一定的局限性。如果一些珍贵的东西他够不到，他会把你推向那物品，设法让你帮他拿到，因而把你当作他使用的工具。

语言上

● 虽然他的词汇量在不断增长，但是他总是无法说出一句完整的话。尽管如此，他还是会嘟囔着"长篇大论"——有时候是自言自语——偶尔蹦出几个别人能听得懂的单词。

● 有趣的是，他喃喃自语时发出的声音都是他母语中一些具体的单词，他不再发出他几个月前还能发出的一些声音。

● 无论他什么时候学会了新单词，他都会自己重复无数次。

● 他能识别出一些表达象征意义的单词：如果你谈到冰激凌，他会说"好吃"；如果你指着猫，他会说"喵"。

● 一种令人难以置信的能力也得到了发展——只听他愿意听的声音：为了试探你的反应，尽管你叫嚷着"离火炉远点！"，他也会完全装作没听见。但是如果你在很远的地方说"饼干"，无论在干什么他都会停下来，然后飞奔到你那里去。

情感上 / 社交上

● 除了快乐和悲伤，你的孩子现在具有了更复杂的情感。比如说，如果你和另外一个孩子玩，他会嫉妒，并大声抗议。他的感情会越来越外露，他会对你以及他的填充动物玩具表现出自己的温柔和喜爱。

- 他现在明白支持和反对的意思。当他清洗自己的盘子时，他会开心地喊你过去看看，为自己做了一件正确的事情感到自豪而喜形于色。但是如果他做了一些不应该做的事，他知道自己犯错了，就会耷拉着脑袋，等你训斥他。一般说来，他想让你开心，但是他也会做出一些让你不开心的事来试探你的反应。
- 如果没有得到自己想要的东西，他可能会大喊大叫或突然发脾气。
- 他可能会害怕长大，也有可能在情感和身体上退化到婴儿时的状态，这样你就会去照顾他。
- 你的孩子已经开始确立他们的性别身份。女孩能找出自己和妈妈以及其他女性的共同点，去做女性喜欢做的事，而男孩则会找出自己和爸爸以及其他男性的共同点，去做男性喜欢做的事。
- 他喜欢在其他孩子身边玩，但是并不准备和他们一起玩。

你的经历

更多担心孩子的健康

孩子出生后的最初几个月的健康状况，你主要依赖儿科医生，他会告诉你孩子近况如何。如果有一些突出的问题（神经功能缺损、唐氏综合征等），或是其他伴随孩子成长或发育的问题，你现在应该已经听说了。

但是，大部分影响孩子的问题并非能轻易发现。而且现在你的孩子长大了些，婴儿健康检查的间隔时间也更长了些，儿科医生会主要依据你对孩子每日行为的观察做出诊断。跟踪记录以下情况并汇报给医生，能帮助医生更好地评估孩子的进一步发育状况：

- 孩子在操控物品或移动物体方面是否有困难？感觉 / 运动能力发育迟缓可能会导致语言能力发育迟缓。
- 孩子身体协调方面是否非常对称？他是不是只用这只手（或这只脚 / 眼睛）而不用另外一只？
- 孩子吃东西或咽东西是否困难？这些问题除了导致营养不良以及其他一般的健康问题外，还会影响孩子使用他的下颚、嘴唇以及舌头，还可能会影响孩子的语言以及认知能力。
- 你的孩子是否丢失了先前已经获得的技能？他是否以前咿呀学语，现在却突然停止说话了？他是否对来来往往的人不再做出反应？这可能表明孩子的听力出现了问题，而听力问题会影响语言能力的发展。
- 孩子是否在一两个月内没有取得与本书各章节“宝宝的状况”里描述相当的进步？
- 孩子是否对探索周遭环境没有兴趣？
- 你的孩子是否性情大变？但请记住：糟糕的脾气本身并非表示有任何缺陷。

大多数情况下，你所认为的“问题”行为其实都是非常正常的。但是，这并非意味着你不应该留意。以下是一些能让你自己安心的做法：

- 花时间重新看一遍本书中“宝宝的状况”部分。对于孩子能做什么，不能做什么，你知道的越多，担心就会越少。
- 不要担心你的医生——或你的伴侣——会觉得你问的问题太多或觉得你太过担心。你（或你的保险公司）给医生支付的费用足以让他 / 她十分认真地听取你提到的任何问题。
- 如果和医生谈过之后，你还是担心（或者你认为没有引起重视），问问其他人的意见。

- 把所有孩子遇到过的（或没有遇到过的）使你担心的事情都详细记录下来，包括在什么时候发生的，在什么样的情况下发生的。

男性往往会忽视自己的健康问题，因为他们希望烦扰自己的问题会自行消失，或者因为他们害怕他们对自己身体最坏的猜测会得到医生的确诊。如果你想忽视一直困扰着你的问题，那你就大错特错了，当然你有权这样做。但是，不要如此对待你的孩子。你可能不是世界上最有经验的父亲，但是对于孩子身体上出现了什么问题，你的本能反应通常应该非常正确，而且也会采取相应的行动。当然，这并不是说你每天都要把孩子带到急救室去，但是偶尔去问问医生的意见总是好的。如果真有什么问题，早知道总要比晚知道好，因为要是晚了，问题就比较难解决了。

你和你的宝宝

飞机、火车和汽车

我的大女儿 6 个月大的时候，我和我的妻子决定去蜜月旅行。我们的蜜月旅行本应该结婚时就去，却一直推迟到现在。因此，我们这次旅程相当于经常旅行者的几年旅程，我们仨飞往纽约、法国、以色列和菲尼克斯，玩了整整一个月。总之，这是一次让人记忆深刻的旅行。

你第一次和孩子的旅行可能不会像我们这样时间长、路程远，但是你迟早都会带上家人去到某地旅行。

计划旅行

- 花些时间计划好行程安排。你可以随时带着还没有 7 个月大的孩子去任何地方。但是在孩子学会走路后，最好还是限制一下目的地。四天七个城市，就算是经验丰富的成年旅客也吃不消。可以的话，出发前看看当地有没有适合婴儿去的景点（动物园、博物馆、公园、海滩、木偶戏表演）。

- 尽量选择不太拥挤的地方。一大群陌生人可能会吓到孩子。
- 提前买票或者把你的登机证打印出来（或下载到你的手机上）。如果没必要排队，又何必排队呢。
- 避开高峰期旅行。比如圣诞节、新年、感恩节（而不是之前或之后的日子）就挺不错。如果你自驾游，路上不太会堵车；如果你乘坐其他交通工具，你会发现有很多空座位，这就意味着有很多空间舒展身体或来回跑动。
- 考虑乘坐夜晚的航班。这样的话，孩子很可能会在飞机上睡觉，这样有助于调整时差。
- 在出发前对飞行时差或地区时差做好准备。你可以做一些诸如让孩子晚点睡或早点睡之类的事，也可调整就餐的次数。
- 经常和孩子谈谈接下来的旅行，让孩子为旅程做好准备，使旅行这件事听起来就像是每个人心中最开心的事一样。
- 出发前几周带孩子去见见医生（为了你的孩子）。告诉你家的儿科医生你们准备去哪儿，问问是否认识旅行目的地的医生。同时，询问要带上哪些医疗用品。如果你的孩子正在服药，药物会在途中吃完，需要预备一个额外的处方。

携带物品

无论你去哪儿，使离家旅行顺利进行的诀窍就在于让孩子尽可能多地围绕在熟悉的事物旁，这样有助于减少新的路线和风景带给孩子的震撼。那么，不论目的地在哪儿，你都需要带上以下大多数物品：

- 餐具和围嘴。
- 奶瓶和配方奶（如果需要的话）。如果你们到海外旅行，将会使用配方奶粉，记得带上一些瓶装水。

- 儿童安全座椅。如果没有儿童高脚椅，带两套安全座椅也不错，孩子吃东西的时候，你真的需要把他 / 她固定好。
- 质量好的双肩背包。它会释放你的双手，让你能携带很多其他需要的婴儿用品。
- 几个橡皮奶嘴。如果你的孩子白天经常吮吸奶嘴，或者孩子需要吮吸奶嘴才能睡觉，那就更有必要提前做好准备了。
- 便携式婴儿床。或者，如果住饭店，提前预订一个婴儿床。
- 急救箱（箱内具体物品见第 219 页）。
- 婴儿洗发香波、护臀霜。
- 通用旅行包（见 282 页）。
- 很多孩子熟悉的玩具、填充动物，孩子最喜欢的食物，以及夜明灯。这些能让孩子更快地适应新的环境。
- 东西尽量别带太多。如果你不打算去喜马拉雅山旅游，那就真的没必要带上可用三周的一次性尿片——这种尿片到处都可以买。我和我的妻子到纽约后做的第一件事就是找来一个大的纸板箱，然后把我们带的将近一半的东西寄回家。

一旦到达目的地

- 按照在家计划的日常行程进行。如果可行的话，阅读、唱歌和玩闹可以同时进行。对于生活规律的孩子来说，这一点尤其重要（见第 142 页）。
- 不要安排太多的活动。一天一到两个地方就足够了。
- 时刻关注孩子和亲戚的接触。如果朋友和亲戚有一阵子没见到孩子，或者是第一次见到孩子，他们都想去抱抱孩子、捏捏孩子、逗逗孩子。就算是最不怕生的孩子都会被吓到。如果你的孩子正在经历陌生人焦虑症或分离焦虑症，那你就要特别敏感。
- 如果你计划把孩子留在家里给保姆或亲戚带，就让她早点到家里来，以便孩子和她能在你离开之前多接触多了解。

通用旅行包

如果你的行李不能带在身边（即使大部分行李都在汽车后备厢里），你可以准备一个能装许多东西的大旅行包，装上必要的“紧急”用品：

◎ 尿片、很多手绢，以及几件多余的服装。

◎ 新玩具（旅行中每小时一个）；镜子和吸杯、拨浪鼓都很受宝宝们的欢迎。

◎ 食物，如果需要的话，额外带上配方奶。

◎ 可以吮吸的东西（橡皮奶嘴、牙套等等）。

◎ 几本书。

◎ 一些最舒心的物品（毯子、泰迪熊等等）。

● 远离肉类、鱼类、鸡蛋以及乳制品。如果在途中遭遇食物中毒，那就有可能是由于这几种食物引起的。如果去海外旅行，远离水、牛奶、果汁、生食，以及任何街上小贩卖的食物，除非你确定那些食物是安全的。如果你的伴侣还在哺乳期，这一点就更加重要。

自驾游

● 如果是短途旅行，尽量在孩子平常睡觉前 1 小时左右出发。在孩子睡熟之间，你就可以尽快到达目的地。

● 如果是长途旅程，考虑在下午四点到午夜期间驾车。因为这样的话，你们就有几个小时的娱乐时间，期间可以停下来给孩子弄几次吃的，直到孩子睡着。

● 如果你需要在白天驾车，你或你的伴侣应该每一两个小时换一次班，两人轮流坐在后车座上，逗孩子开心，让孩子保持清醒。自

让离家旅行顺利进行的诀窍在于让孩子尽可能多地围绕在熟悉的事物旁，这样有助于减少新的路线和风景带给孩子的震撼。

驾游往往会让孩子崩溃，而且真正会打乱他们的睡眠作息时间。

- 途中要多休息几次，保证每个人有足够机会舒缓筋骨，舒展身体，保持轻松状态。在一些令人感兴趣的地方停一停，摸摸奶牛（记得事后洗手）、望望修路工人、观赏观赏新的风景（森林、云朵形状等等）、唱唱歌、读读故事。驾车穿过自动汽车洗车间对于一些孩子来说是个刺激，但是对于另外一些孩子却如同梦魇。无论做什么，开心最重要。

- 把儿童安全座椅安装在后座中间，那里最安全。座位朝向车子后方，你需要绝对确定车座安装妥帖。如前所述，你也许能得到当地警察局或高速公路加油站的免费安装服务。

带孩子下馆子

有一天，你和你的伴侣鼓足勇气，决定带孩子去饭馆吃饭。如果真是这样，谨记以下事项：

- 提前打电话到饭店问问带孩子去是否方便，确认饭店的儿童座椅是否足够多。
- 在外面就餐不要超过孩子的就寝时间。新的环境会带给孩子很大的压力。
- 远离拥挤、嘈杂的地方，除非你知道孩子喜欢那种环境。
- 一般餐馆即可。白桌布和水晶酒杯对孩子而言就相当于公牛见到了红色旗帜。
- 坐在离出口近的地方。你可能需要把不开心的孩子带到餐馆外玩。
- 如果孩子和你一起吃饭，不要忘记带或点他的食物，多准备几个勺子，以免孩子把一两个勺子掉到地上。
- 如果孩子正在走路，不要让他去其他人的桌旁，除非你十分肯定那些人不在意被打扰。你可能觉得孩子很可爱，但是别人有可能会觉得很烦人。同时，到处走的（到处爬的）孩子会有绊倒服务员的危险。
- 如果你把孩子抱在膝盖上，一定要特别特别小心。孩子天生就对食物有第六感，他们会猛地扑向最烫、最刺激的食物，如果那些食物泼洒出来，一定会引起一阵大混乱。
- 不要指望饭店人员会逗你的孩子玩。
- 如果你必须突然离开，不要觉得难为情。比如，孩子情绪失控、大吵大闹、生病等。

- 从车内锁住车门。
- 千万不要把孩子单独留在车内——尤其是在夏天。婴儿窒息的速度比你想象的要快。每年你都会听到由此导致儿童窒息而亡的消息。总是有人不听从劝告，从而导致悲剧的发生。
- 如果你的孩子是母乳喂养，在途中饿了，要停车让你的伴侣给孩子喂奶。每隔几年总是会听到另一种传言，说一个妈妈因为在开车时给孩子喂奶而被逮捕（我觉得最有趣的一个传言就是一个中国妈妈在骑女式摩托车的时候给孩子喂奶）。驾车时喂奶不安全——对你、你的伴侣、你的孩子或者货车司机而言都不安全，货车司机可能会因为看你伴侣裸露的双乳而分神。

带在车上的东西

- 大量食物和饮品。
- 大量的书籍、玩具、毛毯、平底拖鞋。
- 大一点的孩子（如果刚好有的话）。这样更容易逗宝宝乐。
- 你的随身听或音乐播放器以及有品质的音乐选集。记得带上你喜欢的。警示：如果你不得不在每小时 60 英里的驾驶过程中猛踩刹车，你车上的所有物品都会成为潜在的危险源。所以，在你带上这些物品之前，想想你是否会被这些物品砸到脑袋。

乘飞机旅行

- 提前去机场。带着孩子过安检真的有点像冒险。你必须把婴儿车折叠起来，放到 X 光机上通过安检。大部分情况下，你必须扛着孩子经过金属探测仪的检查。注意：如果你引发警报，安检人员会同时让你放下孩子。
- 把手提行李、安全座椅及其他携带的物品放在婴儿车上，把宝宝系在胸前或背在背后。大多数航空公司会让你在登机口托运婴儿车。

• 争取买到靠舱壁的座位（通常都是在第一排）。这些座位通常有更多一点的空间，这样你也不用担心孩子会踢到你前座的椅子。同时，如果可以，请求能够坐在一个空座位旁边。在做出这些请求时，一定要把你无比可爱的孩子搂在怀里——这样能增加你成功的概率。

• 不要提早登机。相反，在候机室一边让你的伴侣照看行李，一边让孩子自己玩到筋疲力尽，直到上机前的最后一分钟。为什么要让待在密闭的飞机上的时间超过必须待在那里的时间呢？

• 如果是长途旅行，你的孩子会特别焦躁不安或特别活跃，你可计划安排一两次中途休息，给你们所有人下机舒展身体和到处逛逛的机会。

• 每个不到两岁的孩子都应该吮吸点东西——母乳、牛奶或橡皮奶头——飞机起飞或降落时都需要。这样能减轻压力，减少耳鸣、耳痛等现象出现的概率。或许还能让你的孩子昏昏欲睡。

• 一定要让孩子在飞机上多喝水，让他的鼻道保持湿润。坐飞机旅行会使得孩子的（和你的）黏膜组织变干，孩子更容易得感冒或鼻窦发炎。

• 给孩子买个座位。没错，这样会比较贵，但是把孩子放在膝盖上抱几个小时真的会使你很难受，而且也不如把孩子平稳地放在安全座椅上那样安全。

• 尽可能多地托运行李，但是自己要背上通用旅行包（见第282页）。

带什么上飞机

• 和车上所带物品一样（见第285页）。

• 额外的食物——供大人和宝宝食用。你点的食物可能迟迟没有送来，或者是短途飞行，可能根本就不提供食物。

• 朝后的安全座椅。购买座椅前咨询制造商，确认安全座椅能在飞机上使用，并且刚好能放进座位里。

- 橡皮奶嘴。这时可不是戒掉孩子吮吸习惯的时候（我经常坐在有孩子哭闹的女性旁边，而她居然不把握在手中的橡皮奶头给孩子吮吸。这真的有点残忍，而且对孩子也不好）。让宝宝吮吸，与你同行的乘客会感谢你的。
- 如果你的伴侣正在哺乳期，带上一块薄毛毯，搭在她的肩上，保护隐私用。

倒时差

- 如果你们只旅行几天，继续让孩子做在家常做的事。这会使你们回家后更容易恢复正常生活。
- 花时间待在室外。自然光有助于人们尽快适应新时区。

家庭事务

保 险

当了爸爸后，你的心理以及你对生活的展望会发生一些有趣的变化。一方面，有了孩子会让你希望自己能长生不老，不错过和孩子在一起的每个时刻。另一方面，看着孩子慢慢长大，就像有人在重重扇了你一耳光一样——这让你清醒过来，无论自己多么想长生不老，你都不会长生不老。

遗憾的是，世界上真的没有什么硬性规定或秘方可以帮你做出决定：你或你的伴侣需要购买多少保险。但是，花时间想想以下一些问题能帮你弄明白自己的需求：

- 如果你或你的伴侣突然发生了什么事，你（或她）需要多少收入维持目前的生活方式？你或你的伴侣是否会独自承担全家的开销？人寿保险并不是一种暴富手段，也不是一种强制性的储蓄计划；而是一种确保支撑家庭开支的方式，它能保证如果你们俩有人意外去世，你或你的伴侣也不用卖房子或换工作。

- 你是否需要或想要支付贷款、买车、还信用卡或其他债务？
- 你是否需要或想要留下一笔财产，用来支付孩子的大学费用？
- 你希望保险金能抵你几年的收入？
- 还有哪些费用需要包含在内？比如，如果父母中有一人死亡，生者要给孩子更多的照顾。
- 你希望你的缴税情况如何？如果你拥有相当可观的财产，你的继承人就必须缴纳大笔税费作为继承税。
- 你目前购买了多少保险？你的老板、军队、工会，或其他你所在的组织可能已经给你买了保险。
- 你或你的伴侣是否在上一段关系中有孩子？你们其中一人是否收养了别人的孩子？如果是这样，如若你们俩有一人去世，孩子是和继父母生活在一起还是和亲生父母生活在一起？在法律上（和道义上）继父母需要给孩子支付多少费用？
- 社保会支付多少？大多数保险销售员从不会和他们的顾客提及这一点。事实是这样的：如果你或你的伴侣，或是你们二人一直都在工作，那么生者就有权利得到已故者的社保收益（投到社保里的钱事实上会付到生者的保险账户内）。美国社会保障局（SSA）预计，父母亲都有工作的孩子如果父母中有一人过世，98%的孩子能够得到其中的一些社保收益。社保应付的金额依据投保者的年龄、工龄以及一生所赚钱数的多少。社保收益可能需要缴税，而且因为社保是每月缴费，因此不能抵扣财产税。社保局有两大网站能帮助你解决这些问题：www.ssa.gov/pubs/EN-05-/10084.pdf或者：www.ssa.gov/pubs/EN-05-/10024.pdf.

以下两种基本方法可以确保满足你对保险的需求：

- 阅读一些享有盛誉的私人理财指南（或者至少看其中的几个章节）。无论你如何认为，理财都不像你想的那样复杂。
- 给自己找一名理财师（第 290~291 页提供了一些实用的小窍门以供参考）。

无论是哪种方法，你都至少要清楚你所选择的保险种类。一般来说，市场上有两种人寿保险：定期人寿保险和现金分红人寿保险。每种保险又细分成几类，以下是简要概述：

定期人寿保险

定期人寿险有三类，共同特点如下：

- 成本极低，尤其是投保前几年。
- 保险金随着投保人年龄的增长而逐年增加。
- 保险单只在具体的期限内有效。
- 没有现金价值分红。
- 保险收益需要缴税。

基本的定期人寿保险

- 续保定期人寿险。已故金保持不变，保险金增加。但是如果你有健康问题，你的全部保险可能取消。
- 固定保险费人寿险。已故金和保费在具体时间内保持不变，有时长达 30 年。
- 已故金递减定期保险。已故金逐年递减，但是保险金保持不变。换句话说，就是每年支付相同的保险费，得到的保险金逐年递减。

现金分红人寿保险

- 现金分红人寿保险的产品越来越多，虽然各有区别，但它们却具有以下共同特征：

挑选理财师

很多理财师以佣金为收费形式，收费额以你购买的保险、交易股票和你投资组合的总价值为基础。所以，无论你的投资情况好坏，理财师都会得到佣金。另外一些人收取手续费，一般每小时收费是50~250美元不等。

当然，这并不意味着收手续费的理财师本身比收佣金的理财师要好（虽然很多专家认为，选择收手续费不收佣金的理财师会让你更开心，可能使你更富有）。你的目标是找到一个你中意的、你认为他会真心实意帮助你获得最大利益的理财师。以下是帮你挑选理财师的方法：

◎ 参考来自朋友、商业伙伴和其他值得你信任的人的意见。或者，可以通过理财协会（www.plannersearch.org）找到当地一些经过认证的理财师或通过美国个人金融顾问协会（napfa.org）找到"只收手续费"（和"只拿佣金"相对）的理财师。

◎ 至少挑选三个有潜力的候选人进行初步咨询（这不会有费用）。然后进行严格的面试。以下是你需要了解的内容：

  ※ 教育背景。这并不是势利，而是教育越正规越好——尤其在财务管理方面。

  ※ 从业资格证。经过认证的理财师（CFPs）经历过严格的培训，为了与时俱进还接受继续教育，在获得CFP证书前还必须具有一定的经验。证书能帮助你区分哪些人是真正的理财师，哪些人只能卖股票和保险。

  ※ 许可证。他或她能合法买卖诸如股票、债券、共同基金和保险等金融产品吗？

  ※ 经验水平。除非你想烧钱，就选用你的正在攻读工商管理硕士的侄女吧。否则，一定要坚持选用至少有三年行业经验的专业人士。

- 典型客户简介。你正在寻找的理财师需要有这样的工作经历：即他服务的客户收入水平、家庭境况和理财目标与你的类似。如果你正在面试的理财师接触的大部分客户都是富人，而你才刚刚起步，你就不必留意他了。
- 收费。如果是按手续费收取，计算方法是什么？以小时计费吗？准备一份详细的理财计划收费固定吗？按照理财师建议你投资的资产的百分比收取费用吗？如果是佣金，理财师所提供的每个产品的佣金百分比是多少？稍有犹疑就表明佣金计划不可取。
- 获得一份理财计划样本。你想知道怎样才能赚到钱。但是要注意：漂亮的图片、难以理解的样板语言和昂贵的皮革黏合剂总是会分散你的注意力，让你发现不了报告中实质内容的缺陷。
- 参考其他客户。客户和理财师相处多长时间了？他们相处得愉快吗？是否因为理财生活得到了改善？对理财师有没有投诉，他有没有弱点？
- 查看你未来的理财师的投诉记录和凭证。这一点超级重要。理财师由两个机构监管。你未来的理财师应该受到金融业监督局（FINRA，负责监管金融产品，如保险和股票）或美国证券交易委员会（SEC，负责监管金融建议）的监管，或者接受两家的共同监管。你也可到你所在州的证券监管者那里查询。北美证券管理协会在网站 www.nasaa.org 上有各州机构的名单，点击 Contact Your Regulator（联系你的监管者）。

● 这些保险基本上就是将定期人寿保险和储蓄计划相结合。保险费的一部分钱用来购买纯定期人寿保险，而剩下的部分用来购买辅助基金。根据计划，你或多或少可以对投资基金有所把控。

● 这些保单往往刚开始时提供最具有竞争力的利率。这些利率通常能保证一年，之后利率就会根据市场行情浮动。

- 你可以购买任何数额你想购买的保险或基金。但是，因为基本的定期人寿保险费逐年增加，你所支付的金额可能不够支付保险费。如果发生了这种情况，缺额就会从你的投资基金里提出来，这样就会减少你的现金分红。

- 现金收益累积免税，你可以把这些钱贷出来——通常利率极具竞争力——或在有生之年取出来。除非你的贷款已经还清，否则这会影响保单面额。

- 如果选择合适的信贷项目，你的钱和累积的储蓄都会转到继承人的账户，免收个人所得税。

- 可以这么说，手续费会高得吓人。佣金——是保险费的一部分——按常规会和第一年的全部保费一样多。因此，如果你在十年左右时间内取消保单，你会失去大部分或所有积累的收益。而且，针对投资基金的管理费用通常比行业平均费用高得多。

可选择的现金分红人寿保险

- 终身寿险。锁定已故金、货币价值和保险费。辅助基金由保险公司进行投资。

- 万能寿险。和终身寿险类似，只不过你能随时改变保险费金额和已故金。因为辅助基金是由固定的家庭收入证券（债券等）进行的投资，你的货币价值会有所波动。

- 变额寿险。和万能寿险类似，不同之处在于你能在辅助基金投资方面有更多一点的投入。你通常可以选择货币金融市场、政府债券、公司债券、成长保险、固定收益，或全额回报证券投资组合。

做出选择

如果你已经决定需要或想要购买人寿保险，那么最大的问题就在于是购买定期人寿保险还是购买现金分红人寿保险。经过和保险推销员以及理财顾问长期的讨论，我得出如下结论：给自己买一项有保证的、平稳的、十年或者更久的定期人寿保险。这样就算你生病了，保险单也不会被取消，你也不用每年体检。然后为你的家庭制定一份合理的储蓄、投资、退休计划。如果你自己具备足够的专业知识，那就最好。但如果不具备，就找位专家帮你制定（见第 290~291 页）。

但是这个规则有一个例外：如果你预计你的财产税超过当前的财产免税额很多，现金分红保险是一个不错的选择，能给你的子孙留下一笔钱来抵偿联邦政府的财产税。低于免税额水平的财产免税继承。

到哪里投保

如果你和你的伴侣在大公司工作或加入了工会组织，你们可能至少有人寿保险或伤残保险，或二者都有，甚至还能得到一些额外保障。

即使你们投了保，你可能还想考虑一些额外的独立保险。如果你想辞职，你可能就要放弃所拥有的人寿保险。

如果你有共事的保险代理人，就从这里着手吧，但是不要害羞，出去逛逛街吧！买同样的保险保费会有百分之两百到百分之三百的浮动。网上有很多在线服务可以帮助你对各种保险进行比较，找出最适合你的方案。

不管你选定期险还是分红险，在付保费时，一定要到你值得信赖的承保人那里投保。传统的做法是：选择大的评级机构排行榜首的保险公司签约——著名评级公司如：贝氏（ambest.com）、惠誉（fetchrating.com）、穆迪（moodys.com）。不幸的是，最近几年，这些机构可信度开始降低，他们对保险公司的实力进行评估并从这些保险公司收取金钱。不管怎样，得到评级机构打出高分的保险公司一般都会万无一失。

伤残保险

如果你打算买保险，我建议你多花点时间，仔细研究一下伤残保险。如果你的老板给你购买了长期的伤残保险，立即签字。如果没有或者你自己就是老板，和你的保险代理人好好商谈后购买一份。在许多情况下，长期的残疾比死亡给家庭经济带来的打击更加致命。

12

第 12 个月 到这儿了，不太糟糕，是吧?

宝宝的状况

身体上

- 你的宝宝很快就要学会走路了，她现在可以蹲着时站起来，也可以站着时优雅地坐下。

- 同时，她对站起来走路越来越有信心。她可以转 90 度，可以弯腰捡东西，可以只用一只手抓着你走路，另一只手紧抓着一件或者两三件她最喜欢的玩具。她甚至尝试倒退着走几步，或是随着音乐跳舞。

- 尽管你的宝宝会走几步了，但她依然使用爬行作为她的主要交通方式，大部分原因是因为这种方式要更快些。

- 然而，看到自己很快就可以独自走路让她很是兴奋，甚至到了不想吃饭睡觉的地步。她在她的床上蹦来蹦去不睡觉，任何她没吃过的食物也不能吸引她。因为她有可能会从她的婴儿床里爬出来，一定要确保你已经把她的床垫放置到它所能降到的最低位置（如果你的宝宝床是那种围栏可以活动的，你得换了它。侧拉式婴儿床早在几年前就被禁止了）。同时也要保证在她爬下来的地板上垫一些柔软的东西，以防万一……

- 她可以揭开容器的盖子（但可能不是拧的那种），拉开门锁，开门。她会帮你给她穿衣服或者脱衣服（至少她是觉得在帮你……）。她真正想做的是，猛地扯下她头上的帽子、脚上的袜子，或是手上的手套，或是任何她能抓到的东西——尤其是你刚刚给她穿上的。

- 她终于能控制她的大拇指了，现在她能使用她的拇指和食指捡起细小的物品。更重要的是，她想什么时候扔下就什么时候扔下。

- 这时候能看出她习惯用哪只手，她会使用一只手抓，另一只手配合。如果你把物品放在她那只不太灵活的手上，她会转到另外一只灵活的手上。

- 她现在已经学会了储存物品。如果她左右两只手分别拿着一件物品，你给她第三样物品，她会用嘴咬着或是用腋窝夹着手里的那件物品，腾出一只手来接住第三件物品。

智力上

- 宝宝第一年智力上的最大发展就是她获得了这样一种能力，就是能够对她以前看过但现在不在她眼前的物体保持视觉影像。这个月月底，她能够通过在不止一个地方搜寻物体来证明这一能力。她能找到这一物体，但是事实上她并没看见你藏在什么地方。

- 另一个智力上的主要飞跃就是用试验和错误去解决问题、克服障碍。

- 她喜欢把东西放进另外的东西里，喜欢模仿任何人做的任何事：扫地、在电脑上打字、打电话，如果你受伤了，她会痛苦地号啕大哭。

- 变得越来越淘气。宝宝不断猛摔东西、搭建又推翻、把东西放进去又倒出来是她重要的学习活动，意识到这一点相当重要。这些活动能教会她更多关于这些东西的多种功能。加水到沙子里会改变沙子摸起来的感觉（和尝起来的味道）；把弹球扔进金属盒子里的声音不同于把它们扔进塑料盒子里的声音；把它们扔在卧室的小地毯上远没有看着它们弹起来滚到厨房地板或是滚到楼下那么有趣。

语言上

- 她可能掌握了 6~8 个含实际意义的单词，还有 5~6 个象声词，比如哞哞、汪汪或是咚咚，她会反复不断地练习。
- 她的被动词汇相当多，她会高兴地辨认出她大部分的身体部位，也能辨认出她很熟悉的人和物，如你和你的伴侣，她的奶瓶，她最喜欢的填充娃娃和她的婴儿床。
- 她喜欢尽力模仿你说的话，所以管好你的嘴巴。她具有一种神奇的能力，能在你 5 分钟的谈话中挑拣出你使用的一个脏字。在接下来的这几天她会在一分钟内向你重复说这个脏字二三十遍。
- 她也会含糊不清地说一些与本地语具有同样节奏和语调的短语作为她的语言，也许还能为某人或某物造几个词。
- 她仍没有掌握表达象征意义的单词，如果你在朋友家里指着一本书，说："看看那本书"，你的宝宝可能会很疑惑。在她的世界里，"书"这个词指的是家里的那些书。
- 她很清楚"不"代表的含义，但是她不会总是注意到。她发现让你一遍又一遍重复"不"是件很有趣的事。

情感上 / 社交上

- 她积极地尽力避免去做那些她知道你不喜欢的事情。她喜欢你的掌声、笑声和认可。
- 她并不总是合作，会经常考验你的极限（和你的耐心）。她正在发展辨别对与错的能力，当她做了一些她知道不应该做的事情时会感到内疚。
- 她变得越来越幽默，发现不协调的东西最有趣。如果你告诉她狗狗的叫声是"哞哞"，如果你爬着走或是假装哭，她会歇斯底里地大笑一场。
- 家是她觉得最安全的地方，她会跟其他小朋友玩耍，跟他们分享玩具。然而，在缺乏安全感的环境中，她就不是那么合群，有可能在你的身边寸步不离。

- 她坚持得到自己想要的东西，或是做她能做的任何事（嗷嗷大哭、大发脾气，或是甜甜一笑）去影响你的决定。
- 总而言之，她现在是一个拥有独立人格的真正的人啦！

你的经历

生 气

当我妻子怀第一个孩子时，我一直在想在我为人父之后那些我不会做的事。第一就是不打孩子。我想起了所有的父母包括我自己的父母，回想起这些年来他们在杂货店或邮局朝孩子大喊大叫的场景。“多惨啊。”我想，如果连自己都不能控制自己的情绪，那还有什么资格成为父母。我马上将“禁止对孩子大喊大叫”列入我的清单之中。

一天下午，我的大女儿睡觉醒来大哭不已，我从未见她哭得那么惨。我知道她不是累了，因此我检查了一下她的尿片是否尿湿了（没有），衣服是否太紧了（不是），还给她量了量体温（正常）。她对我的安慰置之不理，也不告诉我哪里不对劲（才 6 个月大，她怎么可能告诉我？），而是继续号哭。我独自在家里，半个小时后我忍够了，不耐烦了，生气了。

几个月以来，我逢人就说我的宝宝多么完美，多么乖巧，我多么爱她，甚至可以为她赴汤蹈火，但是此时此刻，我简直想把她推到车轮子底下。

几乎是在同时，我感到无比的尴尬、愧疚和羞耻，我觉得我是一个完全失败的父亲。怎么能对自己的孩子有这种想法呢？事实上，每个父亲（和母亲）迟早都会对孩子动怒，任何声称从未对孩子发过火的人，要么是撒谎，要么就根本不是父母。

生气了怎么办

除过孩子自己的行为，诸如工作压力、经济困难、健康问题、睡眠缺乏或是汽车故障之类的事，我们都会把它们与孩子挂上钩，从而让我们对孩子大动肝火。无论你对什么感到生气，记住有那样的感觉并没什么问题——即使是对你的孩子生气。它是你处理生气的办法，尽管这并不解决问题。尽力去否定或者想象它从未发生过都会无济于事。这儿有些建议将会帮助你理解和更好地控制你的情绪。

- 改变你的观点。虽然你的孩子时不时地做一些惹你生气的事情，但是她的很多行为其实是不受控制的。事实上，能够使你生气是孩子发展正常的一部分——她正在学习怎么行动和反应。
- 做你自己的心理医生。你是否因为同样的事一次又一次地对孩子发火？你是否每天会定时发火或是在做某件事情的时候发火？当孩子触及你孩提时代的痛苦回忆时，你的怒火会一触即发。因此，应尽力弄清楚孩子在做什么，为什么它使你如此生气。至少，知道生气的原因可以帮助你尽可能避免那些情况的发生。
- 以笑面对。清扫房间可能是一件痛苦的事情，但是宝宝用口红在墙上画画会很有趣——如果你允许的话——甚至能在社交媒体上给你带来一大片点赞声。
- 休息一下。最好是离开房间，即使你的孩子还在拼命大喊大叫。只要确保她在一个不会伤到自己或其他任何人的地方（例如她的摇篮里）就行。理想的情况是在你冷静之前，你的伴侣会帮你搞定。但是如果她不在那里，孩子一个人待着的时候会安静那么一会儿。你正在气头上时，继续安慰孩子会使事情变得更糟。孩子会觉得不安而变得更加吵闹，这可不是你想象中的那样。
- 制定一个计划。鉴于你肯定会在某一时刻大发脾气，现在想想，当你还冷静的时候，有哪些小窍门你可以用来驱散怒火：攥紧又松开拳头，闭上眼睛数到10，深呼吸，把自己置身事外，或做些可足够长时间分散你的注意力的事，这样你就不至于做出一些令你很长时间都后悔的事情了。

- 注意你说的话，不要羞辱孩子。如果你不得不批评她，私下跟她谈。老话说："棍棒和石头会打断我的骨头，但言语却伤不了我。"事实上，与老话相反，骂孩子比打孩子具有更长久的消极影响。
    - 用"我"来传送信息："我不喜欢你抓我，很痛"比"你是坏女孩，因为你抓伤我了"有效得多。
    - 像"你总是……"或"你从不……"只会让他们觉得自己毫无价值，不管她以后做什么或努力尝试，她总是会觉得不会成功。
    - 避免搞混信息，朝孩子大吼大叫让她们不要大吼大叫并不会给你带来许多好处。
- 注意你的行为。孩子会从你的所作所为而不是从你的惩罚中学到更多表达生气的方式。所以，不要让你的孩子看到你莫名发火。她不能理解你的怒气，甚至害怕你会把火撒到她的身上。她也会模仿你，有可能会伤到她自己和别人，或者别人的财产。
- 进行锻炼。诸说慢跑、游泳、跳绳、用力打枕头、报一个拳击班等都是发泄的好办法。如果附近有击球的练习场，去露一手吧——如果你眯着眼看着缓缓移动的小球，那个球看起来就像一个小人头……

你和你的宝宝

更新的行为规范

当我还是个小孩的时候，我父亲最喜欢对我说的一句话就是，"你可以自由地张开你的翅膀做你想做的事情，但绝对不能冒犯别人。"简而言之，就是教孩子做一个有礼貌的人，让孩子知道尊重别

如果你失去控制……

因为生气能够一下子完全取代你的理智和情感，所以不难理解即使有良好意愿的父母也会一不小心就无法控制自己。如果你忍不住发了脾气，你可以：

- 道歉。向你的孩子解释你为什么发了脾气。一定要让她知道你发脾气的原因是你不喜欢她的行为，而不是不喜欢她这个人，让她知道你是爱她的，你再也不会打她了。她也许不会完全理解你所说的话，但是她绝对理解你的平静和充满爱意的声音。
- 不要走极端。一定要抵制惩罚自己的冲动，不要因为自己犯了错就对孩子特别宽大仁慈。你也是人，因此放松点。

记住，生气可能正是恶性循环的第一步：你一生气就难以控制自己；你控制不住就会更加生气；感觉生气了就会使你觉得更加难以控制自己……

如果不加以控制，这个过程可能会升级为对孩子肉体和精神上的虐待（除了大吼大叫外，还包括侮辱、羞辱或不爱孩子）。打孩子——尤其是这么小的孩子——是绝对不可接受的。如果你哪怕有一点点的怀疑你会失去控制，你都要立即向别人求助：打电话给朋友、治疗师、孩子的儿科医生，甚至是当地的父母压力热线（你也可以回顾一下第63~69页上处理孩子啼哭的方法）。如果你担心你的伴侣可能会有暴力倾向，建议她也这么做。

人是行为规范的首要目标。

几个月前孩子可能不能理解这个概念，唯一要做的是控制她的邪恶冲动，用玩具分散她的注意力，希望她忘记她本不应该做的事情。但孩子的记忆力日益加强，等到她一岁时，一个玩具已分散不了她的注意力，需要两个或是三个玩具才能分散她的注意力。很快，玩具或其他原来可以分散她注意的东西也不起作用了。

在这一阶段，当孩子做出某些行为只是想要试探你的反应时，除了孩子把事情搞得一团糟这种情况，你应该向她示范正确的行为。例如，她会故意等到你看她的时候冲上楼梯或打碎你精致的水晶瓶。作为她的父母真是又恼火又无奈，但是一定要记住，这确实是她健康成长的一部分。为了感受到安全，孩子需要界限。而孩子正是通过不断试探你，来确定这个界限到底在哪里。

现在最大的问题——这个问题会随着孩子的年龄增长而反复出现——就是：在划定这一界限前你允许她拥有多少自由？对我来说，我制定的界限就是我父亲为我制定的界限：让孩子有足够的空间去探索，但在她伤害别人或自己或对某物造成损害之前，就及时制止。以下几点对你会有帮助：

- 控制潜在风险，给她一个安全的环境去探索。这就意味着你不要让孩子在家里胡摸乱动，让任何你不想让孩子碰到的东西尽可能远离她（为了把问题最小化，让你的父母也采取类似的预防措施）。
- 把她置于你不必对她做出太多纠正的情形中。
- 准备很多替代品。旧手机和遥控器，多余的键盘，等等。但是要做好心理准备：有些孩子会凭直觉知道你给她的不是真正有用的东西，他们会不开心。
- 立刻制止危险的行为，但要冷静。如果孩子用她的玩具锤猛砸你的玻璃窗户，你朝她大声尖叫，扔掉手中的咖啡，从另一个房间冲出来，气急败坏地把她摔到在地上，她会觉得你的反应是如此有趣以至于她会重复惹怒你的行为。相反，你要坚定地告诉她，此类事情只能发生一次。如果不起作用的话，就平静地走到她面前，收缴她的武器——玩具锤。
- 要始终如一。不要这几天允许某种行为而等过了几天又去禁止。这会让孩子感到很困惑（很多大人也是如此）。

- 不要立太多规则。“除了漫画，你可以撕碎报纸的任何一部分。”像这样的一句话太过复杂，孩子难以理解。

- 限定警告的次数。如果你对孩子说了五次“不”，又警告孩子两次“如果你再这样做的话”，还发出了三次最后警告，你这是在告诉她，在你发火或是采取行动之前，她可以对你的话置之不理。

- 当孩子做了正确的事，要多给予表扬。孩子从父母那里听到的批评（“停止！”“放下那把武士刀！”）比表扬要多得多（比例大概是 1∶3~1∶48！）。

- 多说“是”。你不让做的事孩子往往更想做。加之，“不”这个词的意思非常具体。例如：告诉她“不要戳小狗！”她可能这会儿不会戳小狗了，可是小猫呢？你没有说猫不可以戳，那就肯定能戳，是吧？所以不要围绕着她不能做的事情，而是要教会她做出正确的选择：“动物们不喜欢我们戳它们。”然后让她伸出手轻轻地抚摸小狗，并说：“乖狗狗，我们这样轻轻地抚摸它。”

- 要现实。孩子天生就想探索。有时候她特别想听你的话，但她想去触摸、攫取、投掷、挤压或倒掉的欲望太强了，以至于就去那样做了。

- 容忍孩子的缺点。孩子的缺点是她成长的重要部分。给予孩子做决定的主动权能够帮她接受你制定的底线。

- 仔细想想孩子的需要。研究表明，早期的顺从（9~12 月内）与对婴儿信号回应的敏感度有关，与频繁的命令或强制的干预无关。

- 做一个好榜样。制定的底线很重要，但这仅仅只是成功的一半。孩子通过看和模仿，在你身上会学到很多。所以不想孩子做的事，自己也不要做。

咬、掐和打

由于奇怪的原因，大约在他们周岁时，几乎每个孩子都会经历咬、掐和打别人的阶段，他们喜欢去咬、掐和打陌生人和他们爱的人，甚至动物。（这对于你的伴侣来说并不奇怪，几个月前她就感觉到了孩子用牙齿咬她的乳头。）如果孩子有这样的情况，首先你要找出原因。因为她是在：

- 试图表达爱意（你的乳头轻轻地碰到她，她可能只是在尽力地模仿你）。
- 试图表达一个特殊的需要。
- 对自己不能用言语表达出来感到灰心。
- 出牙期试图缓解不舒服的感觉。

处理孩子发脾气的方法

正如你看到的，宝宝在快一岁的时候各个方面都有了里程碑式的发展。一些事，像走路、说话等都令人欣喜。而另一些事，像发脾气，可就不那么讨人喜欢了。

有时候，孩子发脾气是因为你不懂她的意思，使她很懊恼。更有可能的是，因为你不让她得到她想要的东西或做她想做的事情。她要慢慢地理解她不可能随心所欲地掌控这个世界，她会对此不开心。这里有一些方法可以用来帮助你处理孩子不可避免的发脾气的事情：

1. 如果你知道她想要什么却不想给的话，试着转移她的注意力，或者给她提供选择。
2. 如果你不知道她想要什么，那就努力去发现。问一些直接的问题能帮助你弄清缘由。宝宝发脾气大多是因为饿了或累了。在她通常午睡的时间带她去杂货店，还想让她不打瞌睡，这可是一个你不想再犯的错误。
3. 如果她不能或不想告诉你，赶紧瞧瞧她是不是哪里不舒服，有没有伤口、抓痕，或有没有哪儿疼，有没有感冒，衣服是不是太紧，等等。

4. 如果她不理你说的，那就别说了。正发脾气的孩子就像一只非理性的野生动物，你无法说服她。

5. 现在是最困难的部分：如果她不饥不饿不困没有生病也没有疼痛的地方，但还是一直发着脾气，如果你确认她伤不着自己也不会造成任何损失，不管她就是了。是的，你只要转身去做自己的事就好了。这是你跟孩子在一起的时候少有的时间，在你的手机上查看一下邮件，哪怕一分钟也好。要使孩子不再发脾气，就要让她意识到发脾气并不能达到她预期的效果。没有什么能比这更快地让她的怒气消失。

6. 孩子在公共场合发脾气是每个父母的噩梦。赶快按照以上第 1、第 3 的办法处置。如果不起作用就带她离开。抱起她就走。如果你在商场或超市，不要管购物车里的任何东西，如果在饭店，马上离开也不要觉得尴尬。

孩子要慢慢地理解她不可能随心所欲地掌控这个世界。

7. 不要打孩子屁股或对她大吼大叫。这可能是你人生中最尴尬的时刻，你也许担心别人看着你（其中有些人会），会觉得你是一个可怕的父亲或母亲。你平息得早，他们就不会继续盯着你看了。打骂孩子只会使更多的人盯着你看。

8. 不要模仿孩子。像孩子一样坐在地上拳打脚踢、张牙舞爪也许足以吓到你的孩子，她会突然停止生气。可是你要牢记，孩子通过模仿你会学到很多。你的冲动会无意中给孩子带来新的想法，她可能会在下次发脾气的时候试一试呢。

9. 不管怎样都不要让步。如果让步了，你就向孩子证明了她通过这种方式会从爸爸妈妈那里得到她想要的一切。

最后，想想自己多么幸运。孩子现在造成的任何麻烦和明年你将会见到的麻烦相比，根本算不了什么。跟她长大后造成的麻烦相比，也算不了什么。可能的话，好好享受现在相对的平静吧。

- 只是试试看别人的反应。
- 疲倦，过度兴奋，或是沮丧。
- 试图自我防卫，保护自己的财产或自己的活动范围。
- 模仿大人或大哥哥大姐姐。

幸运的是，虽然你一天被咬好几次，似乎感觉这是一个漫长的时期，但是“咬、掐和打”阶段通常不会持续几个月。这里有些注意事项可能让这个痛苦的阶段早点结束：

- 不要生气，这样会让她产生防备心理。
- 不要扇耳光或打屁股。
- 不要反咬她或让她自己咬自己（让她尝尝被咬的滋味），这会给她树立一个不好的榜样，反而使她变本加厉。

- 迅速把孩子移开。如果她坐在你的膝盖上咬你，把她放下去一会儿（不能太久），移开几步。如果她打了或咬了别人，就把她从别人那里带走一会儿。
- 不要说“你很坏”之类的话，而是这样说：“咬人是不好的。”
- 不要坚持让她道歉。宝宝可能对后悔是什么或者对咬人会伤害到别人没有什么概念（这个年龄的孩子完全不能站在别人的角度看问题）。
- 不要反应过激。孩子可能会觉得你的反应如此有趣以至于她会通过再次打人或咬人来得到你的关注。
- 找到规律或原因。只在一天的某个时间（例如睡觉前）发生吗？她只跟某个人或是她正在玩耍某个玩具时这样做吗？
- 反思你制定的纪律规则。你制定了如此多的纪律以至于宝宝在尽力用咬人的方式来获得自由。
- 一定要认可她的好行为。如果她不掐不打不咬了，你可以用满面微笑、拥抱或任何她喜欢的事来告诉她她做得对，她很棒。

孩子断奶

如今大多数儿科医生都赞同母亲应该尽可能延长母乳喂养孩子的时间到 6 个月至一岁之间。但是之后怎么做存在很大的分歧。

现在，你的伴侣应该给孩子完全断奶还是逐渐断奶？你应该让孩子从母乳喂养转到用奶瓶喝奶，或是跳过奶瓶直接使用杯子喝奶？如果你的孩子一开始就用奶瓶，那么什么时候让她断奶呢？这当然都由你、你的伴侣和你的宝宝决定。

这里假设孩子除了喝奶还可以吃点固体食物，最终她可以从杯子或餐盘里吃东西了，但是完全断奶的整个过程需要耗费几个月甚至几年的时间。

为什么要断奶（或至少减少一些）？

- 到宝宝一岁的时候，母乳所能提供的大部分长期健康的益处她已经获得。此时此刻，她从妈妈的母乳中吸取更多的是情感上的滋养而不是食物上的养分。你的伴侣也许会决定哺乳更久，只有当她觉得母乳不能满足孩子的需要时才会给孩子断奶。事实上，这样会抑制宝宝对固体食物的渴求。

- 孩子也许开始或者已经把乳房当作一种安慰或是睡觉的助手，这会推迟她自我安慰或自己入睡能力的发展。

- 一小部分爸爸觉得可以适可而止了：他们的伴侣哺乳宝宝超过了一年多的期限，是时候断奶了。如果伴侣拒绝给孩子断奶的话，他们可能会把这种拒绝当作是打自己的脸。

为什么喝牛奶的孩子也要断奶（或开始减少用量）？

- 喝牛奶太久的孩子会对固体食物失去兴趣，而固体食物能满足她平衡饮食的需要。

- 喝牛奶的孩子耳部易受感染或易生蛀齿。孩子通常都是仰卧着喝奶。另外，孩子吮吸的时候牛奶从瓶子里出来，甚至当孩子没有吮吸的时候，牛奶也会从瓶子里滴出来。两种因素结合会导致孩子满口都是牛奶，溢出的牛奶回流到耳咽管导致耳部感染。含在口里的牛奶时间久了会使牙齿受到腐蚀。尽量不要让孩子仰卧着喝奶，孩子喝奶的时候，让孩子吸一口喝一口吞一口，以此减少蛀齿或耳部感染的概率。

- 大约在 15 个月大的时候，孩子开始对奶瓶（就像她对毯子、大拇指或最喜欢的填充动物一样）产生一种情感依赖。情感依赖不错，但是现在要使孩子摆脱对牛奶的情感依赖要比几个月后容易多了，因为那时候孩子会变得固执甚至逆反。

- 一些专家认为对牛奶的过分依赖会影响孩子的身心发展，建议在 18 个月的时候完全戒掉对牛奶的依赖。

孩子要做的整件事就是吮吸

宝宝天生就有一种吮吸的强烈欲望。这就是他们生下来只有几个小时或几天就会吮吸母乳或奶嘴的原因。有些长得快的孩子很早就会根据他们的需要吮吸，所以只在他们吃奶的时候才吮吸。这些孩子在整个断奶的过程中就不是很麻烦。但是，有些孩子在感觉疲惫、不知所措、孤单、紧张、感觉不到爱或是无聊的时候会通过吮吸来使自己平静下来。所以，你的孩子要是想吮吸什么东西的话，让她吮吸——特别是在断奶期，吮吸能使她感觉到安慰。别担心，我早就说过，在这个年龄吮吸奶嘴或大拇指对孩子没有危害，也不会伤害孩子的牙齿。

- 一个轻松戒掉牛奶的提示：如果孩子要求喝牛奶，先提供一些固体食物。如果在喝牛奶之前已经吃饱了，她也许就不会对牛奶感兴趣了，会忘记直到不再喝奶。

继续有限哺乳的绝佳理由

- 孩子喜欢。
- 伴侣喜欢。这种与孩子的接触和联系也许很难放弃。
- 它比加工食品更天然、更便宜、更方便。但还请记住：这时你的孩子应该从其他食物来源中获取营养而不是从你伴侣的乳液中获取。
- 没有别的原因。是否继续哺乳和哺乳多长时间能够成为一个非常重大的问题。但是你所做的有关孩子的决定应该以孩子的最大利益为重。你和你的伴侣最了解孩子，如果你俩都决定哺乳孩子到三岁，那就继续吧。

做出转变

- 有一次我妻子还在哺乳期，她不得不去个开会，因此不能回家喂孩子。如果我们的女儿已经习惯了喝牛奶，那就不会有什么问

气质小花絮

孩子从母乳喂养到用奶瓶或奶杯喝奶的转变能否顺利，也许更多地取决于她的气质而不是其他因素。根据气质研究者吉姆·卡梅隆：

- 活跃水平特别高的小孩通常能自己断奶。他们不易沮丧。因为用奶瓶喝奶更方便，因此他们更喜欢用奶瓶而不是吃母乳。
- 活跃水平高、适应性差的孩子在白天也喜欢奶瓶或奶杯的独立和方便，但是他们在早上或晚上仍然想喝点母乳。
- 容易沮丧的活跃孩子知道父母对自己克服挫折有很大的帮助。对他们来说，断奶意味着也断绝了来自父母的支持和帮助，因此他们不会匆忙放弃吃母乳。
- 适应性差的孩子把母乳当作安全的来源，自然不会放弃，特别是在晚上。逐渐断奶对他们来说是很重要的。
- 精力较充沛、适应性强的孩子能自己断奶。
- 活跃水平比较高又比较易沮丧的孩子对断奶是相当矛盾的。他们通常会接受你和你伴侣的选择。

题了。但我仅仅只给她喂过一两次牛奶。当她吐出来的时候我有点措手不及。对我曾经不负责任的惩罚就是，带着哭得撕心裂肺的孩子驱车 20 英里到我妻子的办公室，让她给孩子喂奶。这个故事想说的就是，让孩子尽可能地早点习惯喝牛奶（但不是在她对母乳产生依赖之前）。这里有些建议送给你——最忠实的母乳喂养者，尽量给孩子喂点牛奶吧：

- 使用较小的奶瓶或奶嘴。坚持试验直到找到孩子喜欢的风格和尺寸大小合适的奶瓶和奶嘴。如果她有一个橡皮奶嘴，试试使用一个形状像她的橡皮奶嘴的奶瓶。

- 当我们开始给孩子喂牛奶的时候，抱着她把她放在喝母乳的位置。
- 如果你的伴侣把她的奶挤出来倒进奶瓶或奶杯来喂孩子，这样可以缓解一下断奶的情绪。
- 慢点进行。首先用瓶装牛奶喂几分钟，然后每天增加一两分钟。
- 逐渐停止母乳喂养。孩子倾向于早上和晚上吃母乳，所以首先从中午开始停止哺乳，可以用牛奶或一些固体食物来代替。如果几天后进展比较顺利，接着就是早上开始停止哺乳。当然也有例外：我们首先在晚上断奶，因为我女儿在早上 5 点钟醒来就要吃东西。但是怎样做才能对孩子和伴侣最好呢？很多母亲很难晚上让孩子断奶，因为这是一个她和孩子关系密切的特殊时间。如果哺乳已是就寝的一部分，孩子可能没那么容易断奶。
- 小建议：当你给孩子喂牛奶时不要让你的伴侣待在屋内（至少在另外一个房间看不见）。如果孩子闻到了你的伴侣（实际上是她的奶）的味道，那么她肯定拒绝喝瓶装牛奶了。
- 警告：美国儿科医师协会建议直到孩子满了 1 周岁后才可以开始给孩子喂牛奶。当孩子终于开始喝牛奶了，那就全部喝牛奶。孩子需要为健康的大脑发育提供脂肪。
- 最后的注意事项：不要在某天突然给孩子断奶——这样会给你的伴侣和孩子造成心理创伤。所以要把握好你的时间，用几周或几个月的时间来断奶。

什么时候不能给孩子断奶

无论孩子多大或是无论她喝了多久的母乳或瓶装牛奶，以下几个时间段不宜断奶：

- 当即将发生或最近已经发生的主要变化有可能使孩子感觉到

自己易受伤害、失去控制、需要父母的特别支持时，不宜断奶。例如：搬了新家，小弟弟小妹妹出生或宣告怀孕的消息，换了新的保姆，开始日托等。

- 如果孩子生病了。
- 如果你或你的伴侣压力特别大。
- 如果孩子正在长牙齿。

家庭事务

改－改－改－改变关系

鉴于孩子是那么小那么无助，有时候竟能对他们身边的成年人产生重大的影响，这不得不令人吃惊。想一想，你现在的生活与你当爸爸前的生活相比，是不是有很大的不同。

孩子仅仅通过出生就在人们的生活中建立了新的关系：你和你的伴侣已经从孩子一跃成为父母，你们的父母一跃成为祖父母，你的兄弟姐妹一跃成为叔叔阿姨，等等。自然而然地，这些关系也成了权力和责任。

但也许孩子最巨大的力量是他们有能深刻改变在他们出生前已经建立了很久的关系的能力。他们可以让家庭重聚，修补过去的创伤，或者建立新的关系。他们甚至可以改变友谊的本质。以下是孩子的影响可能发挥作用的几个方面。

和你伴侣关系的改变

很多夫妻认为生育和抚养孩子会使他们的感情变得坚不可摧。很多时候他们是对的——特别是计划怀孕、通过人工的手段（人工授精、捐赠的精子、捐赠的卵子或代孕）怀上孩子或领养孩子时。但是正如我们所讨论的，生一个孩子会带来各种各样的挑战：睡眠匮乏，几乎没有或根本没有性生活，钱不够用，时间不够用，工作更多，责任更重，等等。研究者杰伊·贝尔斯基表明，在为人父母的早期阶段，一个新生儿“倾向于通过暴露父母关系中那种隐蔽或半隐蔽的差异把他们分开”。

前几章我已讨论过很多有关生孩子会让你和你伴侣的关系变得紧张的问题。这里，让我们花点时间把重点集中在孩子对你和你伴侣的关系起到非常积极影响的方面。

- 在伴侣怀孕和孩子出生时给予伴侣的支持，或者看到你是一位多么了不起的父亲，都会使你的伴侣再次爱上你。
- 你会感激孩子，她使你们能够感觉到比过去爱得更深。
- 孩子也许给你和你的伴侣带来了一种极大的自豪感，你们共同创造了一个绝对神奇的生命。
- 你现在可能很为自己骄傲，你也应该为自己而骄傲。你对你的能力充满信心，你也经历着多么不可思议的事情：你被一个小生命爱着、需要着。在她的生命中除了只和你在一起，别无所求（她的泰迪熊排在第二位）。这使你更爱她。你对孩子的爱会让你更爱那个帮助你创造出小生命的人。
- 一起面对、艰难度过、共同克服为人父母第一年遇到的困难会使你们的感情加深，现在终于有人继承你们或新或旧的家庭传统了。
- 对一些男人而言，有了孩子就像有了一个特别的新玩具，给了你一个重返童年的机会。

父母和祖父母的关系

好的方面……

- 第一个孩子出生后，大多数男人觉得跟自己的父母更亲近了——特别是和他们的父亲。通常来说，即使那些没有感觉跟父母更亲近的人也至少愿意结束或暂时放下长期的家庭争端。
- 看着父母与孩子的相处也许会让你回想起自己快乐的孩提时

代。你也许会惊讶于父母在你成长过程中的改变。可能曾经没有太多时间陪你的父亲现在却能花几个小时陪着他的孙子。以前限制你吃垃圾食品、一周只准吃半块口香糖的母亲，现在条件放松了。

- 既然你知道为人父母要付出多少心血，你也许会感激父母为你所做的一切和所做出的牺牲。几十年后的将来某一天，你自己的孩子也会跟你一样对你产生同样的感情。
- 做了这么多年的孩子后，现在轮到你来负责了。如果他们想照顾孩子，他们就不得不按你的方式行事。
- 你将和你的岳父母建立一种更为亲近的关系。

不好的方面……

- 看到父母和你的孩子相处可能唤起你对孩提时代不愉快的记忆。如果父母对待你的孩子比对待你有所不同（比如更好），你可能会嫉妒，他们那个时候怎么不是这样对你的。
- 你的父母也许不支持或接受你在孩子的人生中日益增加的作用。
- 他们可能在你的孩子的人生中充当了这样一个角色——不是太投入，就是不够投入——你会对此不高兴。心理学家布莱德·萨克斯说，爷爷奶奶可以自由地爱他们的孙子，而不要受到孩子父母的约束。
- 你和你的父母之间在育儿方式上、对孩子的需要和对孩子的行为做出的反应上会产生一些小摩擦。我们常常听到父母说这样的话："我已经把你跟你的兄弟姐妹抚育成人了，不要教我怎么带孩子……"或"你不觉得到了她（你的伴侣）给孩子断奶的时候了吗？"
- 如果你觉得作为父母他们做得一点都不好，你会担心你会犯他们同样的错误，或者担心他们会重蹈覆辙对待你的孩子。
- 假如你的父母住得离你家不远，他们可能总是"像邻居一样"，你也许不想那么频繁地见到他们。同时，如果你太依赖他们来

如厕训练介绍

你听说过训练 8 个月大的孩子上厕所吗？如果没有，那么你很快就能知道了。但是你要做好准备：这不是开玩笑——或至少它不应该是玩笑。人们会把他们所认识的孩子的各种各样走路前就不穿尿片的事情讲给你听。但不管别人说什么，也不管你多想相信那些故事，他们真的只是道听途说而已。

首先，真的没有诸如如厕训练这样的事情；到了一定的时候孩子自然会学会自己上厕所。在她 8 个月甚至一岁时，她都不能控制自己的大小便。当然她大便的时候会发出哼哼唧唧的声音，每个人（当然，除她之外）都能闻到臭味，但是孩子意识不到排便的感觉和最终排出的大便是有联系的。如果有人在“训练”这个年龄的孩子，那一定是他们的父母。他们可能已经能辨别出孩子的讯号，一经发现便马上送她去厕所。但是有一点可以确定，孩子自己做不到这些。

大概 15 个月的时候，孩子开始意识到她在尿片上的“杰作”，而且不时地宣布她拉了什么在尿片上，但也仅限于此。在她 18 个月的时候，她偶然会宣布要大小便了，但还没有学会要坚持到厕所后才拉出来。为了取得最好的结果，除非她特别感兴趣，至少要等到她两岁后再正式“训练”她。

但是与此同时，你可以通过跟她说说她在尿片上大小便的过程帮助她增强意识。在你给她换尿片的时候，给她看一看排泄物，但是不要表现出强调你的厌恶。要说：“嘿！这里面装的东西给人印象相当深刻呢——总有一天你也会像老爸老妈一样自己上厕所。”

照顾孩子，他们也会感觉愤愤不平。

- 对于祖父母的角色，在你的伴侣和你的父母之间可能存在着矛盾和权力斗争。

筛选孩子的娱乐活动

我在本书中已经谈过给孩子读书会使孩子受益匪浅。但是随着孩子慢慢长大，她会从其他渠道获取越来越多的信息，特别是电视、视频、电脑和手机。我们很早就谈到，美国儿科医师学会建议两岁以下的孩子不要接触电子产品。但很多父母（或保姆）忽视了这个建议。考虑到我们工作的忙碌，加之科技已经深入到我们生活的方方面面，要避免不接触电子产品对每个人来说并不现实。如果你是一个哭啼不止很难带的孩子的单亲父母或是居家父母，让她看一会儿电视或玩会儿游戏也许就是你一天的休息时间了。唯一的办法就是不要过火，唉，这也是很多父母正在做的。网站 www.commonsencemedia，org 和恺撒家庭基金会最近的一些研究表明：

◎ 30% 的 0~12 个月的孩子房间有电视。

◎ 在某个典型的日子，47% 一岁以下的婴幼儿看电视或 DVD，而且观看的时间接近两个小时（1：54）。

◎ 35% 的孩子生活在这样的家庭：电视一直开着，即使无人观看。

因为孩子几乎还不会说话，这种媒体消费和手机使用引起了真正的问题。

◎ 电视上播放的大多数节目对宝宝来说并不适宜。但是他们跟着父

不管你和你的父母或岳父母的关系如何改变，请记住，“祖孙之间的爱和积极的联结不仅是一种关系，而且对心理健康和祖孙三代人的稳定起着关键的作用”，萨克斯写道。

其他关系

最初，你也许没有意识到，但是你和你的伴侣会逐渐发现你们和朋友或其他非直系亲属的关系也已经发生了变化。

母和哥哥姐姐观看。大量最近的研究表明，即使孩子只有 10~12 个月大，他们也会受到电视人物的影响。

◎ 当孩子专心致志盯着屏幕时，他们不会一对一、面对面地与父母互动。不足为奇的是，孩子词汇量少、认知能力低和孩子两岁之前观看电视有关。

◎ 开着电视让父母心不在焉，也让父母与孩子关系疏远，还会对上面提到的孩子的语言和智力发展产生消极的影响。

◎ 这个年龄段的孩子看电视会打乱孩子的睡眠周期。

办法？有几点：

◎ 如果宝宝房间有电视，搬出去。

◎ 如果你非要让孩子看电视，那就让她看合适的节目；你可能喜欢看希区柯克的电影，那就等孩子睡觉后再看吧；宝宝优先（www.babyfirst.com）是一个专为 6~18 个月的孩子打造的网站，他们有一个咨询委员会，里面尽是孩子发展专家。网站上的节目都是经过他们审查的。

◎ 再次声明，如果你非要让孩子看电视，那就尽量多花点时间和宝宝一起看。利用这个时间抱抱她、讲讲电视里的故事。这样能够抵消媒体所产生的负面影响。

● 你可能会对和你年龄相仿的亲戚聚会感兴趣，特别是和那些有孩子的亲戚，以便下一代可以认识他们的堂表兄弟姊妹。

● 类似地，你们的核心朋友圈也会逐渐发生改变，其中会包括更多的夫妻，尤其是有孩子的夫妻。

● 你和你的伴侣几乎抽不出时间去看看电影或享受二人世界了，对预先没有打招呼的朋友来访也不是那么开心。

- 你的不是那么自然的新生活方式对你和你所有的单身男性朋友的关系影响最大。有了小宝宝可能意味着晚上几乎不能和朋友打牌了，你的伙伴们也不会约你出去玩，因为他们认为你很忙或者你不再有兴趣和他们出去闲逛了。或者是你不想联系他们，因为他们相对无牵无挂的生活会让你嫉妒或者使你感到压抑。

- 孩子还小的时候，她会很开心地和你介绍给她的每一个朋友一起玩。孩子的第一批朋友最有可能就是你的朋友的孩子。但是随着她的成长，她开始表现出对其他孩子的兴趣，会结交她自己的朋友，在家庭社交活动中她会扮演更积极的角色。突然，你发现自己跟她的朋友的父母也多了些来往。

- 因为孩子们喜欢一起玩，你和这些孩子父母之间的关系也会保持得更长久一些。

- 竞争也会多多少少影响你们的关系，让我们一起面对：我们都望子成龙望女成凤，竞争是很自然的（特别是对男孩而言）。

- 有些朋友或亲戚的孩子比你的孩子要大，这些亲戚或朋友可能会搅得你心烦。他们会不厌其烦地跟你讲：作为父母，你这也不对，那也不对。

- 一些朋友或亲戚，包括你的父母或岳父母，可能会鄙视或不赞成你在孩子的生活中扮演积极的负责的角色。他们坚持认为男人就是应该把带孩子的事情留给他们的伴侣，甚至认为把你的家庭摆在第一位会对你的事业发展造成消极的影响。

你可按照以下的一些建议来消除你与朋友和家庭之间变化中的关系：

- 注意言行。没有孩子的人无论他们假装多么想知道你的孩子的事，你都不要把孩子今天尿了多少次、今天做了让你（毕竟是对你而言）激动的什么事一股脑儿全倒给他们听。

- 学会接受改变。听起来有点儿刺耳，但事实是你可能失去一些朋友（他们也会失去你），因为你当了爸爸。但是你在这个过程中又会得到更多的新朋友。
- 不要全听别人的。无论他们学到多少照顾孩子的方法，你都不要全听。他们学到的你现在也正在学习。
- 小心攀比的心态。如果朋友的宝宝比你的宝宝先学会爬行、走路、交谈、唱歌、叫“爸爸”，或是得到小模特的合约或学前班提前录取的通知书，你也许会羡慕。但你要知道你的宝宝是最棒的，走你的路吧，让他们自欺欺人去吧！为什么要戳破他们的谎言呢？

公开父亲的身份

在《恭喜，你要当爸爸了！》结尾的那一章，我描画了一组相当令人沮丧的画面，男人和女人——个人或他们共同组成的社会——在很起劲地阻止男人担负起抚育孩子的责任。但现在事情已经开始出现了转机：在全国各地的医院，几乎和女人一样多的男人陪着他们的伴侣一起参加新手父母的培训课程或专为爸爸提供的课程。爸爸博主数量惊人，全职爸爸和爸爸群的数量也一样。路上全是推着婴儿车或胸前挂着孩子的爸爸。

但是我们还有更长的路要走。男人们依然没有得到足够的支持和鼓励，他们迫切需要承担更伟大的教育孩子的责任。幸运的是，即使如此，越来越多的男人对这种极端守旧的现状表达了不满，并且在孩子养育中扮演了更加活跃的角色。当然，有些是因为经济方面的需要：越来越多的妈妈进入职场，所以爸爸就不得不承担起照顾孩子的任务。但是在我看来，奶爸要进行最彻底的改变，最重要的原因还是与男人对自身的认识有关。

大多数男人，特别是那些父亲在身体或心理上缺位的男人，清楚地知道他们小时候错过了什么。正如他们知道的，他们被剥夺了和父亲的美好关系，他们也知道他们的父亲也被剥夺了和子女的美

孩子的第一个生日派对

让我们实话实说：孩子的第一个生日派对对你而言意味更多。她不能帮你列出客人的清单，也不会玩咬苹果的游戏，她也许对包装纸而不是里面的东西更感兴趣，她也不会写感谢信。但是，这仍然是全家的一件大事。以下是孩子周岁生日时可做和不可做的一些事情：

- 不要随意计划特别的活动。这个年龄段的孩子更喜欢她熟悉的东西而不是新鲜东西，过几年再送她彩饰陶罐吧——最不适宜的事就是叫一大帮孩子拿着扫帚或棒球棒在房子里四处挥舞。
- 不要邀请太多孩子，两三个就够了，邀请的成年人限定在六七个。邀请的人太多，你就会冒着压垮孩子的风险。如果你邀请其他有孩子的父母，请让他们照看好自己的孩子。
- 快速清理出举办生日派对时对孩子安全的区域。房子里对你的孩子可能是相当安全的，但是不足以安全到能承受得住一大群学步孩子的涌入。
- 不要做太大的蛋糕（除非大人吃）。不要供应会噎到孩子的食物，比如爆米花、花生、小糖果、热狗、胡萝卜条。
- 小丑、魔术师明年再请吧，面具留到明年再戴。一岁的孩子很可能会被魔术或面具吓到而不是觉得有趣。
- 聚会时间不要太长（不超过一个半小时）。不要和孩子的睡觉时间相冲突，避开孩子容易暴躁的时间。
- 不要对礼物太过纠结。不要要求甚至期待孩子面对镜头表达过多的谢意或进行超乎寻常的表演。
- 给每位小客人赠送一模一样的小礼物，确保你的孩子也能得到和他们一样的礼物。
- 如果你有大一点的孩子，你要尽可能多地为他们考虑。虽然你的宝宝不知道正在发生的事情，但是其他孩子知道，而且他们会嫉妒。你可以让他们帮你设计蛋糕、一起商量聚会的流程、选择音乐，也可以让他们邀请自己的一位特殊客人。

- 一定要为你的大孩子准备特殊的礼物。在过去的一年里，他们发生了很大变化，你应该意识到。
- 记录赠送礼物的名单（或者请别人记录），以便过后向他们表示感谢。

派对结束后，尽量花点时间回忆一下孩子过去一年的点点滴滴并记录下来。仔细想想，她已经走过了那么漫长的道路——如此漫长以至很难记得 12 个月前发生的事情。首先，她长高了一半，体重是出生时的三倍。一开始她唯一的交流手段就是嗷嗷大哭，现在她能用语言或手势表达具体的需求。从只能连滚带爬到现在想去哪儿就去哪儿。总之，她是一个真正的人，只是小点而已。

你还记得孩子发出的第一次并非啼哭的声音和第一次咯咯的笑声吗？你第一次感受到她爱你是在什么时候？她第一次因为认出你而看着你是在什么时候？她什么时候开始用勺子、开始爬，迈出第一步是什么时候，什么时候开始一整晚安安静静地睡觉？你的脸书、Instagram 都有记载吧，但是我相信还有很多这样的时刻你来不及打开手机将它们记录下来。尽可能把你和你的伴侣想到的事情都写下来，尽量从朋友或家人那里收集一些关于孩子的有趣事情。把这些制作成幻灯片，如果你有点守旧，就把它们存入闪存盘，等她长大后可以拿出来观看（假如闪存盘还没有像软盘一样被淘汰）。如果更加守旧的话，还可以制作宝宝图书——我是说，真正的纸书——你可以在上面写字、贴照片等等。老实说，这些真实、独具匠心的东西会让人觉得更加踏实。

等到客人回家，把房间清理干净，再等孩子睡着，打开一瓶香槟，和伴侣一起举杯庆祝。你有太多的理由好好庆祝！这段时间，你也跟孩子一样成长了不少。你学会了照顾孩子，你熬过了一个个不眠之夜，你化解了多少次手足之争以及家庭和工作的冲突。刚开始时你手足无措、茫无头绪，而现在，你已经变得自信满满、应付自如了。

哇，宝宝一岁了！让我们实话实说：孩子的第一个生日派对对你而言意味更多。不是吗？

好关系。真正衡量一个男人是否努力和他的孩子建立一种新关系的尺度是他作为一个父亲的感觉和父亲这个身份对他的人生产生的影响。

今日的爸爸们一直在说，他们把当爸爸看作是一种重要的、令人满意的人生经历。他们不赞同只有妈妈应该负责纪律或照顾生病的孩子；相反，他们认为养育孩子是他们和伴侣分工协作、共同分担的经历。

但依然有很多男人低估了他们在孩子生命中所起的重要作用。太多孩子错过了和父亲建立关系的机会，太多的父亲也错过了和孩子建立关系的机会。

我用自己职业生涯的最好年华致力于打破这个恶性循环。我也很高兴你加入我的行列。作为一个新手爸爸，你的独特地位为其他爸爸或是还没想当爸爸的人树立了一个榜样。一起努力，在抚养和教育孩子上，我们能够让“爸爸”这个词与“妈妈”这个词相提并论。没有比现在就开始更好的时间了。

对于大多数新手爸爸来说，作为父母的第一年的最后几个月是一个相对平静的时期。他们已经克服了父亲生涯中遇到的大量情感、职业和个人性的困难，如今可以在自己的各种角色——丈夫、父亲、养家者和儿子——之间轻松转换。简而言之，他们终于觉得“像一个家了”，并且进入了我的同事布鲁斯·林顿所说的父亲生涯的“社区阶段”。

这个时期，许多新手爸爸感觉已经准备好了——和他们的伴侣、孩子一道——与其他家庭进行社交活动，并愿意利用自己父亲的身份积极参与公众领域的事务。在教堂或犹太会堂他们承担了更积极的角色，他们的社会责任感也空前提升，诸如学校质量、城市规划和分区、环境、公众安全这类议题变得比从前更为紧迫。

在本书的引言中，我引用了作家迈克尔·莱文说过的一句话：“有了孩子不一定会使你成为好爸爸或好妈妈，就如同拥有一架钢琴不一定会使你成为钢琴家一样。”嗯，在这点上，你并没有比一年前的你更接近成为一位钢琴家，但毫无疑问你是一位爸爸，一位相当不错的爸爸。

附录　宝宝书单

这个书单绝对不是不可更改的。儿童书籍还在源源不断地出版，好书永远都不会停止增加。我极力推荐你去当地的图书馆，那里总是有最新的儿童图书。

6~8 月大

这个年龄段的宝宝并不关心你给他读的是什么。他最感兴趣的是简单、鲜明的图像，你的声音，语言中的节奏和韵律，最重要的，是被你抱着。下面是一些对这个年龄段的孩子来说最好的读物（有些可能有点“超前”，问题不大）。

对比强烈

Baby Animals and Black and White，Phyllis Limbacher Tildes

Black on White and Black & White，Tana Hoban

Hello，Animals！ and Hello，Bugs！，Srmiti Prasadam

I Kissed the Baby！，Mary Murphy

I Like Black and White，Barbara Jean Hicks

Look，Look！ and *Look at the Animals！*，Peter Linenthal

Quiet Loud；*Tickle*；*No，No，Yes* (and others)，Leslie Patricelli

What Does Baby See？，Begin Smart Books

触摸和感受

Bright Baby Touch and Feel Shapes, Roger Priddy

Colors and *Counting*, Emily Bolam

Pat the Bunny, Dorothy Kunhardt

Pat the Cat, Edith Kunhardt Davis

Textures, Joanne Barker

节奏和韵律

对所有年龄的孩子来说，这些书都很棒。现在就来读一读，找一些你喜欢的！

The Baby's Bedtime Book, Kay Chorao

Eyes, *Nose*, *Fingers*, *and Toes*, Judy Hindley

The House That Jack Built, Janet Stevens

The Mother Goose Treasury, Raymond Briggs

My Mother Goose : A Collection of Favorite Rhymes, Songs, and Concepts, David McPhail

Ring a Ring O'Roses, Flint Public Library

Three Little Kittens, Lorinda Bryan Cauley

Trot Trot to Boston : Play Rhymes for Baby, Carol F. Ra

Singing Bee! A Collection of Favorite Children's Songs, Jane Hart

A Week of Lullabies, Helen Plotz

其他好书

All Fall Down, Helen Oxenbury

The Baby (and others), John Burningham

Baby Bear, *Baby Bear*, *What Do You See*？, Bill Martin Jr.

Baby Farm Animals, Garth Williams

Baby's Animal Friends，Phoebe Dunn

Chugga-Chugga Choo-Choo，Kevin Lewis

First Things First：A Baby's Companion，Charlotte Voake

Funny Faces:A Very First Picture Book，Nicola Tuxworth

Hello, Day！，Anita Lobel

How Big Is a Pig？，Clare Beaton

I See (and others)，Rachel Isadora

Spots Toys，Eric Hill

This Is Me，Lenore Blegvad

Welcome，*Little Baby*(and others)，Aliki

8~12 月大

在这个年龄段，宝宝仍然很喜欢明亮的色彩和图片，尤其是其他宝宝的图片。他们也很喜欢可触摸的书，要么试图自己翻开书页，要么想吃一口书——有时两个都想。如果你的宝宝已经有了自己喜欢的书，没必要丢掉。这里只是给宝宝提供更多的选择。

明亮色彩和图片

Animal Time！；*Baby Bugs*（and many others），Tom Arma

Baby's Day and Off to Bed，Michel Blake

Counting Kisses，Karen Katz

I Love Baby Animals: Fun Children's Picture Book with Amazing Photos of Baby Animals，David Chuka

I Love Colors，Margaret Miller

My Car，Byron Barton

The Okay Book，Todd Parr

触摸和感受 / 翻翻书

Animal Play：A Touch and Feel Cloth Book，Harriet Ziefert

Animals Talk (*Touch*, *Look*, *and Learn*), Emily Bolam

Bathtime (*Baby Touch and Feel*), DK Publishing

Bowbeard Walks the Plank (*Playmobil Playfeet*), Paul Flemming

Daddy's Scratchy Face, Edith Kunhardt Davis

I Like Bugs, Lorena Siminovich

Max's Snowsuit, Rosemary Wells

Peek-a-Moo, Marie Torres Cimarusti

Peek-a-Who？, Nina Laden

That's not My Puppy: Its Coat Is Too Hairy and *That's Not My Tractor!*, Fiona Watt

Where Is Baby's Puppy？, Karen Katz

Where Is Maisy？, Lucy Cousins

概念（数字、字母、单词、形状、大小等）

The ABC Bunny, Wanda Gag

ABC Dogs, Kathy Darling

Baby's First Words, Vic Heatherton

Big and Little, Margaret Miller

Clap Hands (and many others), Helen Oxenbury

First Words, Katie Cox

First Words for Babies and Toddlers, Jane Salt

Flaptastic：*Sizes* (and others), DK Publishing

Freight Train, Donald Crews

I Can Eat a Rainbow：*A Fun Look at Healthy Fruits and Vegetables*, Annabel Karmel

Kids Like Me Learn ABC's and Kids Like Me Learn Corlors, Laura Ronay

My Shapes/Mis Formas, Rebecca Emberley

Sparkly Day; Twinkly Night (and other *Baby Dazzlers books*), Helen Stephens

Ten Little Fingers and Ten Little Toes, Mem Fox

Ten, Nine, Eighty, Molly Bang

The Very Hungry Caterpillar, Eric Carle

节奏和韵律

The Baby's Lap Book, Kay Chorao

Hey Diddle Diddle, Moira Kemp

Humpty Dumpty, Annie Kubler

Mother Goose Picture Puzzles, Will Hillenbrand

The Neighborhood Mother Goose, Nina Crews

Read-Aloud Rhymes for the Very Young, selected by Jack Prelutsky

Sylvia Long's Mother Goose Block Books, Sylvia Long

The Three Bears Rhyme Book, Jane Yolen

Twinkle, Twinkle: An Animal Lovers Mother Goose, Bobbi Fabian

The Wheels on the Bus and Knick-Knack Paddywhack!, Paul O. Zelinsky

更多好书

Baby Animals (and many others), Gyo Fujikawa

The Baby's Catalogue, Janet and Allan Ahlberg

Baby Signs for Animals; Baby Signs for Bedtime (and others), Linda Acredolo and Susan Goodwyn

The Ball Bounced (and many others), Nancy Tafuri

Bears, Ruth Krauss

The Book of Baths, Karen Gray Ruelle

Brown Bear, Brown Bear, What Do You See?, Bill Martin Jr.

But Not the Hippopotamus; *Opposites*; *Moo, Baa, La La La!*; and anything else ever written by Sandra Boynton

Chicka Chicka Boom Boom, Bill Martin Jr.and John Archambault

Daddy, Play with Me (and many others), Shigeo Watanabe

Dr. Seuss's Sleep Book, Dr.Seuss

Goodnight Moon, Margaret Wise Brown

How a Baby Grows, Nora Buck

"More, More, More," Said the Baby: 3 Love Stories, Vera B. Williams

One Hot Summer Day, Nina Crews

Pretty Brown Face and *Watch Me Dance*, Andrea Pinkney

The Seals on the Bus, Lenny Hort

Sleepy Book, Charlotte Zolotow

Spot Goes Splash (and many other *Spot books*), Eric Hill

Tickle; *All Fall Down*; *Say Goodnight Dads Back* (and many others), Jan Ormerod

Time for Bed (and others), Mem Fox

Who Said Meow?, Maria Polushkin

身高体重对照表

第 332 和 333 页的表格和儿科医生使用的表格非常类似。请记住，“正常”并非一个固定的标准，因此此表仅供参考。许多因素，包括宝宝出生时的体重、营养、基因（你的身高和体重）都会影响宝宝的测量结果。不要盯着一点不放：扭动的宝宝是很难称重和测量的。最重要的是一致性。如果你和你的伴侣都是矮、瘦的类型，你的宝宝从出生到 6 个月期间一直居于量表末位的 10%，宝宝的发育可能是完全正常的。但是，如果宝宝某个月身高体重居于量表的 50%，而在接下来的 3 个月，突然下降到末位 10% 或迅速蹿升到 90%，那可能存在问题了。和往常一样，如果你担心宝宝的成长，一定要和宝宝的医生讨论一下你的担心。

男孩: 0~36 个月

身高、体重和年龄对照百分位数

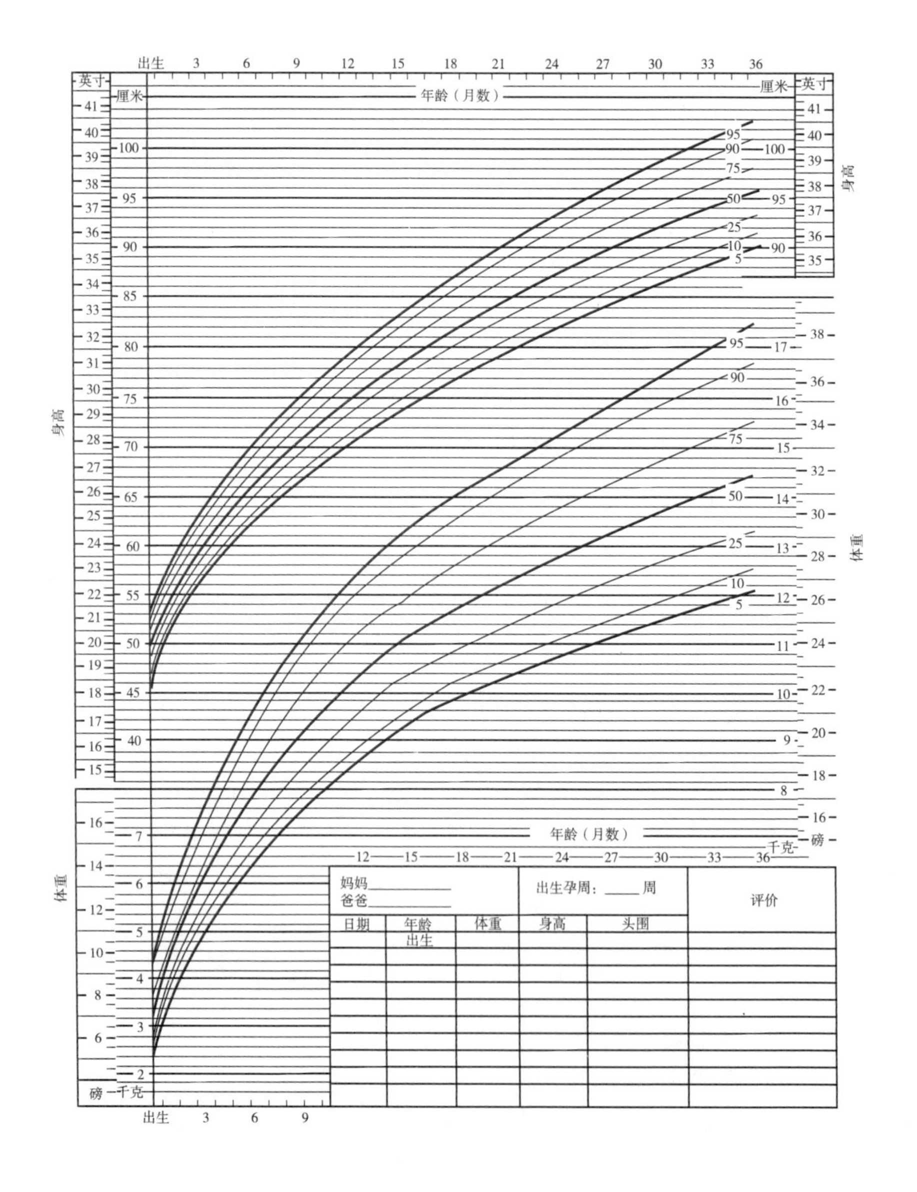

女孩：0~36 个月

身高、体重和年龄对照百分位数

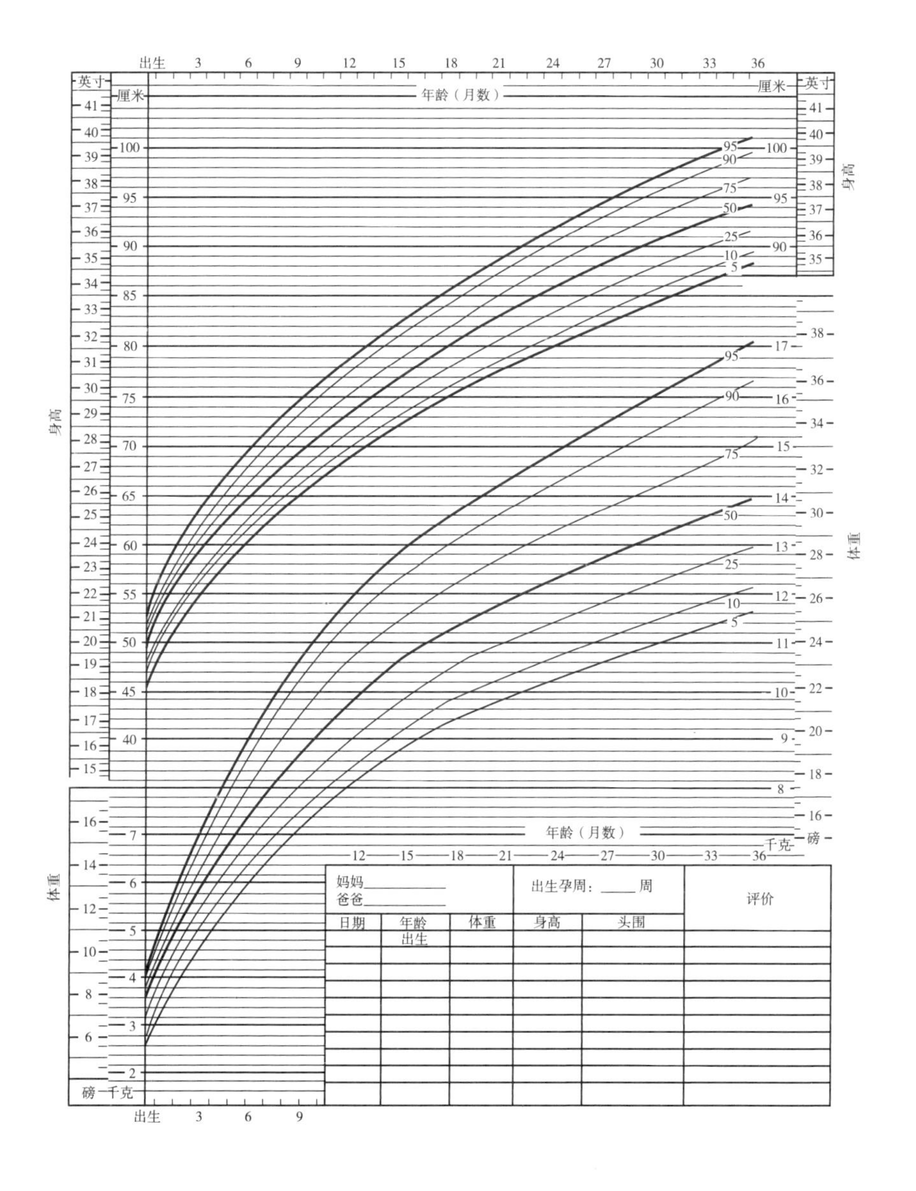

致 谢

我要感谢下面这些为这本书的面世提供帮助的人（大致以字母为序），如果没有他们的帮助，这本书不可能比它原本的样子更好、更准确。他们有些人在第一版提供过帮助，有些人是在第二版，有些人是在第三版，有些人则参与了全部三个版本的出版（中文版是英文原版的第三版——译者）。

鲍勃·艾布拉姆斯（Bob Abrams）的信心和支持；贾斯汀·安德森（Justin Anderson）与牙齿研究有关的所有付出；吉姆·卡梅隆（Jim Cameron）和他在“气质说”（Temperament Talk）项目的伙伴们，他们对气质的研究改变了我的人生；苏珊·科斯特洛（Susan Costello）的支持、鼓励、耐心和编辑技术；菲尔（Phil）和卡洛琳·考恩（Carolyn Cowan）以及罗斯·帕克（Ross Parke）等人的灵感和建议，为我的写作铺平了道路；杰基·戴科特（Jackie Decter）不凡的智慧、感悟、耐心、幽默感，最重要的是她敏锐的眼光和坚定又灵活的触觉；布鲁斯·卓贝克（Bruce Drobeck）、布鲁斯·林顿（Bruce Linton）、罗伯·帕科维茨（Rob Palkovitz）、格伦·帕姆（Glen Palm）在为父之道的研究方面所做出的主要贡献，他们慷慨地与我分享了各自完全的有独到见解的著作；西莉亚·富勒（Celia Fuller）、米莎·贝莱特斯基（Misha Beletsky）和亚当·罗德里格斯（Ada Rodriguez）为本书的设计所做出的贡献；肯·吉尔马丁（Ken

Guilmartin）和爱德华·戈登（Edward Gordon）为音乐章节所做出的富有价值的贡献；艾米·汉迪（Amy Handy）富有建设性的批评，梳理了粗糙的部分；赛斯·海默赫奇（Seth Himmelhoch）曾经多次魔法般地从他自己的文档中抽出我所需要的内容；帕姆·乔丹（Pam Jordan）的智慧、决心和鼓励；路易斯·库尔茨（Louise Kurtz）对本书的监制；妮科尔·兰克托特（Nicole Lanctot）的全部协调工作；吉姆·莱文（Jim Levine）为集合每一个人所付出的心血；婴儿猝死综合征联盟每一个相当不错的富有爱心的完全无私的人们；道恩·斯汪森（Dawn Swanson），令人难以置信的伯克利公共图书馆的儿童图书管理员帮助挑选了最佳儿童图书；我父母的殷勤好客、细致的编辑，当我对他们的育儿技术发牢骚的时候，他们对我的容忍——几十年如一日，对他们来说做任何事都不为迟；莉兹（Liz）细心的眼光，她帮助创造了佐伊这个小宝宝；成千上万的爸爸——准爸、奶爸和有经验的爸爸——多年来我一直赖以仰仗的爸爸们，他们勇敢、毫无保留地分享了他们的感悟、想法、害怕、担心、建议和他们的智慧。

最后，但绝对不是最不重要的，爸爸博主和非博主的爸爸们审阅了该书后提出的许多宝贵建议，其中包括：埃里克·本尼恩（Eric Bennion）（@DiaryDad；diary dad.com），拉里·伯恩斯坦（Larry Bernstein）（memyselfandkids.com），迈克尔·布赖恩特（Michael Bryant）（@purposefulpappy；thepurposefulpappy.com），尼尔·卡尔（Neal Call）（raisedby myduaghter.blogspot.com/），道格·法兰西（Doug French）（@mrdougfrench；mrdougfrench.com），迈克尔·摩比斯（Michael Moebes）（@dadcation；dadcation.com），罗恩·里尔登（Ron Reardon）（@RonReardon；fullyinvesteddads.com），斯皮克·泽兰卡（Spike Zelenka）（@doubletrbldaddy；doubletroubledaddy.com），

特别是帕特·雅各布斯（Pat Jacobs）和大卫·科普里（David Keply）（两者都是：@justadad247；justadad247.com）。

阿明·布洛特

Armin A. Brott